Inoubliables moissonneuses batteuses

Tome 1

de Allis Chalmers à Garnier

L'ensemble des documents provient des différents constructeurs concernés et de l'auteur

À la découverte des moissonneuses batteuses

ISBN : 978-2-491072-95-7

Campagne&Compagnie

Éditions France Agricole
8, cité Paradis
75493 Paris cedex 10

Maquette : Gérard Prosper/Oriata Création

Inoubliables moissonneuses batteuses

Tome 1

de Allis Chalmers à Garnier

En partenariat avec

Campagne&Compagnie

ÉDITIONS France Agricole

Avant-propos

Bernard Gibert nous convie à un voyage captivant à travers le monde des moissonneuses-batteuses d'antan. Dans cet ouvrage, il partage avec nous ses modèles préférés, ceux qui ont alimenté ses rêves d'enfant alors qu'il épaulait déjà ses parents à la ferme, et qui ont continué à le fasciner lorsqu'il est devenu agriculteur à son tour. Pendant longtemps, il a hésité, conscient que choisir signifiait renoncer à d'autres modèles qui lui étaient chers. Puis un matin, il nous a téléphoné : « D'accord, je vais le faire. Mais il me faut deux volumes. Sinon, je manquerai de place. » Vous tenez donc entre vos mains le premier tome, dédié aux modèles de Allis-Chalmers à Garnier. Dans le second tome, vous découvrirez la suite de cette fascinante exploration dédiée aux modèles de H à Z. Nous espérons de tout cœur que ces ouvrages vous enchanteront autant que nous avons pris plaisir à les concevoir et à les réaliser (enfin ;-). Un immense merci à vous, chers lecteurs, pour votre fidélité aux ouvrages de Bernard. Et un grand merci, cher Bernard, pour votre soutien indéfectible dans nos projets.

Les Éditions France Agricole

Liste des modèles

- Allis Chalmers 2
- Aros 8
- Avto 12
- Bautz 14
- Bizon 22
- Bolinder 24
- Bourgoin 42
- Buard 46
- Braud 48
- Case 84
- Claas 94
- Claeys 138
- Dechentreiter 168
- Deutz-Fahr 182
- Ferguson 190
- Dhotel 192
- Douilhet 196
- Dronniborg 200
- Epple 204
- Fahr 208
- Fella 220
- Fortschritt 222
- Garnier 224

ALLIS-CHALMERS

MOISSONNEUSE - BATTEUSE

ALL - CROP - 60

A MOTEUR AUXILIAIRE OU PRISE DE FORCE

LA MOISSONNEUSE-BATTEUSE **ALLIS-CHALMERS All Crop 60**

avec son batteur de 1 m. 50 de large à battes en caoutchouc et avec sa lame de coupe de même dimension permet la récolte de toutes les céréales, et de toutes les graines.

AGENT : (Cachet)

ATELIERS & MAGASINS :
117, Boul. Félix-Faure
AUBERVILLIERS
(SEINE)

Téléphone : FLANDRE 22-50

TRACTOR

Société à Responsabilité limitée - Capital 120 Millions de Fr.
Concessionnaire exclusif **ALLIS-CHALMERS** MFG Co

24, RUE DE MADRID, 24
PARIS-VIIIe

BUREAUX :
Adresse télégraphique
TRACTOR-PARIS

Tél. : **LABorde 42-20**

C.C. Postal : Paris 6021-41
R.C. Seine 355.031 B
N° d'ident. d'entreprise :
742.75.108.0162 B

MOISSONNEUSE - BATTEUSE

ALLIS-CHALMERS ALL-CROP 60

CARACTERISTIQUES GENERALES

Largeur de coupe	1 m. 50
Largeur du batteur	1 m. 50
Surface de séparation	2 m² 43
Dimensions des grilles réglables	m/m 965 × 762
Dimensions de la grille fixe	m/m 711 × 762
Contenance de la trémie	5 quintaux
Puissance nécessaire pour commande par prise de force	tracteur 25 à 30 CV.
Batteur	8 battes recouvertes caoutchouc
Régime du batteur	réglable de 425 à 1.600 T.M.
Contre-batteur	2 battes caoutchouc
Secoueur	1 seule pièce munie de rateaux
Tarare	2 grilles réglables 1 grille de finition
Toiles	2 avec tension automat.
Hauteur de coupe	5 à 56 cm.
Roues à pneus	650 × 16
Poids	1.200 Kgs environ sans moteur auxiliaire
Voie	2 m. 40
Largeur hors tout	3 m. 25
Hauteur de la trémie	1 m. 90
Hauteur de l'élévateur	2 m. 50

MOTEUR AUXILIAIRE

Moteur en ligne, soupapes en tête, chemises amovibles, graissage sous pression du vilebrequin, de l'arbre à cames et des culbuteurs.

Nombre de cylindres	4
Alésage	85,7 m/m
Course	88,9 m/m
Cylindrée	2.052 c/m³
Régime (pleine charge)	1.900 T.M.
Embrayage à disque unique	
Puissance (carburant essence)	29 CV.
Puissance (carburant pétrole)	25 CV.

Ce moteur se monte également sur les « Roto-Balers », les moissonneuses à fourrage et les ensileurs « Allis-Chalmers ». Ses caractéristiques sont identiques à celles du moteur qui équipe les tracteurs B. et C.

FONCTIONNEMENT ET PARTICULARITÉS

Les quatre opérations fondamentales du travail d'une moissonneuse-batteuse sont effectuées, comme suit, dans « l'All-Crop 60 » :

1° **La Coupe.** — Mécanisme de coupe muni d'un embrayage de sécurité. Hauteur de coupe réglable de 5 cm à 56 cm.

Aucun risque de bourrage, la toile qui amène les épis au batteur étant de la même largeur que celui-ci et que la lame de coupe.

2° **Le dépiquage.** — Le batteur à vitesses réglables est muni d'un embrayage de sécurité.

Les battes du batteur, la plaque de dépiquage (réglable) et les deux contre-battes sont recouvertes de caoutchouc pour réduire au minimum les risques de bris.

3° **La séparation.** — Secoueur de paille actionné par une bielle à vitesse réglable (régime normal : 260 coups à la minute).
La surface de séparation de 2 m. 43 pour une machine de 1 m. 50 de coupe assure un nettoyage parfait sans bourrage possible.

4° **Le nettoyage.** — Le nettoyage se fait par le tarare au moyen de deux grilles réglables et d'une grille de finition ; cette dernière doit être appropriée au genre de récolte à battre.
Un ventilateur puissant dont le volume d'air est contrôlé et réglable souffle sous les grilles.

5° **L'All-Crop 60** est livrée, soit avec plateforme d'ensachage, soit avec trémie (capacité 5 quintaux, environ).

ÉQUIPEMENTS SUPPLÉMENTAIRES

Botteleuse S.B.C.
Andaineur de paille.
Raddle pick-up.
Epandeur de paille.
Hache-paille.
Trieur de grains.
Roues jumelées ou en tandem.

Allis-Chalmers se réserve le droit d'apporter à tout moment et sans préavis, des modifications aux caractéristiques ci-dessus ou d'y apporter des améliorations sans obligation de modifier le matériel livré.

AGENT : (Cachet)

ATELIERS & MAGASINS :
117, Boul. Félix-Faure
AUBERVILLIERS
(SEINE)
Téléphone : FLANDRE 22-50

TRACTOR

Société à Responsabilité limitée - Capital 120 Millions de Fr.
Concessionnaire exclusif ALLIS-CHALMERS MFG Co
24, RUE DE MADRID, 24
PARIS-VIIIe

BUREAUX :
Adresse télégraphique
TRACTOR-PARIS
Tél. : LABorde 42-20
C.C. Postal : Paris 6021-41
R.C. Seine 355.031 B
N° d'ident. d'entreprise : 742.75.108.0162 B

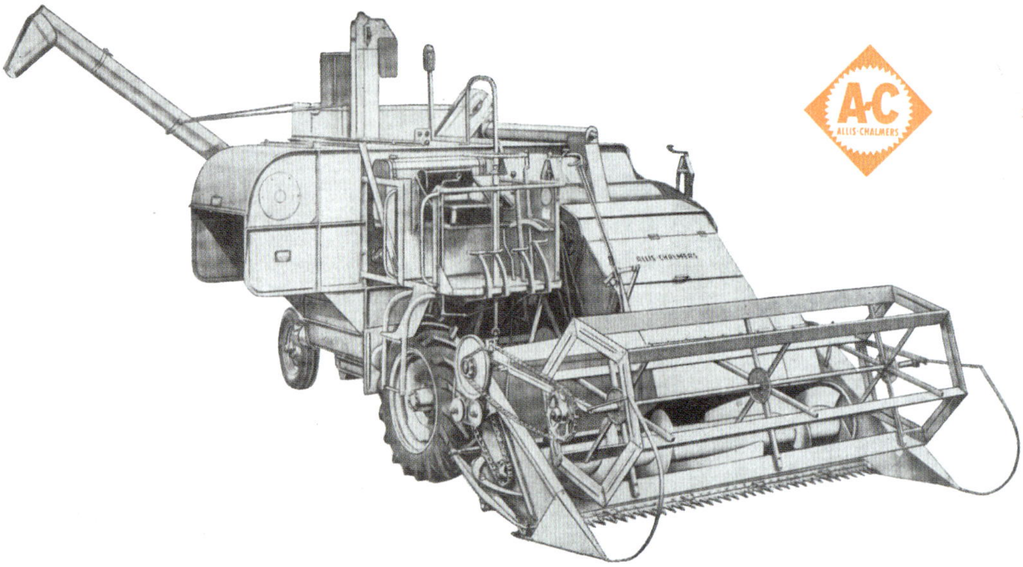

MOISSONNEUSE-BATTEUSE

AUTOMOTRICE "ALL-CROP" MODÈLE "100"

TRACTOR 24, RUE DE MADRID, 24
PARIS-VIII

MOISSONNEUSE AUTOMOTRICE "ALL-CROP" MODÈLE "100"

CARACTÉRISTIQUES

TYPES
(1) Moissonneuse avec trémie à grain.
(2) Moissonneuse avec plate-forme d'ensachage.

RABATEUR
Six battes; 1,01 m (40") de diamètre; commande mécanique.

TABLIER
Normal .... Poulie de 2,74 m (9')
Distance entre diviseurs .... 2,89 m (9-1/2')
Spécial (seulement pour céréales à épis et à paille courte) avec rallonge de tablier de 0,91 m (3') et poulie de 3,65 m (12').
Distance entre diviseurs .... 3,81 m (12-1/2')
Hauteur de coupe de 3,8 a 80 cm (1-1/2" à 31-1/2").
Alimentation du batteur par convoyeur à vis et à râteaux. Commandes hydrauliques.

TREMIE A GRAIN OU APPAREIL D'ENSANCHAGE (Au choix) (1)
Dimensions de la trémie ...... 12,3 hectolitres (35 bu.)
Déchargement de la trémie en une minute et demie, que la machine soit en marche ou arrêtée.
Appareil d'ensachage : Plate-forme spacieuse, deux ouvertures d'ensachage, chute d'évacuation des sacs et échelle.

BATTEUR
Largeur .... 1,22 m (4')
Diamètre .... 45,7 cm (18")
12 battes recouvertes de caoutchouc à double armature.
Commande à vitesse variable par poulies à gorges contrôlée de la plate-forme de conduite. Gamme de vitesse de 396 à 1.428 t.p.m. Les rouleaux d'alimentation font partie de l'équipement normal. Les paliers du batteur sont à roulements à billes, ceux des cylindres d'alimentation sont à rouleaux.

SECOUEUR DE PAILLE
Longueur .... 2,74 m (108")
Largeur .... 0,97 m (38")
Surface supplémentaire de grille de séparation sous le batteur 21,2 × 120 cm (8-1/2" × 48").
Plateau à secousses en bois avec ferrures de renforcement (risers) et (fishbacks).

PLATEAU A GRAIN
De longueur maximum avec livraison contrôlée aux tamis par transporteur à poussoirs.

TARARE
Ventilateur à 4 palettes de 48,8 cm (19-1/4"). Vanne d'air brevetée à ouverture variable en dents de scie.
Nombre de tamis 3
Tamis supérieur réglable 1
Surface du tamis supérieur y compris la goulotte .... 86,3 × 116,8 cm (34" × 46")
Tamis intermédiaire réglable 1
Tamis de finissage 1
Ces deux derniers tamis ont chacun une surface de 86,3 × 91,4 cm (34" × 36").
Une planche de hausse réglable est aussi fournie.

MOTEUR
Soupapes en tête à 4 cylindres; chemises de cylindres remplaçables; guides de soupapes et sièges de soupapes d'échappement remplaçable; alésage 101,6 mm (4"); course 114,3 mm (4-1/2"); cylindrés 3.703 cm³ (226 cu. in.); régulateur de vitesse ajustable. Système de refroidissement : par pompe à eau avec dérivation commandée par thermostat. Deux filtres à air, protège-radiateur. Démarrage électrique sur tous les modèles. Réservoir à essence de 82,3 litres (21-3/4 gals.). La moissonneuse peut être livrée soit avec un moteur à essence, soit avec un moteur à combustible lourd.

BOITE DE VITESSE
Deux vitesses avant et une arrière. Les vitesses avant peuvent être modifiées par échelles de poulies à gorges réglables.

VITESSES HORAIRES
Avant :
Petite vitesse .... de 2,1 à 8,0 km (1 1/3 à 5 milles)
Grande vitesse .... de 4,8 à 17,7 km (3 à 11 milles)
Arrière :
Gamme .... de 2,4 à 9,3 km (1 1/2 à 5 3/4 milles)

ROUES
Pneus des roues motrices :
Deux 10-24 à six armatures (tread) de 2,1 m (83 1/2").
Pneus des roues directrices :
Deux 6.00-16 à six armatures.
Direction : Commande par came et levier du type automobile.
Paliers de roues : Roulements à rouleaux coniques.

FREINS
Freins hydrauliques pour la marche. Frein de stationnement à main.

DIMENSIONS EXTERIEURES
Hauteur totale .... 3,1 m (10' 4")
Longueur totale .... 6,5 m (21' 4")
Largeur totale .... 3,8 m (12' 6")
Empattement .... 3,3 m (11' 7/8")
Rayon minimum de braquage .... 4,3 m (14')
Hauteur libre sous carter .... 30,4 m (12')

EQUIPEMENT NORMAL
Tablier de 2,74 m (9') ou de 3,65 m (12'), au choix. Pneumatiques; trois tamis de tarage (capot à paille); trémie ou appareil d'ensachage, au choix; tamis de finissage, au choix; grille concave à blé; rouleaux de contrôle d'alimentation et débrayage arrête-pierre automatique.

EQUIPEMENT SPECIAL
Combinaison rabateur-poulie de 2,74 m (9'); rallonge de tablier de 91,4 cm (3') (seulement pour céréales à épis et à paille courte), y compris rabateur et poulie de 3,65 m (12'); appareil complémentaire de recueillage; étaleur de paille; système d'éclairage électrique; trilleur; tachéomètre pour le moteur; tamis de finissage; grille concave à haricots; tôle concave non perforée; tamis du plancher du transporteur à poussoirs; tamis de l'élévateur; plateau final à trous ronds; arbres de support du rabateur pour trajets sur route; roues et pneumatiques spéciaux.

POIDS (approximatifs)
Machine courante .... 3.043 kg (6,710 lb)
Machine avec tablier de 2,74 m (9'). 3.066 kg (6,760 lb)
Machine avec tablier de 3,65 m (12') .... 3.157 kg (6,960 lb)
Rallonge de tablier de 91,4 cm (3') (y compris rabateur et barre de coupe de 3,65 m (12') .... 113 kg (250 lb)
Rabateur et barre de coupe de 2,74 m (9') 22 kg (50 lb)
ALL-CROP est une marque déposée de Allis-Chalmers.
La Compagnie Allis-Chalmers se réserve le droit de modifier les caractéristiques ci-dessus, ou d'apporter tous perfectionnements à n'importe quel moment, sans préavis ni obligation de sa part.

LA MOISSONNEUSE-BATTEUSE
GLEANER Combine
CONSTRUITE PAR :
ALLIS-CHALMERS
POUR :
• UNE LONGUE DURÉE
• UNE ÉNORME CAPACITÉ
• UNE GRANDE EFFICACITÉ
• UN ENTRETIEN PEU COUTEUX

SPÉCIFICATIONS DE LA MOISSONNEUSE-BATTEUSE

GLEANER Combine

DIMENSIONS.

Longueur hors tout	7,41 m
Hauteur au sommet de l'élévateur	3,76 m
Hauteur au sommet de la trémie	2,72 m
Largeur hors-tout, avec coupe de 3 m	3,45 m
Largeur hors-tout, avec coupe de 3,60 m	4,06 m
Largeur, avec tablier démonté pour transport	2,40 m

MODÈLE A TRÉMIE.

Capacité de la trémie	17,6 hl

MODÈLE A ENSACHAGE.

Facultatif

ROUES.

Voie avant — roues motrices	1,99 m
Voie arrière — roues directrices	1,53 m
Largeur d'extérieur à extérieur de roue	
Roues motrices	2,40 m
Roues directrices	1,70 m
Empattement	2,64 m
Dimensions de pneus, Roues motrices	13 × 26
Dimensions de pneus, Roues directrices	6,00 × 16

MOTEUR.

Type : Perkins Six-288, 6 cylindres, Diesel.

Cylindrée	4.729 cm^3
Puissance	70 ch

TRANSMISSION.

Bloc embrayage-boîte de vitesses-pont : sous carter étanche avec différentiel.

Commande par courroie trapézoïdale, avec variateur de vitesse.

VITESSES D'AVANCEMENT.

1re vitesse	0,80 à 2,01 km/h
2e vitesse	1,61 à 4,02 —
3e vitesse	3,22 à 8,05 —
4e vitesse	7,64 à 17,70 —
Marche arrière	0,80 à 2,01 —

TABLIER (à démontage rapide).

Largeur de coupe	3,00 ou 3,60 m
Hauteur de coupe	0,06 à 1,22 m
Réglage de la hauteur de coupe	Commande hydraulique

VIS SANS FIN D'ALIMENTATION

Diamètre 50,8 cm

RABATTEURS.

Réglage en hauteur	Commande hydraulique

CYLINDRE-BATTEUR.

Battes	Striées, réversibles
Commande	Par courroie trapézoïdale
Diamètre	48,9 cm
Longueur	76,2 cm

SECOUAGE.

Distance entre cylindre-batteur et extrémité des secoueurs	4,87 m
Largeur	0,914 m
Surface de séparation	4,45 m^2
Longueur des secoueurs	2,76 m
Largeur des secoueurs	0,301 m
Nombre de secoueurs	3

HOTTE MOUVANTE.

Grille à otons, réglable	Surface 0,993 m^2
Grille à grain, réglable	Surface 0,916 m^2

COUSSINETS, anti-friction.

Nombre total	113

POIDS.

Avec équipement standard	3.492 kg environ

Les description et illustrations de cette notice sont données à titre d'indication et sans engagement.

ALLIS-CHALMERS GREAT BRITAIN LTD · ESSENDINE · STAMFORD · LINCOLNSHIRE · ENGLAND

Distribué par **VENDEUVRE**

9, avenue Kléber, PARIS-XVI - PAS 35-19

ENG: 381

Printed in Great Britain

AROS
M
HAUT-ORNAIN
COOPÉRATIVE AGRICOLE
SERVICE MACHINES
(Meuse)
AROS

AROS M

SPÉCIFICATION	AROS M — à ensachage	AROS M — à trémie
Longueur hors-tout	580 cm	580 cm
Largeur hors-tout en fonctionnement	337 cm	362 cm (tuyau de vidange plié en dehors)
Largeur hors-tout pour le transport	245 cm	251 cm
Largeur hors-tout pour le transport avec diviseur rotatif	260 cm	266 cm
Distance entre les roues	203 cm	203 cm
Hauteur hors-tout (trieur de mauvaises herbes = 236 cm)	227 cm	280 cm
Vitesse de l'arbre de commande	540 t/min	540 t/min
Largeur de coupe	152 cm (5 pieds)	152 cm (5 pieds)
Largeur de travail	167 cm (5½ pieds)	167 cm (5½ pieds)
Longueur x largeur du secoueur à paille	145 x 120 cm	145 x 120 cm
Longueur x largeur des tamis	71 x 73,5 cm	71 x 73,5 cm
Diamétre du batteur	43 cm	43 cm
Longueur du batteur	120 cm	120 cm
Poids du batteur	52 kg	52 kg
Vitesse du batteur	800—1500 t/min	800—1500 t/min
Dimension des pneus	260 mm x 15½"	260 mm x 15½"
Pression des pneus	0,8—1,0 kg/cm²	1,0—1,2 kg/cm²
Poids de la machine	1250 kg	1420 kg
Puissance nécessaire	25 C.V.	25 C.V.
Capacité de la trémie	—	12 hl

ACCESSOIRES

Trieur de mauvaises herbes (seulement pour l'ensacheur).

Hache-paille

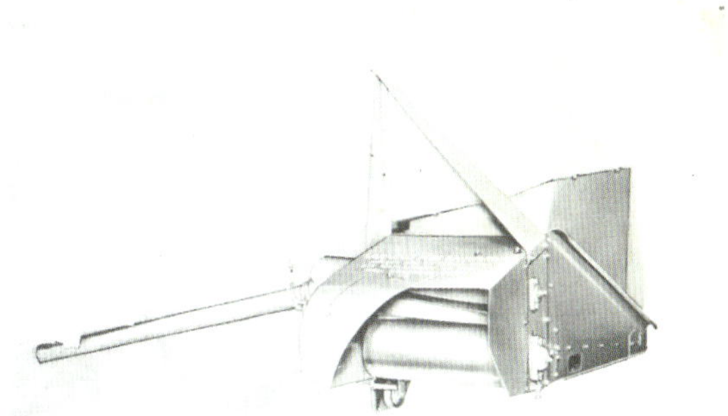

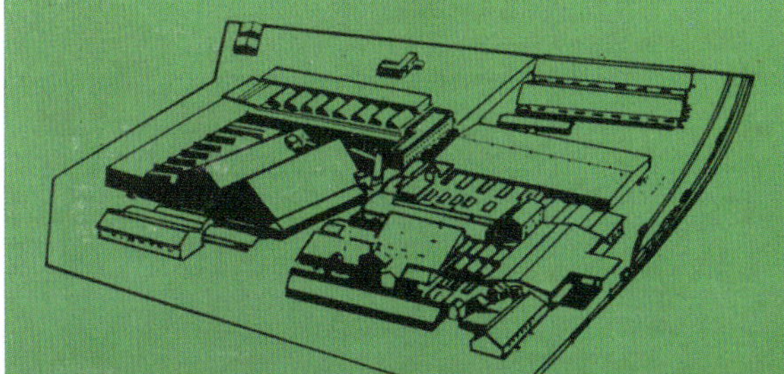

Fabricant :

AB WESTERÅSMASKINER

MORGONGAVA · SUÈDE

COOPERATIVES AGRICOLES
DU HAUT-ORNAIN
"C.A.H.O. MACHINES"
GONDRECOURT - NEUFCHATEAU
Meuse Vosges
T. 168 T. 330

Prod.: Springfeldt Annonsbyrå AB, Västerås

AROS 1000

Robuste, de construction compacte, maniable, sûre, confortable.

Très haut rendement!

Succursale AROS
RETIERS (I.-&-V.)
MATÉRIEL ET PIÈCES DÉTACHÉES

Le nettoyage se fait aisément sans outil. Les grandes portes d'inspection, les carters de protection, ainsi que les vis transporteuses faciles à extraire permettent d'accéder rapidement aux parties vitales. Le nettoyage est vite fait et ne pose pas de problème, même lorsqu'on veut passer d'une variété de grain à une autre.

Le graissage est réduit au minimum. Un seul élément demande un graissage quotidien: la lame.

Le contre-batteur a 12 battes. Il entoure le batteur sur 100° et a une surface ouverte impressionnante —près de 2000 cm^2. Battage efficace et minutieux, sans pertes. L'écartement entre le batteur et le contre-batteur est facilement réglable sur 7 positions différentes à l'aide d'un levier placé à côté du siège du conducteur.

La boite de vitesses est robuste. Il y a 3 vitesses, et en utilisant le variateur on peut se déplacer à une allure comprise entre 1,6 et 21,8 km/h. La rapidité d'AROS en marche arrière et le court rayon de braquage permettent de manoeuvrer très vite.

AROS a des freins à tambour hydrauliques et sûrs. Le frein à main est mécanique. Les freins sont placés sur les essieux d'entrainement près de la boite de vitesses, ce qui élimine le risque d'encrassement dû aux roues.

Le ventilateur possède 4 pales et sa vitesse de rotation est réglable grâce à un variateur. La répartition efficace de l'air sur les différents tamis est réalisée par des déflecteurs étudiés très soigneusement. La surface totale des tamis est de 1,6 m^2 sur l'AROS 800 et de 2,2 m^2 sur l'AROS 1000! On peut faire varier les ouvertures des tamis en fonction de la récolte. Le réglage se fait aisément par l'intermédiaire d'un levier placé à l'extérieur de la machine.

Le volume de la trémie est totalement exploité grâce à une vis de distribution qui répartit le grain également dans ladite trémie. Les vis à grain et de retour des ôtons placées dans le goulot collecteur sous le caisson à tamis peuvent être extraites en un tournemain pour le contrôle et le nettoyage.

CARACTERISTIQUES DE AROS 1000

TABLIER DE COUPE

— Largeur de travail, cm	305
— Largeur de coupe, cm	282
— Hauteur de relevage (hydraulique), cm	7—65
— Rabatteur à griffes, manoeuvrable hydrauliquement et à vitesse réglable par variateur depuis le poste de conduite, t/mn	16—60

ORGANES DE BATTAGE

— Batteur à 8 battes: longueur, cm	105
diamètre, cm	50
vitesse, t/mn	690—1240
m/sec.	18—33
— Contre-batteur à suspension élastique, réglable depuis le siège du conducteur	
— Secoueur à paille	en 4 partie
largeur x longueur, cm	106×265
surface, m^2	2,81
— Tamis à balle, larg. x long., cm	100×86,3
— Tamis de nettoyage, larg. x long., cm	100×86,3
— Surface totale des tamis, y compris tamis primaire et grille de retour, m^2	2,18
— Ventilateur, à vitesse réglable par variateur, t/mn	600—1050

MOTEUR

Diesel Perkins	60 CV
3 vitesses et marche arrière, réglables par variateur, soit 1ère vitesse, km/h	1,6—4,3
2ème ,, ,,	3,2—8,8
3ème ,, ,,	8,2—21,8
marche AR ,,	2,6—7,3

FREINS

— Freins hydrauliques avec 1 pédale agissant sur chaque roue pour freinage de direction. Les 2 pédales sont accouplées pour le transport.

— Le frein à main est actionné mécaniquement par l'intermédiaire d'un levier situé près du siège du conducteur.

DIMENSIONS PRINCIPALES

— Longueur totale, cm	620
— Largeur en position de transport, cm	305
— Hauteur (position travail), cm	300
— Hauteur (position arrêt), cm	285
— Poids, kg	2650
— Pneus: roues motrices	12,4—24
roues directrices	260—15½
— Voie: Avant, cm	210
Arrière, cm	105
— Empattement, cm	285
— Rayon de braquage, sans utilisation du frein de direction: Droite, cm	410
Gauche, cm	360
avec utilisation du frein de direction:	
Droite, cm	325
Gauche, cm	300
— Trémie à grains:	
Capacité, hl	17
Durée de vidange, mn	1,5—2,5
Hauteur de sortie au-dessus du sol, cm	272
Distance entre la sortie et le côté du tablier de coupe, cm	130
— Capacité du réservoir à carburant, litres	120

Le fabricant se réserve le droit de modifier sans préavis les spécifications.

AB WESTERÅSMASKINER
Morgongåva, Suède

W 273

Imprimé en Suède 80124
Endast för spridning utomlands

MOISSONNEUSE-BATTEUSE

CK 4

S^TÉ ACTIF-AVTO

33, Avenue des Champs-Élysées
PARIS-8e

AVTO ACTIF

SERVICES TECHNIQUES ET COMMERCIAUX

2, Rue du 8-Mai-1945
78 - ACHÈRES
Tél. : 962-77-30

BARRE DE COUPE

Largeur de la coupe : 3,20 m.

Hauteur de la coupe par relevage hydraulique de 10 à 60 cm.

Hauteur des sabots réglables : 100, 130, 180 mm.

Diviseurs réglables.

RABATTEURS

A griffes à inclinaison réglable.

Réglage vitesse par variateur hydraulique ; réglage hauteur par vérin hydraulique du poste de conduite.

BATTEUR

A 8 battes.

Diamètre : 550 mm.

Largeur : 1.190 mm.

Vitesse réglable : de 400 à 1.335 tr/mn.

CONTRE-BATTEUR

Nombre de battes : 15.

Réglage instantané du poste de conduite par levier.

SECOUEURS

A jalousies, 4 cascades, 4 secoueurs montés sur deux arbres à roulements à billes.

Largeur : 1.177 mm.

Longueur : 3.660 mm.

NETTOYAGE

A deux grilles réglables : 956 et 1.018 millimètres.

Ventilateur à 5 pales.

Nombre tours/minute : 715.

DISPOSITIF D'AVANCEMENT

Pneus : 15 × 24.

Frein central à bande conmmandé par pédale avec dispositif de blocage pour le parcage.

Embrayage à double disque sur boîte de vitesses, variateur à commande hydraulique.

Vitesses d'avancement :

1re : 1,03 à 2,59 km/h.
2e : 2,67 à 6,68 km/h.
3e : 7,1 à 17,75 km/h.
Marche AR : 2,86 à 7,13 km/h.

DIRECTION

Assistée hydraulique.

Pneus : 900 × 16.

MOTEUR

Diesel : 85 ch.

Refroidissement par eau.

Régime : 1.700 tr/mn.

Cylindrée : 6,33 litres.

Réservoir combustible : 140 litres.

Filtre à air spécial avec nettoyage automatique du préfiltre.

Deux batteries : 12 volts, chacune : 128 ampères/heure.

Démarreur : 24 volts, 8 ch.

TRÉMIE

Capacité : 1,800 m^3.

Remplissage et égalisateur assurés par vis sans fin avec système automatique de sécurité sonore et visuelle.

Confort en équipement standard.

Poste de conduite avec toit pare-soleil.

Embrayage de sécurité avec signal visuel et avertisseur sonore sur les principaux organes.

DIMENSIONS

Largeur totale : 3.500 mm.

Longueur avec diviseurs : 9.805 mm.

Hauteur : 3.625 mm.

Empattement : 3.540 mm.

Poids : 5.500 kg.

Rendement suivant récolte et étendue du champ : entre 5.000 et 7.000 kg/h.

L'AUTOMOTRICE AUX GRANDS AVANTAGES

Caractéristiques principales —

Relevage hydraulique de la barre de coupe — Rabatteur dirigé (pour toutes catégories de céréales) — Batteur surdimensionné, diamètre 600 mm.: pas de bourrage — Excellent rendement, nettoyage impeccable — Disposition pratique de tous les leviers sur la colonne de direction sous carter (levier de vitesses au volant) — Réglage progressif de la vitesse d'avancement pour chaque vitesse, et indépendamment de l'entrainement des organes de battage — Plate-forme d'ensachage spacieuse, à hauteur très étudiée pour le déchargement et le transfert des sacs — Les courroies d'entrainement peu nombreuses sont placées judicieusement sur un seul côté de la machine — Réglage des vents (orientation et intensité) ainsi que du crible à menues pailles depuis la plate-forme d'ensachage — Centre de gravité très bas grâce au moteur et à la boite surbaissés — Légèreté de la machine elle-même — Sécurité en pente —

Bautz

DESCRIPTION TECHNIQUE –

Largeur travail . 1 m. 90 ou 2 m. 20
Releveurs d'épis 5

Rabatteur à 5 branches à dents dirigées

Batteur à battes –

Largeur . . . . 735 mm.
Diamètre . . . . . . 600 mm.
Nombre de battes . . . 8

Vitesse périmétrique du batteur variable de 16 à 32 m/sec.
Secoueurs en 3 parties

Nettoyage par ventilation avec réglage des volets depuis la plate-forme d'ensachage

5 cribles à graines, crible à menues paille réglable

Elévateur de retour – Elévateur à grain

Trieur pour 3 catégories
Hauteur de la plate-forme d'ensachage . . . . 860 mm.

Entrainement –

T 600 avec 1,90 m largeur de coupe:
moteur Volkswagen à essence, refroidissement à air, 27 CV à 3000 t/m ou moteur Diesel MWM, refroidissement à air, 35 CV à 3000 t/m.

T 600 avec 2,20 m largeur de coupe:
moteur Diesel MWM, refroidissement à air, 40 CV à 3000 t/m.

Pneus –

AV 9–24 AS	AR 4.50–16 AS
AV 10–24 AS	AR 9.00–12 AS

Vitesses –

Entrainement progressif de l'avancement dans chaque vitesse (par variateur) indépendant de l'entrainement des organes de battage

1 ère vit. 1.3 – 3.3 km/h
2 ème vit. 2.2 – 5.6 km/h
3 ème vit. 5.4 – 13.5 km/h
Marche AR. 1.90 – à 4.90 km/h

Freins –

Frein à pied (à machoires intérieures) pour les roues motrices
Frein à main, avec blocage, agissant sur la boite

Voies –

AV 1,54 m	AR 0,91 m
AV 1,60 m	AR 1,00 m

Rayon de braquage –

(mesuré à la roue motrice int.) 1.300 mm.

Dimensions

	en transport	en service
Longueur av. presse	7,68 m	9,03 m
Hauteur	2,42 m	2,42 m
Largeur pour 1,90 m	2,20 m	2,55 m
Largeur pour 2,20 m	2,50 m	2,85 m

Poids –

	T 600 – 1,90 m	T 600 – 2,20 m
En équipement de base avec moteur		
moteur VW	1920 kgs	1979 kgs
av. mot. MWM	2067 kgs	2114 kgs
Presse	260 kgs	260 kgs

Rendement –

Rendement horaire
en quintaux 18 à 25
en superficie 0.5 à 0.75 ha/H

Presse à paille –

Welger, en acier, à 2 liens réglage à volonté de la grosseur des balles

Canal de presse –

Largeur 800 mm. Hauteur 300 mm.

Eclairage –

conforme aux dispositions légales

Accessoires –

Lame de rechange – outillage – extincteur – sur demande: cribles pour colza et légumineuses

T600

AGRIMAC S. A.

Société Anonyme au Capital de 30.000.000 de Frs

63, Rue de Sèvres - PARIS (6e)

—— Téléphone : BABylone 35-03 ——

Bautz
T600

Multiples possibilités de la trémie BAUTZ, montée sur la gamme des moissonneuses-batteuses modernes T 600, T 600 S; SUPERCLASSE et BAUTZ COMMODORE – La trémie de grande capacité de la T 600 est d'une contenance d'environ 18 qtx suivant les différentes céréales. Une vis transversale assure un remplissage uniforme. La vidange peut être commandée depuis le poste de conduite, mais aussi depuis la remorque.
Sur demande, la trémie peut être équipée d'un trieur rotatif éliminant les mauvaises graines et autres impuretés.

Equipements variés

La Maison BAUTZ ne construit pas une moissonneuse-batteuse quelconque mais la machine de récolte la plus convenable pour vous. Vous adaptez facilement la T 600 aux conditions particulières. Vous choisirez entre la machine avec trémie de 1 100 litres ou la T 600 avec trieur à cylindre rotatif et un nettoyage automatique par brosses, 4 sorties de grain et plateforme. D'autres possibilités s'offrent à vous: la presse à paille, le dispositif pick-up, le bec à maïs, le trieur pour les mauvaises herbes monté à la trémie et beaucoup d'autres détails.

Forme moderne et pratique – Esprit fonctionnel le plus élevé – Rendements hauts et sûrs – organes largement conçus. Des longs diviseurs avancés pour les conditions les plus difficiles, un nettoyage exemplaire – une automotrice robuste sûre et économique.

CARACTÉRISTIQUES TECHNIQUES DE LA T 600

Largeur de coupe: 1,90 m

Moteur: à essence ou Diesel

Table de coupe avec longs diviseurs relevables. Rabatteur réglable en hauteur et en direction de marche avec dents orientables.

Batteur: circonférence 1,88 m, diamètre 600 mm, 8 battes vitesse linéaire du tambour 590, 820, 1040 t/min.
grand épierreur, 3 secoueurs, 2 toiles déflectrices, 4 cribles à grains échangeables –
surface de criblage 6312 cm^2.
1 crible à lamelles – surface de crible à lamelles 8073 cm^2 élévateur à otons élévateur à grains

Sur demande machine à sac pour 3 catégories (4 sorties) et plateforme, hauteur de la plateforme 680 mm

ou trémie contenance 1100 litres avec sortie pour l'ensachage et échelle à la trémie.

Pneus:

avant	10–24 AS
arrière	7.00–12 AS

Vitesses: vitesse d'avancement sans à coups dans chaque rapport de boîte indépendamment de l'entraînement des organes de battage.

1ère vitesse	1,3– 3,3 km/h
2ème "	2,8– 6,6 km/h
3ème "	6,2–15 km/h
marche arrière	2,6– 6,2 km/h

Freins: Freiné à pied (freins à sabots intérieurs) pour les roues motrices, frein à main agissant sur la boîte.

Voie:

avant	1,60 m
arrière	1,00 m

Rayon de braquage: (mesuré à la roue motrice de l'intérieur)

Dimensions:

	Transport	Travail
Longueur sans presse	7.00 m	7.00 m
Longueur avec presse	7,68 m	9,03 m
Hauteur sans trémie	2,42 m	2,42 m
Hauteur avec trémie et trieur	3,10 m	3,10 m
Largeur	2,50 m	2,90 m

Poids:

	machine à sac et plateforme	avec trémie
avec presse	2260 kg	2430 kg
sans presse	2130 kg	2375 kg

Rendement superficiel: 0,35–0,50 ha/h

Rendement à grains: 12–22 qtx métriques/h

Presse à paille: presse Bautz, 2 noueurs, réglage du volume des bottes sans à coups
Largeur du canal 74 cm, hauteur 30 cm

Eclairage: phares, feux arrière, catadioptres, clignoteurs, avertisseur conforme aux prescriptions légales.

Accessoires: lame de rechange, battes d'ébarbeurs, outillage, extincteur, dispositifs de protéction.

Equipement supplémentaire: Cribles et cylindre de triage pour colza et plantes légumineuses, releveur d'épis, compteur d'heures, dispositif pick-up, trieur à la trémie, plateforme au lieu de l'échelle pour trémie etc.

Bautz

JOSEF BAUTZ GMBH 7968 SAULGAU/WÜRTT. Postfach 29

Nr 5264–1691 Imprimé en Allemagne. Edel. Saulgau – Changements de construction sous réserve.

Bautz
Commodore
Commodore
Bautz
Salon Paris 7.-13. März 67

Données techniques de la COMMODORE

Largeur de coupe : 2,70 m. et 3,20 m.

Moteur : Diesel à 4 cylindres refroidissement par air, 60 CV, régime 2500 t/min. cylindrée 3,14 l.

Barre de coupe : avec débrayage, longs diviseurs et dispositif tâteur.

Table de coupe : règlage hydraulique en hauteur.

Rabatteurs à griffes : relevage hydraulique – et en plus réglables d'avant en arrière.
Régime des rabatteurs réglable sans à coups depuis le siège du conducteur de 10 à 33 t/min. Dents orientées à angle d'attaque réglable.

Vis d'alimentation : oscillante, réglable en hauteur.
Grand épierreur, largeur de canal 98 cm.

Batteur : Diamètre 600 mm, circonférence: 1,88 m. – 8 battes.
Régime du batteur de 500 - 1050 t/min., réglable sans à coups depuis le siège du conducteur. Compte-tours.

Grand contrebatteur avec 10 battes.

Quatre secoueurs, vaste coffre à paille, 2 toiles déflectrices.

Crible à lamelles : réglable, 4 cribles à grain, interchangeables.
Surface du crible à lamelles: 11.000 cm²
Surface du crible à grain: 8.400 cm²

Elévateur à ôtons, élévateur à grain.

Les Usines BAUTZ, au deuxième plan une partie des habi-

Boîte de vitesses : 3 vitesses avant, une vitesse arrière, réglage de la vitesse d'avancement par variateur commande hydraulique sans à coups, – dans chacune des vitesses de la boîte et indépendant de l'entraînement des organes de battage.

1ère vitesse:	1,2 à 3,2 Km/h.
2ème vitesse:	2,3 à 6,5 Km/h.
3ème vitesse:	5,7 à 18 Km/h.
M. A.:	1,8 à 5,1 Km/h.

Freins : frein à pied: frein à disque – indépendamment pour chaque roue motrice. Frein à main agissant sur la boîte.

Voies : avant 2,– m., arrière 1,– m.

Empattement : 2938 mm, rayon de braquage minimum (mesuré à la roue motrice intérieur) 2,80 m, avec frein indépendant 0,25 m.

Pneumatiques : avant 6 ply 12 - 28 AS
arrière 8,50 - 12 AM

Dimensions :

	coupe **2,70 m.**	coupe **3,20 m.**
Longeur sans presse	7,95 m.	7,95 m.
Longeur avec presse	8,30 m.	8,30 m.
Hauteur sans trémie	2,72 m.	2,72 m.
Hauteur avec trémie et cylindre trieur	3,22 m.	3,22 m.
Largeur	2,98 m.	3,38 m.

Poids :

avec triage et plateforme sans presse (avec masses d'alourdissement)	3.700 Kg	3.760 Kg
avec presse	3.640 Kg	3.700 Kg
avec trémie sans presse (avec masses d'alourdissement)	3.940 Kg	3.910 Kg
avec presse	3.820 Kg	3.790 Kg

Rendement :

superficie	0,85 ha	1 ha/h
battage	50 qt/h	60 qt/h

Eclairage : Phares 3 positions, catadioptres, feux arrières, clignotants et avertisseur conformes au Code de la route.

Accessoires : 2 lames, ébarbeurs, dispositifs de protection, outillage, extincteur.

Equipement: Triage pour 3 espèces (4 sorties) et plateforme, hauteur plateforme 950 mm ou trémie 1800 l. avec vis de vidange, sortie d'ensachage et échelle de trémie.

Equipements supplémentaires :

Presse à paille : presse BAUTZ à 2 noueurs, réglage de la grosseur et de la densité des bottes sans à coups. Canal de pressage d'une largeur de 90 cm, hauteur 30 cm.

Releveurs d'épis : coupe 2,70 m. 16 pièces.
coupe 3,20 m. 18 pièces.

Pneus avant : 13 - 28 AS

A la trémie : trieur pour les mauvaises herbes, plateforme au lieu de l'échelle.

Sur demande trémie à grande capacité d'une contenance de 2000 l.

Compteur d'heures, dispositif pick-up, cribles et cylindre trieur pour colza, légumes secs etc...

Une COMMODORE à ensachoir et triage se composant d'un cylindre trieur rotatif avec nettoyage automatique par brosses, 4 sorties de grain et plateforme.

JOSEF BAUTZ GMBH 7968 SAULGAU/WÜRTT.

Bautz

TITAN®

Moissonneuses-batteuses à rendement élevé Bautz

Données Techniques

Largeurs de coupe	3,20 m; 3,80 m; 4,50 m; 5,40 m
Table de coupe	avec de longs diviseurs et dispositif tâteur. Débrayage immédiat.
Largeur de canal	1,30 m
Rendement	jusqu'à 120 qtx/h.
Style de construction	construction monocoque
Poids	5800 kg sans table de coupe, 6200 kg avec table de coupe longueur 6,32 m, largeur 2,73 m (sans table de coupe), hauteur 2,98 m avec trémie, table de coupe sur remorque, longueur = largeur de coupe + 60 cm, largeur 1,50 m
Voie	avant 2,25 m, arrière 1,37 m
Empattement	3,50 m
Pneus	avant 15.00—30, arrière 10.00—15 AM
Freins	frein de service et frein individuel mécanique, frein de blocage indépendant
Vitesse d'avancement	1ère vitesse 1,2—4,1 km/h; 2ème vitesse 2,8—9,4 km/h; 3ème vitesse 6,4 à 20 km/h; marche arrière 2,1—7,1 km/h; réglage sans à coups dans les différentes vitesses hydraulique et mécanique
Rabatteurs	réglage hydraulique en avant et en arrière, relevage et descente hydraulique; réglage du nombre de tours 5 à 40 t/min. mécanique sans à coups depuis le siège du conducteur
Entraînement d'avancement . . .	boîte à vitesses à 3 vitesses avec marche arrière, embrayage à sec monodisque
Réglage de la table de coupe . .	hydraulique
Embrayage des organes de battage	électromagnétique
Réglage de batteur	mécanique sans à coups, 380—1250 t/min.
Commande de direction	intégralement hydraulique
Batteur	diamètre 600 mm, circonférence 1,88 m, largeur 1,28 m, 8 battes
Contre-batteur	surface d'évacuation 7000 cm², angle d'enroulement 105 degrés, distance de contre-batteur — entrée et sortie — réglable séparément depuis le siège du conducteur, 11 contre-battes
Epierreur	vidange mécanique
Tire-paille	octogone
Secoueurs	5, longueur 3,60 m, grande levée (120 mm), 4,80 m²
Ebarbeurs	4 lattes, à placer automatiquement
Cribles	crible supérieur et inférieur réglables, 3,90 m²
Deuxième battage	batteur séparé avec contre-batteur
Surface totale de séparation . .	9 m²
Ventilation	réglable en quantité par variateur
Vis d'alimentation	fermée, montée de façon oscillante, réglable en hauteur
Trémie	3000 l, temps de vidange environ 1,5 min. — goulotte de vidange pivotable hydrauliquement
Eclairage	2 phares frontales à 3 positions, 2 phares de travail, clignotants, avertisseur par clignotants
Equipement supplémentaire . . .	dispositif d'ensachage pour la goulotte de la trémie, parasol, cabine climatisée, bec à mais, chenilles, batteur pour le riz.

Josef Bautz GmbH. · 7968 Saulgau/Württ. · Postfach 29

Changements de construction sous réserve. Données techniques sans engagement.

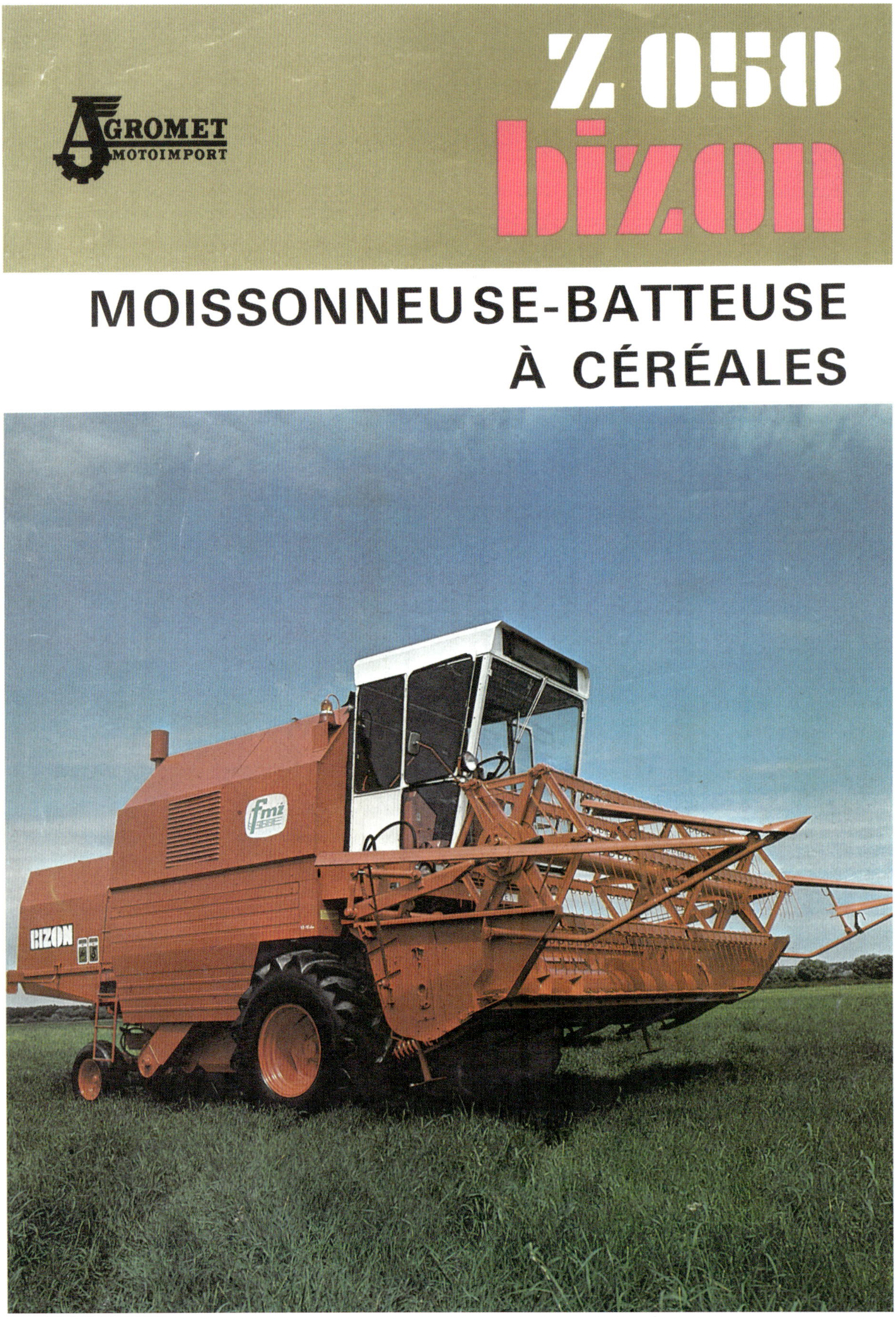
AGROMET
MOTOIMPORT
Z 058
bizon
MOISSONNEUSE-BATTEUSE
À CÉRÉALES
BIZON

Z 058
bizon

La moissonneuse-batteuse Bizon Z 058 est destinée à la récolte des quatre principales céréales ainsi que des légumineuses, des plantes oléagineuses et du maïs. C'est une machine des plus modernes, permettant une récolte efficace et qualitativement bonne, même dans de très dures conditions de campagne et climatiques. Elle est équipée d'un moteur du type le plus récent, aux excellents paramètres techniques, produit sous licence Leyland.
Toutes les manoeuvres de réglage et de service sont, dans une grande mesure, mécanisées et centralisées. Le système de commande de la machine est hydraulique. La position du volant de direction peut être individuellement adaptée pour la pleine commodité de l'opérateur, auquel a été assuré une excellente visibilité de la barre de coupe de la machine.
Grâce aux systèmes hydrauliques, la commande de la moissonneuse-batteuse et de ses ensembles de travail est extrêmement facile.
Le travail de nuit est aussi possible.

DONNÉES TECHNIQUES

Type de la moissonneuse-batteuse	automotrice, à 2 essieux, à coupe frontale	
Type du moteur	6 CT 107/R2, diesel, à 6 cylindres	
Puissance du moteur	125 ch à 2200 tr/mn, avec suralimentation	
Réglage de la vitesse de translation	boîte à 3 vitesses à transmission continue, à commande hydraulique	
Vitesse de déplacement en AV	de 1,6 à 20 km/h	
Largeur de travail	3,6, 4,2, 5,2 m	
Hauteur de coupe, en continu	60 à 800 mm	
Largeur du couloir de la batteuse	1280 mm	
Vitesse de rotation du tambour de la batteuse	450 à 1100 tr/mn	
Débit de la masse	5,5÷6,5 kg/sec.	
Capacité de la trémie à grain	3,5 ou 4 m^3	
Rendement maxi au champ	2,5 ha/h	
Dimensions des pneumatiques:		
AV	23,1/18-26″	
AR	10–15″	
Encombrement de la machine:		
en position	travail	transport
– longueur (mm)	8600	12600
– largeur (mm)	4630 ou 5630	2980
– sans cabine et toit hauteur (mm)	3610	3610
– avec cabine hauteur (mm)	3920	3920
Poids	8160 kg	

Sur commande spéciale le producteur fournit: des pick-up pour récolte en 2 temps, un hache-paille, un récolteur de maïs ainsi qu'une cabine avec ventilation et chauffage.
Sont fournies en outre: un ensemble électronique fonctionnant dans un mouvement continu, appelé "mesureur des pertes en grain", ainsi qu'un indicateur électronique des surcharges des organes de travail.
La moissonneuse-batteuse Z 058 se caractérise par un grand rendement et une capacité élevée de la trémie à grain, ce qui permet la moisson de hautes récoltes. Dans la construction ont été prises en considération, dans un degré maximum, les exigences des utilisateurs étrangers dans le domaine de l'adaptation des machines à la récolte du maïs pour grain.
Les organes de travail et les pièces de la moissonneuse-batteuse sont, dans une très grande mesure, unifiés avec la moissonneuse-batteuse à céréales du type Bizon-Gigant.
En version de base, la moissonneuse-batteuse est équipée de séparateurs, d'un releveur des blés coupés, d'un dispositif anti-bourrage, d'un chariot de transport pour la barre de coupe, des pièces principales de rechange, ainsi que d'outils appropriés.
La moissonneuse-batteuse Z 058 est une machine universelle aux faibles gabarits et rendement élevé.
Elle se prête parfaitement à l'exploitation dans de dures conditions de campagne, aussi bien sur des surfaces étendues que des superficies de champ réduites.

fmz

AGROMET MOTOIMPORT

Producteur:

AGROMET – Fabryka Maszyn Żniwnych
ul. Otolińska 25, 09-402 Płock, POLOGNE

Exportateur:

Entreprise du Commerce Extérieur
AGROMET-MOTOIMPORT
ul. Przemysłowa 26, 00-950 Warszawa, POLOGNE
Téléphone: 28-50-71, Télex: 813665
Télégrammes: Motorim-Warszawa

Cie BOLINDER'S
B M
CONSTRUIT EN FRANCE
MUNKTELLS
MUNKTELLS
MUNK-TELLS
SES MOISSONNEUSES-BATTEUSES
BOLINDER-MUNKTELL
TYPE MST 64/65

SIMPLE * SOLIDE * RÉSISTANTE * MANIABLE

Moissonneuse-batteuse BOLINDER-MUNKTELL type MST-64/65 à commande par prise directe avec ou sans moteur auxiliaire livrée avec trieur ensacheur ou avec trémie pour grain en vrac

CARACTÉRISTIQUES PRINCIPALES

ENCOMBREMENT

Largeur maximum mètres : 4,800 réduite 3,500 voie 2,900
Longueur maximum mètres : 6,500
Hauteur maximum mètres : 3.
Poids sans moteur : 2.200 Kgs.
Dimension des 3 pneus : 750 × 16

TABLIER DE COUPE

Hauteur de coupe réglable de 5 à 55 centimètres
Largeur de coupe effective 2 m.
entre diviseur : 2,110

BATTEUR

Longueur des battes : 1,500
Nombre : 6
Diamètre : 0,435
4 vitesses - Tours minute : 1.450 - 1.180 - 920 - 720
Type de battes : métalliques à stries alternées

TABLE DE SECOUAGE D'UNE SEULE PIÈCE

Largeur mètres : 1,515
Longueur mètres : 2,000

COFFRE DE NETTOYAGE

Grille supérieure de 1,020 × 0,890
Grille inférieure de 1,020 × 0,890

TRIEUR RÉGLABLE

Longueur mètres : 1,000
Diamètre mètres : 0,450

PUISSANCE NORMALE DU TRACTEUR

avec moteur auxiliaire.... Tracteur de 20 CV.
sans moteur auxiliaire.... Tracteur de 35 CV.

NOMBRE DE TOURS DE PRISE DE FORCE

535 t/m diamètre 35 m/m

PIÈCES DE RECHANGE

Nombre de grilles : 3 petites - 1 grande - 1 graëpel
Nombre de cribles de rechange : 7 avec cadres, trous ronds de 3 - 6 - 10 et 13 et 3 graëpel de 16 - 20 - 24
Nombre de Lame : 1

DIAMÈTRE DU RABATTEUR

mètres : 1,500

ÉQUIPEMENTS SUPPLÉMENTAIRES

Moteur auxiliaire à essence de 25 CV. (ne nécessitant qu'un tracteur de 20 CV.)
Trémie pour vidange en vrac à la place du trieur, contenance 16 quintaux.

NOMBRE DE DISPOSITIFS DE SÉCURITÉ

4

PERSONNEL NÉCESSAIRE

1 homme au tracteur
1 homme sur la plate-forme d'ensachage

OUTILLAGE

1 tournevis
1 pince universelle
1 clé à molette
1 burette
1 pompe à graisse

MST 94 - La nouvelle moissonneuse-batteuse a grand rendement BOLINDER-MUNKTELL

Cie **BOLINDER'S**

3, Avenue de Friedland, Paris 8e

Téléphone:

Balzac 41-60, 41-61, 41-62

La moissonneuse-batteuse automotrice Bolinder-Munktell type MST 94 est une machine à grand rendement. Son batteur de 1 m. 10 de longueur pour un diamètre de 610 mm. lui donne une capacité d'absorbtion lui permettant d'avaler sans difficulté les récoltes les plus fortes, coupées par sa lame de coupe de 2 m. 70.

Son batteur à six battes, monté sur tourteau de fonte et le contrebatteur très enveloppant assurent un engrénage parfait.

Grâce aux grandes dimensions de l'appareil de nettoyage et la diversité et la grande surface des grilles, il convient pour toutes les récoltes. Le montage de l'ensemble sur roulements à billes, la fabrication soignée de tous les organes, assurent à cette moissonneuse-batteuse un fonctionnement silencieux et sans vibration.

MST 94 est facile à conduire et d'un entretien simple. Tous les organes de manoeuvre sont accessibles du siège du conducteur ainsi que le réglage du contrebatteur.

Bolinder-Munktell a une expérience de 100 ans dans la fabrication des batteuses. La moitié de toutes les moissonneuses-batteuses en service dans l'agriculture suédoise entièrement mécanisée ont été construites par Bolinder-Munktell. La conception est un résultat d'une collaboration intime entre les spécialistes de l'agriculture et nos ingénieurs.

La récolte par moissonneuses-batteuses est le procédé le plus avantageux, et notre MST 94 est particulièrement économique par son rendement et par sa qualite.

Caractéristiques techniques

Rendement.

40 à 50 qu. par heure dans des conditions normales. Rendement maximum 60 qu. par heure dans des conditions les plus favorables.

Coupe et largeur du batteur:

Coupe: 2 m. 70 (9 pieds)
Largeur du batteur: 1 m. 10.

Moteur:

6 cylindres VOLVO à essence type ED.
Puissance: 65 CV.

Rabatteur et table de coupe:

Réglage en hauteur du rabatteur et de la table de coupe se fait hydrauliquement.

Vitesses d'avancement:

Vitesses avant:
2,3 — 2,9 — 3,6 — 4,1 — 11,7 et 3,0 — 3,7 — 4,6 — 5,3 — 15 km. par heure,
Vitesses arrière: 2,5 et 3,0 km. par heure.

Roues:

Les roues motrices: pneus jumelés 10 × 28″
„ „ de direction: pneus 6,50 × 16″.

Dimensions:

Longueur totale: 8 m.
Hauteur en travail: 3 m. 90.
Largeur totale en travail: 4 m. 40,
„ en transport: 3 m. 10.
Poids: 3900 kgs. environ.

Equipement supplémentaire: Rabatteur à griffes
Presse à paille portée

BOLINDER-MUNKTELL

AKTIEBOLAGET BOLINDER-MUNKTELL · ESKILSTUNA · SUÈDE

7096 F

ESKILSTUNA-KURIREN

MST 751

LA NOUVELLE

MOISSONNEUSE-BATTEUSE

AUTOMOTRICE

BOLINDER-MUNKTELL de 2m.25

LA MACHINE

TANT

ATTENDUE

DE TOUS

LES AGRICULTEURS!

CARACTERISTIQUES

MST 751

Dimensions:

Longueur hors tout .... m. 7,20
Largeur hors tout en cours de transport et au travail .... m. 2,65
Hauteur avec plate-forme à sacs .... m. 2,70
Hauteur avec coffre .... m. 3,70
Empattement .... m. 4,54
Voie .... m. 1,82
Hauteur au-dessus du sol du tuyau de vidange m. 2,35

Table de coupe:

Largeur de coupe .... m. 2,25
Commande hydraulique de la table de coupe et des rabatteurs.
Table de coupe réglable en hauteur entre 50 et 600 mm.
Table équilibrée avec des ressorts.

Batteuse:

Diamètre du batteur .... mm. 610
Longueur du batteur .... mm. 686
Nombre de battes 8
Contre-batteur avec dispositif de réglage central.
4 vitesses de batteur: 800, 900, 1000 et 1100 tr/mm.
Secoueur de paille en trois éléments, longueur m. 3.
Trieur pour 2 tamis, dimensions: 1200×620 mm.

Moteur:

Moteur Volvo, 6 cylindres, type ED, donnant au pétrole 46 CV à 2300 tr/m. et à l'essence 56 CV à 2300 tr/m.

Vitesse de marche:

Boîte de vitesses pour 2 vitesses et avec variateur.
Vitesse avant: entre 1,9 et 16,7 km/h.
Vitesse arrière: entre 3 et 10 km/h.

Pneumatiques:

Roues d'entrainement: 11×28", 6 plis
Roue de direction: 815×290 mm., 6 plis
Frein à pied hydraulique et frein main mécanique
Trémie à grains: 14 hl.
Réservoir de carburant 100 l.
Poids: environ 3300 kg.

Equipements supplémentaires:

Broyeur de paille
Pick-up engreneur
Rabatteur à griffes

La MST. 751 est caractérisée par l'excellente maniabilité due à la direction aisée et à la faible largeur de transport réduite. Le tuyau de vidange peut être facilement démonté et rangé sous la trémie (voir illustration ci-dessus).

AB BOLINDER-MUNKTELL

ESKILSTUNA

Compagnie BOLINDER'S
3, avenue de Friedland
Paris 8 e
Téléphone: Balzac 41—60 et la suite

S 257 BOLINDER'S

MOISSONNEUSE-BATTEUSE AUTOMOTRICE

- Alimentation par vis d'Archimède de type pick-up.
- Rabatteur à griffes livré en équipement standard.
- Commande hydraulique de la table de coupe et du rabatteur.
- Réglage rapide et facile du contre-batteur.
- Variateurs de vitesse pour l'avancement, la ventilation et le rabatteur.
- Roues motrices largement dimensionnées.
- Epierreur livré en équipement standard.
- Poids réduit.

MACHINES AGRICOLES

BOLINDER-MUNKTELL

ESKILSTUNA — SUÈDE

S 257
BOLINDER'S

Plateforme d'ensachage ou trémie à grains

La ST 257 est livrée ou bien avec trémie à grains, ou bien avec plateforme d'ensachage.

Ebarbeur-trieur type LS

Muni d'un ébarbeur-trieur type LS la ST 257 prossède un dispositif de nettoyage complémentaire, avec un ébarbeur et ventilateur.

Ebarbeur-trieur type KR

Un dispositif de nettoyage simple et bon marché, qui élimine du grain les mauvaises herbes et saletés.

Automotrice légère et moderne aux caractéristiques remarquables

ST 257 — actuellement d'une efficacité encore plus grande.

Alimentation régulière

La vis d'Archimède à doigts escamotables assure une alimentation très régulière.

Rapidité et facilité de réglage du contre-batteur

Le contre-batteur a 8 battes. L'écartement du contre-batteur par rapport au batteur se règle au moyen de deux leviers. Le réglage se lit directement sur des échelles graduées.

Variateur à l'avancement

La machine est munie d'une boîte à 3 vitesses AV et 1 vitesse AR. Un variateur à courroie trapézoïdale pour réglage de vitesse d'avancement se trouve entre la boîte de vitesses et le moteur.

Cette combinaison donne une gamme étendue des vitesses qui se règlent d'une façon non-étagée (la première de 1,6 à 3,7 km/h, la seconde de 2,6 à 6,0 km/h et la troisième de 9,1 à 20,8 km/h).

Nettoyage parfait

Les grilles reçoivent du ventilateur un courant d'air régulier et bien distribué. La force du vent et son volume sont aisément réglés par un variateur.

Equipements spéciaux

Ebarbeur-trieur type LS
Ebarbeur-trieur type KR
Presse à paille
Hache-paille
Eclairage électrique
Pneus pour roues motrices de 10—24
Grilles spéciales de 1,5 à 16 mm

Caractéristiques techniques:	ST 257 à plateforme d'ensachage	ST 257 à trémie à grains
Largeur de coupe entre diviseurs	2m18	2m18
Longueur hors tout	5m96	5m96
Largeur en travail . .	2m59	3m69
Hauteur en travail . .	2m56	2m92
Longueur du batteur . .	Om755	
Nombre de secoueurs . .	3	
Ventilateur de nettoyage (par variateur)	650 à 1250 t/m	
Grille à menues pailles réglable		
Boite de vitesses:	3 vitesses AV 1 vitesse AR	
Variateur double à courroie trapézoïdale		
Roues motrices	9—24	
Roues directrices	6—16	
Moteur Perkins Diesel	35 CV	
Moteur à essence Volvo B 18-C	36 CV	
Capacité de la trémie à grains	10 hl	
Poids (moiss.-batt. à plateforme d'ensachage)	1890 kg.	
Poids (moiss.-batt. à trémie à grains)	1995 kg.	

Ces caractéristiques — ainsi que descriptions et illustrations — ne sont données qu'à titre indicatif. Le constructeur se réserve le droit de changer ses constructions sans préavis ni obligation.

IMPORTATEUR ET DISTRIBUTEUR EXCLUSIF:

Compagnie BOLINDER'S

Société Membre du Groupe Volvo

55-57, Avenue du Général-de-Gaulle
PUTEAUX (Seine) Tél. LON. 76-20
Registre du Commerce Seine 57 B 5828

X 245 F
5.000. 2. 62.

Imprimé en Suède
Enhart för spridning utomlands

Ets RADANNE & Fils
S.A.R.L. au Capital de 1.000.000 Frs
MACHINES AGRICOLES
FLEURY-sur-AND
Télép

BM • VOLVO

Moissonneuse-batteuse automotrice

ST 257

ST 257

CARACTERISTIQUES TECHNIQUES

Equipements spéciaux

Ebarbeur-trieur type LS

Munie d'un ébarbeur-trieur type LS, la ST 257 possède un dispositif de nettoyage complet, avec un ébarbeur et ventilateur. Les grains sont soumis au nettoyage final et triés dans le courant d'air produit par ce ventilateur.

Ebarbeur-trieur type KR

Un dispositif de nettoyage simple et bon marché, qui élimine du grain les mauvaises herbes et saletés.

Hache-paille

Equipement pour vitesse du batteur 500 t/mn

Poids pour roues directrices

Equipement spécial pour le battage des graines

TABLE DE COUPE

à commande hydraulique

Largeur totale entre pointes des diviseurs 2m56

Hauteur de coupe ... 7—75 cm

Rabatteur à griffes à commande hydraulique

Vis d'Archimède

DISPOSITIF DE BATTAGE

Largeur intérieure ... 0m765

Batteur à battes striées:

Longueur 0m755

Diamètre........... 0m550

Nombre de battes ... 8

Vitesse du batteur... 6 vitesses de 830 à 1420 t/m

Contre-batteur ...... à 8 battes

SECOUEURS

Largeur intérieure ... 0m765

Nombre de secoueurs. 3

Longueur 2m670

Largeur............ 0m740

Surface 2m²04

ENSEMBLE DE NETTOYAGE

Ventilateur (réglage par variateur) .... 650 à 1250 t/m

Grille à menues pailles réglable

Grille inférieure ..... interchangeable

La machine est accompagnée de grilles inférieurs convenant à la plupart des plantes — céréales ou semences.

Longueur: 0m940, largeur: 0m730. Surface totale des grilles, y compris rallonge 1m²47.

TRANSMISSION

Boîte de vitesses .... 3 vitesses AV, 1 vitesse AR

Variateur double à courroie trapézoïdale

Vitesses .... première de 1,7 à 4,3 km/h; seconde de 2,8 à 6,9 km/h; troisième de 9,9 à 24,0 km/h; arrière de 2,3 à 5,4 km/h

Roues motrices ..... 11.2/10—24

Roues directrices .... 6.00—16

MOTEURS

Moteur à gas oil:

Perkins Diesel, 4 cylindres, 4 temps

Système électrique .. 12 V (2 batteries 6 V/91 Ah)

Capacité du réservoir à combustible..... environ 60 litres

DIMENSIONS

	ST 257 à plateforme d'ensachage	ST 257 à trémie à grains
Longueur hors tout ..	6m040	6m040
Largeur en travail	2m835	3m950
Dito en transport	2m835	2m835
Hauteur en travail ..	2m575	2m920
Hauteur utile sous le bord inférieur de la goulotte du tuyau de vidange	—	2m430
Empattement.......	2m700	2m700
Voie...............	1m720	1m720
Rayon de braquage sans frein:	4m	4m
Rayon de braquage avec frein:	3m	3m
Capacité de la trémie à grains..........	—	14,6 hl
Poids	1 990 kg	2 240 kg

Ces caractéristiques — ainsi que descriptions et illustrations — ne sont données qu'à titre indicatif. Le constructeur se réserve le droit de changer ses constructions sans préavis ni obligation.

BOLINDER-MUNKTELL

— une entreprise du Groupe Volvo · Eskilstuna Suède

VOLVO

Importateur et distributeur exclusif:

VOLVO-BOLINDERS S.A.

55, Avenue du Général de Gaulle
PUTEAUX (Seine) Tél. LON. 76—20
R. C. Seine 57 B 5828

7200/4 F
7. 11. 65

BM-REKLAM/LJUNGFÖRETAGEN LITTORIN RYDÉN, ÖREBRO

Imprimé en Suède Enbart för spridning utomlands

BM·VOLVO
S 1000 A
Largeur de coupe de 3 mètres ou de 3,60 mètres — batteuse à grand rendement — commande souple — basse pression au sol — moteur Diesel puissant — grande sécurité de fonctionnement — matière première de haute qualité — construction robuste.
VOLVO
AKTIEBOLAGET
BOLINDER-MUNKTELL

BM·VOLVO S1000 A

CARACTERISTIQUES

Dimensions

Largeur max. en cours de transport, largeur de coupe 3 m	mm	3385
Largeur max. en cours de transport, largeur de coupe 3,60 m	mm	4000
Encombrement max. en travail avec tuyau de vidange sorti	mm	5.420
Longueur totale, sans diviseurs	mm	8200
Longueur totale, avec diviseurs	mm	9100
Hauteur max. avec plate-forme d'ensachage	mm	4200
Hauteur max. avec trémie	mm	3870
Hauteur au-dessus du sol du tuyau de vidange	mm	2.680
Garde au sol	mm	370
Hauteur de coupe jusqu'à	mm	950
Empattement	mm	3750
Voie des roues motrices	mm	2250
Voie des roues directrices	mm	1100
Poids	kg	5200
Volume de la trémie	hl	20

Batteuse

Largeur de coupe		3 m ou 3,60 m au choix
Diamètre du batteur	mm	610
Longueur du batteur	mm	1100
Nombre de battes		8
Contre-batteur, nombre de battes		13
Vitesse du batteur	tr/mn	550—1100
Secoueurs, nombre		4
Secoueurs, longueur	mm	3300
Secoueurs, largeur	mm	1100
Grille inférieure longueur × largeur	mm	1200×1000
Grille supérieure, longueur × largeur	mm	1200×1000
Rallonge de la grille	mm	170×1000

Moteur

Moteur Diesel Volvo D 47, à injection directe		
Nombre de cylindres		6
Cylindrée	lit.	4,7
Puissance à 2100 tr/mn	CV	80
Boîte de vitesse avec embrayage à disques		
Réglage de la vitesse à l'aide d'un variateur		
1ère rapport	km/h	1,8— 5,2
2ème rapport	km/h	3,7—10,6
3ème rapport	km/h	6,9—20,0
Marche arrière	km/h	3,1— 9,0

Freins

Frein à pied et freins de direction, mécaniques
Frein à main, mécanique

Pneumatiques

Roues motrices	18,4/15—26/6
Roues directrices	7,50—16/6

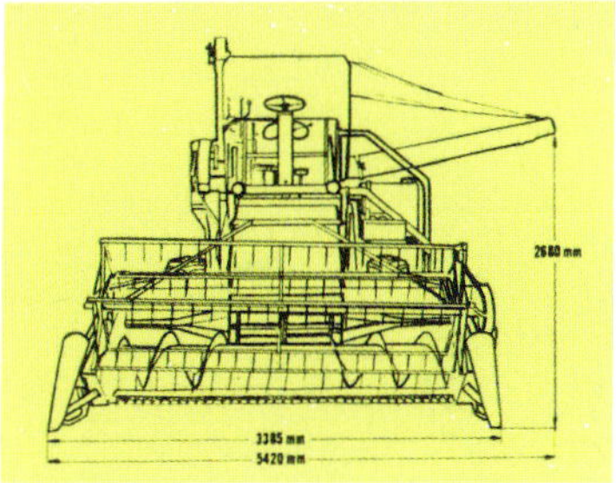

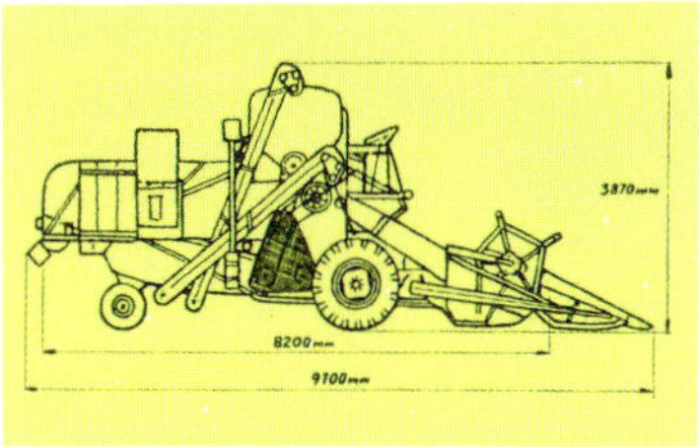

Équipement supplémentaire

Presse, Hache-paille, Pick-up
Equipement de battage des semences
Equipement d'ensachage pour batteuse à trémie
Roues motrices 23,1/18—26/8
„ directrices 815×290/6
Equipement pour vitesses de déplacement plus réduites:

1ère rapport	km/h	1,4— 4,2
2me „	„	3,0— 8,5
3me „	„	5,5—16,0
Marche arrière	„	2,5— 7,3

Nous nous réservons le droit d'entreprendre, sans préavis, des modifications de construction.

rendement plus élevé
manoeuvres plus douces
sûreté de fonctionnement accrue
meilleur égrenage
moins de pertes
frais réduits
Nouvelle
moissonneuse-batteuse tractée
S 600
BOLINDER-MUNKTELL

Caractéristiques de la moissonneuse-batteuse Bolinder-Munktell S 600

Dimensions

Longueur maximum	m	6,40
Largeur maximum de transport	m	3,20
Largeur maximum en travail avec le tuyau de vidange relevé	m	4,35
Hauteur maximum	m	2,80
Hauteur du tuyau de vidange au dessus du sol	m	2,55
Garde au sol	m	0,34
Pneumatiques		350—15½"
Voie	m	2,75
Poids net, env.	Kg	1,900

Table de coupe

Largeur de coupe	m	1,80
Largeur entre diviseurs	m	1,95
Hauteur de coupe	cm	5 à 65

Batteuse

Diamètre du batteur	mm	460
Longueur	mm	1.500
Nombre de battes		6
Nombre de contre-battes		8
Vitesse du batteur, avec poulie fixe	t/mn	1065, 1400
Secoueur de paille en un élément	mm	1.510 à 1.920
Nettoyage, deux grilles	mm	890 à 1.020
Capacité de la trémie à grain	hl	19
Durée de vidange, env.	mn	1,5
Puissance de fonctionnement et de déplacement	ch	35
Vitesse de rotation de l'arbre de transmission	t/mn	540

Accessoires supplémentaires

Variateur réglable entre t/mn 700 et 1,400

Broyeur de paille

Hache-paille

Pick-up

Dispositif de télécommande à câbles.

Sous toutes réserves de modifications sans préavis.

La 600 peut être livrée sous trois présentations différentes:

- **avec plateforme d'ensachage**
- **avec plateforme d'ensachage et trieur**
- **avec trémie de 19 hl**

AB BOLINDER - MUNKTELL

ESKILSTUNA
SUEDE

Cie Bolinder's
55, avenue du Général de Gaulle
PUTEAUX (Seine)

Téléph.: LONGchamp 76—20
R.C. Seine 57 B 5828

7154/2 F

4000. 2. 61. Imprimé en Suède ZOHLBERGS TRYCKERI AB. MALMÖ 2938

La S 500 est vraiment économique à cause de
sa construction robuste,
sa grande sécurité de fonctionnement
son battage efficace
sa commande facile
son excellent rendement
sa basse pression au sol
le service après vente
BOLINDER-MUNKTELL
MOISSONNEUSE-BATTEUSE TRACTEE
S 500
1,52 m de coupe

La moissonneuse-batteuse tractée Bolinder-Munktell de cinq pieds peut être livrée en deux versions:

1 avec plate-forme d'ensachage et trieur-ensacheur

2 avec trémie de 14 hectolitres

S 500

S 500 avec plate-forme d'ensachage et trieur-ensacheur

S 500 avec trémie

Dimensions

Longueur max.	m	6,00
Largeur max. en cours de transport	m	2,86
Hauteur max. avec plate-forme d'ensachage	m	2,70
Hauteur max. avec trémie	m	3,00
Garde au sol	cm	31
Hauteur du tuyau de vidange au dessus du sol	m	2,25
Voie	m	2,46
Poids net, env. avec plate-forme d'ensachage	kg	1.500
Poids net, env. avec trémie	kg	1.650

Equipement pneus

Pneus "implement" type "avion"	mm	815×290

Table de coupe

Largeur de coupe	5 pieds = 1,52 m
Hauteur de coupe	de 5 à 60 cm

Nous nous réservons le droit d'entreprendre, sans préavis, des modifications de construction.

Batteuse

Diamètre du batteur	mm	435
Longueur de batteur	mm	1.220
Nombre de battes		6
Vitesse de rotation du batteur, réglable de	tr/mn	600 à 1.500
Secoueur, en un seul élément	mm	1.910×1.200
Appareil de nettoyage, 2 grilles	mm	860×790
Capacité de la trémie	hl	14
Puissance nécessaire pour la traction et le fonctionnement de la machine	CV	25 à 30
Vitesse de rotation de l'arbre de prise de force	tr/mn	540

Conduits d'évacuation séparés débouchant au dessus du cylindre ou du secoueur.

Equipement supplémentaire

Broyeur de paille
Hache-paille
Presse-pick up
Diviseurs rotatifs
Dispositif de télécommande à câbles.
Equipement pour le moissonnage et le battage des graines.
Rapport de démultiplication pour une vitesse de rotation de 720 tr/mn sur l'arbre de prise de force.

BOLINDER - MUNKTELL

ESKILSTUNA
SUEDE

Société Membre du Groupe Volvo

Compagnie Bolinder's
55, Avenue du Général de Gaulle
PUTEAUX (Seine)

Téléph.: LONgchamp 76-20
Télégr.: BOLINDERS-PARIS
R.C Seine 57 B 5828

Tryckeri AB Skandia, Stockholm 5.000. 4. 62.
Endast för spridning utomlands.
7153/3 F

BM-VOLVO

S 830

UNE MOISSONNEUSE-BATTEUSE BOLINDER-MUNKTELL, MODERNE ET EFFICACE

La S 830 peut être munie d'un équipement d'ensachage, comportant une plate-forme spacieuse et deux orifices de remplissage. Quelques petites opérations suffisent pour passer du système à trémie au système à ensachage.

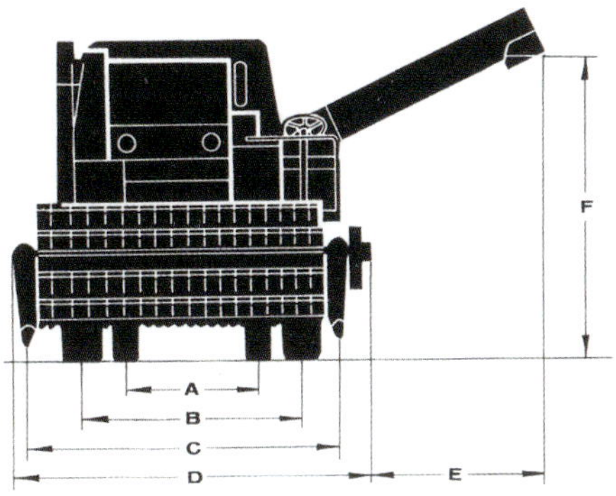

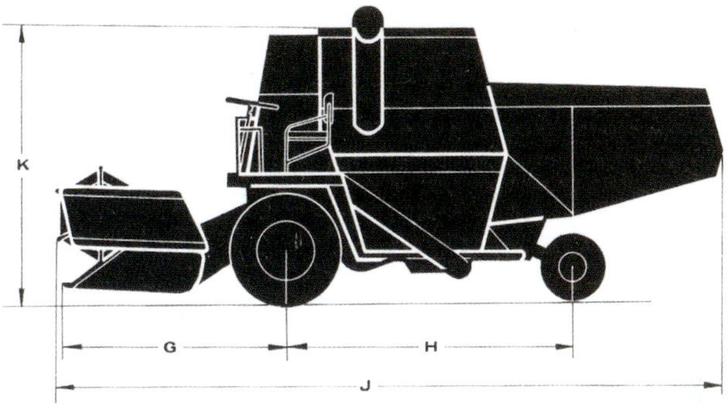

A	1,00 m	F	2,70 m
B	1,90 m	G	2,25 m
C	2,82 m	H	2,90 m
D	3,12 m	J	6,68 m
E	1,50 m	K	2,71 m

CARACTÉRISTIQUES

Largeur de coupe	8¾′ 2,67 m
Largeur de ramassage	9¼′ 2,82 m
Hauteur de coupe	8—67 cm
Vitesse de la lame	510 aller-retour/mn

Dispositif de battage

Longueur et diamètre du batteur	850/550 mm
Poids du batteur	94 kg
Vitesses du batteur (nombre et régimes)	8/750—1 200 tr/mn
Nombre de battes :	
batteur	8
contre-batteur	10

Secoueur de paille

Longueur×largeur du secoueur de paille	305×86 cm
Surface du secoueur de paille	2,65 m²
Nombre de sections	3

Dispositif de triage et trémie

Longueur×largeur du crible supérieur réglable	92×82 cm
Longueur×largeur de l'allonge du crible supérieur	26×82 cm
Longueur×largeur du crible inférieur réglable	92×82 cm
Surface totale de cribles	1,73 m²
Contenance de la trémie	16 hl
Hauteur de la goulotte de vidage par rapport au sol	2,70 m

Moteur

Marque et type	Perkins/4.154
Puissance et régime	56 ch/2 600 tr/mn
Contenance du réservoir de carburant	90 l
Rapports :	
I	1,4-4,3 km/h
II	2,8-8,5 km/h
III	7,9-24,0 km/h
AR	1,8-5,5 km/h

Roues, direction et répartition du poids

Roues motrices	14,9—24
Roues directrices	280—15,5 LP
Voie des roues motrices	1,90 m
Voie des roues directrices	1,00 m
Empattement	2,90 m
Rayon de braquage	5,00 m
Poids à vide	2 750 kg
Répartition du poids :	
roues motrices	83%
roues directrices	17%

Divers

Hauteur	2,71 m
Largeur de transport	3,12 m
Longueur	6,68 m

Equipement supplémentaire

Equipement d'ensachage
Equipement spécial pour le battage de graminées
Diviseurs torpedo

Nous nous réservons le droit de modifier sans préavis les caractéristiques ci-dessus.

MOISSONNEUSE BATTEUSE SP 235

HARVESTER SP 235

FAITES CAMPAGNES EN

Bourgoin

BOURGOIN FOR YOUR HARVEST CAMPAIGNS

SPECIFICATIONS	
PLATEFORME DE COUPE :	
Largeur (m)	4,20 - 4,80
Commande de la lame	BOITIER A BAIN D'HUILE
Vitesse de la lame (coups/mn)	1100
Diamètre de la vis d'alimentation (mm)	560
Doigts sur toute la largeur	Oui en hélice
Vitesse des rabatteurs (tr./mn)	13 à 60 (variateur hydro)
Réglages : translation hauteur	HYDRAULIQUE
Inverseur d'alimentation	Oui (en option)
CUEILLEUR :	1050 I : 5 rangs 1060 I : 6 rangs
Ecartement (mm)	700 - 750 - 800
Angle des becs (degré)	20°
Broyeur	Oui (option)
CONVOYEUR :	
Nombre de chaînes	3
Suspension	HYDROPNEUMATIQUE
ROTOR ET CAGE (BATTEUR) :	
Diamètre (mm)	600
Longueur de battage (m)	2,93
Nombre de pales du rotor égreneur	4
Régime (tr/mn)	Continu de 0 - 1200
Variation	Par Pompe hydraulique à cylindrée variable
Inversion de sens	Oui
CONTRE-BATTEUR :	
Nombre et types	3- fils fins ou fers ronds
Angle d'enveloppement (degré)	144°
Surface totale (m2)	0,93
Réglage d'écartement (m)	Par manivelle
Surface de battage calculée : Céréales (m2)	3,72
Maïs (m2)	5,11
GRILLE DE SEPARATION :	
Nombre et types	2 - à fers ronds hélicoïdaux
Surface totale des grilles (m2)	0,83
Surface de séparation cage (m2)	0,73
Surface totale de séparation avec zone de battage (m2)	2,49
Surface totale de séparation calculée : Céréales (m2)	9,96
Maïs (m2)	13,69
OTONS :	Batteur indépendant, retour en avant du nettoyage
PEIGNE SOUS TIRE-PAILLE :	A DOIGTS
GRILLE DE NETTOYAGE :	
Coffre de nettoyage	SOUS PRESSION
Surface totale sous l'action des vents (m2)	4,48
Largeur intérieur machine (m)	1,18
VENTILATEUR :	
Vitesse (tr/mn)	350 - 1350
Commande	hydraulique avec régulation
ELEVATEUR :	
A grains (section) (mm)	195 x 270
TREMIE :	
Capacité (litres)	6500
Vitesse de vidange en toute position (l/s)	72
Orientation de la vis	Débattement horizontal hydr.
Hauteur de vidange (m)	4,10
MOTEUR :	
Type	8361 SRI 10 INTER-COOLED
Nombre de cylindres	6
Puissance (ch)	235
Cylindrée (cm3)	8102
Réservoir à carburant (l)	400
TRANSMISSION :	
Type	Hydrostatique intégral
Nombre de rapport AV/AR	Route 0 - 28 km/h Champ 0 - 12 km/h Arrière 0 - 10 km/h
POSTE DE CONDUITE :	
Cabine climatisée-chauffée	standard
Contrôle de performances	(option)
Contrôle de rotation d'arbres 9 fonctions	standard
DIMENSION ET POIDS :	
Hauteur (m)	3,79
Longueur machine complète (m)	8,70
Empattement (m)	3,47
Poids machine seule (kg)	9400
PNEUMATIQUES : AV	28 LR 26 RADIAL 650/75 R 32 (OPTION)
AR	14,9 R 24 RADIAL
OPTIONS :	
Hache paille	Oui
Roues arrières motrices hydrauliquement	Oui
Broyeur sous cueilleur	Oui
Compteur d'hectares	Oui
Inverseur d'alimentation	Oui
Blocage différentiel hydraulique	Oui

SPECIFICATIONS	
CUTTING PLATFORM	
Width (m)	4.2 - 4.8
Knife control	BOX WITH OIL BATH
Knife speed (thrusts/min)	1100
Diam of feed sorew (mm)	560
Fingers over whole width	Yes on worm conveyor
Pick-up reel speed (RPM)	13 to 60 (hydro variator)
Rogulations : height translation	HYDRAULIC
Feed reversor	Available as option
HEADER	1050 I : 5 rows 1060 I : 6 rows
Spacing (mm)	700 - 750 - 800
Angle of headers (degree)	20
Crusher	Available as option
CONVEYOR	
Number of chains	3
Suspension	HYDROPNEUMATIC
ROTOR AND THRESHING CYLINDER	
Diameter (mm)	600
Threshing length (m)	2.93
Number of blades on shelling rotor	4
Speed (RPM)	Continuous from 0 to 1200
Variation	Ey hydraulic pump with variable cubic cap
Direction reversal	Yes
COUNTER-CYLINDER	
Number and types	3 - fine edge or round wire
Enveloping angle (degres)	144
Total surface area (m2)	0.93
Spacing adjustment (m)	By crank handle
Calculated threshing surface : area : Cereals (m2)	3.72
Maize (m2)	5.11
SEPARATION SCREEN	
Number and types	2 - helical round wire
Total surface area of screens (m2)	0.83
Surface area of separation cyl. (m2)	0.73
Total separation surface area with threshing area (m2)	2.49
Calculated total separation surface area : Cereals (m2)	9.96
Maize (m2)	13.69
TAILINGS	Independent threshing cylinder : grain returned to pre-cleaning position
COMB UNDER STRAW EXTRACTOR	Finger type
CLEANING SCREEN	
Cleaning box	Under pressure
Total surface area undor wind action (m2)	4.48
Interior width of machine (m)	1.18
FAN	
Speed (RPM)	350 - 1350
Controls	hydraulic with regulation capability
GRAIN ELEVATOR	
Section (mm)	195 x 270
HOPPER	
Capacity (litres)	6500
Emptying speed (l/s)	72
Angle of auger	Hydraulic, clearance in horizontal position
Emptying height (m)	4.10
ENGINE	
Type	INTER-COOLED 8361 SRI 10
Number of cylinders	6
Power developed (Cont h.p)	235
Cubic capacity (cc)	8102
Fuel tank capacity (l)	400
TRANSMISSION	
Type	Full hydrostatic
Speed fud/rev	Road 0 - 28 kph Working 0 - 12 kph Reverse 0 - 10 kph
DRIVING CAB	
Air-conditioned/heated	Standard
Function control	Optional
Shaft revolution control - 9 functions	Standard
DIMENSIONS AND WEIGHT	
Height (m)	3.79
Length complete machine (m)	8.70
Weelbase (m)	3.47
Weight machine only (kg)	9400
TYRES : front	28 LR 26 RADIALS 650/75 R 32 (OPTIONAL)
rear	14.9 R 24 RADIALS
OPTIONAL EXTRAS	
Straw cutter	available
Hydraulic drive roar wheels	available
Crusher under header	available
Hectare counter	available
Feed reverser	available
Hydraulic diff lock	available

BOURGOIN

MOISSONNEUSE BATTEUSE A ROTOR AXIAL
POUR MAÏS, TOURNESOL et TOUTES CÉRÉALES

machine française

MOISSONNEUSE BATTEUSE AXIALE M.T.C.

GROUPE CUEILLEUR

- 5 rangs
- 4 rangs : écartement 77,5 cm.

Diviseurs flottants et réglables.

Chaînes cueilleuses à tension automatique.

Rouleaux à 8 pales en acier traité et à écartement réglable.

Barre d'arrachage 2 par bec à écartement réglable électriquement.

Convoyeur d'épis de grande largeur, 3 chaînes renforcées à 2 oreilles.

Capots couvre-becs facilement démontables.

Entraînement des rouleaux par moteurs hydrauliques.

Entraînement des chaînes cueilleuses par moteurs hydrauliques et renvois d'angle étanches.

Variateur de vitesse hydraulique des chaînes commandé depuis le poste de conduite.

Embrayage hydro-électrique.

En option : Broyeur fléau commande hydraulique.

GROUPE BATTAGE SÉPARATION

Type à **rotor central** longitudinal commandé par moteur **hydraulique** à piston et pompe à débit variable.

Vitesses variables commandées depuis le poste de conduite :
- 0 à 1000 t/mn en continu en avant.
- 0 à 100 t/mn en arrière inversion de flux pour débourrage éventuel.
- Contrôle de puissance visuel.

Rotor : diamètre 0,60 m (sur les doigts).

Rotor : longueur 2 m.

Barres de battage amovibles.

Contre-égreneur : diamètre progressif 69 cm - 73 cm.

Contre-égreneur : surface 2,10 m².

Contre-égreneur : à écartement réglable en 3 parties.

Largeur intérieur machine 1,18 m.

GROUPE NETTOYAGE ET RÉSERVOIRS A GRAINS

Peigne de triage : 0,70 m².

Grille supérieure : surface 2,12 m² réglable.

Grille inférieure : surface 1,66 m² réglable.

Nettoyage : surface totale 3,78 m².

Ventilateur à 6 pales commandé par moteur hydraulique, vitesse réglable hydrauliquement de 0 à 1450 t/mn depuis le poste de conduite.

Table de préparation à 4 vis sans fin longitudinales sous le contre-égreneur.

Élévateur de grains chaîne à palettes caoutchouc.

Batteur d'otons.

Trémie : contenance 6.500 litres.

Vis de vidange orientable hydrauliquement à l'arrêt ou pendant la vidange.

Embrayage de la vidange hydro-électrique.

Temps de vidange : 90 secondes.

Hauteur de vidange : 4 m.

GROUPE TRACTEUR

Moteur diesel turbo 210 cv DIN à 2600 t/mn, cylindrée 8,102 litres.

Transmission d'avancement hydrostatique avec pompe à débit variable et 2 moteurs variables combinés à 2 réducteurs planétaires.

Vitesse route 0 à 28 km/h
champ 0 à 12 km/h
arrière 0 à 10 km/h

Freins à disques

Direction hydrostatique Orbitrol avec double vérins arrière.

Réservoir à gas-oil 380 litres

Cabine à suspension élastique - insonorisation pressurisée - chauffage - ventilation.

Pneumatiques : avant 28.1/26 - 12 ply
arrière 13.6/24 - 10 ply

Voie avant réglable mini 2,48 m - maxi 2,59 m

Roues arrière 4 × 4 Motrices (équipement en option). force de poussée hydraulique 2000 kg.

Réducteurs planétaires - moteur hydraulique dans chaque roue - commande par électro-distributeur - mise en service ou en roue libre à partir de la cabine par bouton électrique - voie arrière 2,35 m.

Chenilles sur demande.

PLATE-FORME DE COUPE

Coupe avec attache rapide sur le convoyeur. Entraînement par moteur hydraulique. Boitier de commande de lame à bain d'huile. Réglage de la vitesse des rabatteurs hydraulique et par variateur. Réglage AV et AR des rabatteurs par vérin double effet.
largeur : 3,90 m - 4,20 m - 4,80 m.

DIMENSIONS - POIDS

Longueur avec cueilleur et diviseur	8,60 m
Largeur avec cueilleur	4,06 m
sans cueilleur	3,08 m
Hauteur avec cabine	3,75 m
Empattement	3,225 m
Rayon braquage	3,4 m
Poids total avec cueilleur	10.500 Kg
Poids nu	8.900 kg

Dans un but d'amélioration et de développement constant de nos fabrications, les caractéristiques mentionnées sur ce document le sont à titre indicatif et peuvent être modifiées à tout moment sans préavis. Les illustrations peuvent ne pas être conforme à l'équipement standard.

BOURGOIN

S.A. capital 1.008.000 F — R.C. 546 450 396 B La Roche

La gamme la plus complète pour la récolte du maïs

Bureau d'étude - usine de fabrication et siège social :

85110 CHANTONNAY FRANCE Tél. 51 94 31 61 Télex 710680

UNE NOUVELLE MOISSONNEUSE-BATTEUSE FRANÇAISE

Il est de tradition que les constructeurs de machines agricoles présentent leurs nouveaux modèles au Salon.

Les Etablissements BRAUD, de Saint-Mars-la-Jaille (Loire-Inférieure) ont choisi pour la première présentation de leur moissonneuse-batteuse, non pas une simple exposition mais une dure épreuve, et de plus, une épreuve où la comparaison est possible avec des machines existant depuis plusieurs années.

Il appartenait en effet aux Etablisse*ments BRAUD,* le plus important constructeur de France de batteuses modernes et spécialisé depuis plus de 50 ans dans cette fabrication, de s'attaquer aux nombreux problèmes que pose la construction d'une *moissonneuse-batteuse* parfaitement adaptée aux besoins des exploitations françaises, en général de superficie moyenne et d'accès difficiles.

Cette *moissonneuse-batteuse* est d'une conception nouvelle, petite par ses dimensions mais grosse par capacité au travail.

En voici les principales caractéristiques :

Coupe de 2 mètres, largeur au batteur de 0 m 80 passant à 0 m 95 aux secoueurs.

La largeur totale de 2 m 40 et sa hauteur réduite à moins de 2 mètres lui permettent le passage en de nombreux chemins où jusqu'alors les moissonneuses-batteuses trop hautes ou trop larges ne pouvaient accéder.

Quant à l'appareil moteur, il a été choisi simple et facile à entretenir, c'est un des moteurs le plus répandu sur le marché français, connu de tous les mécaniciens, et ayant partout un réseau complet d'agents et de réparateurs. Il s'agit tout simplement du moteur 11 CV Citroën, développant plus de 40 CV à 2.500 tours-minute.

La gamme des vitesses de travail et de route a été particulièrement étudiée.

Les différents éléments, coupe partie motrice et batteuse sont séparables en très peu de temps, ainsi que tous les organes jouissent d'une accessibilité totale sans aucun démontage puisqu'ils sont tous réellement à la portée de la main des utilisateurs.

La capacité de travail de cette moissonneuse-batteuse est de 1/2 ha à l'heure autant que l'on puisse donner un chiffre dans lequel de nombreux facteurs entrent en jeu, tel que grandeur des champs, densité des récoltes, etc...

La consommation se révèle remarquablement réduite en fonction du travail effectué puisqu'elle est de 6 à 7 litres d'essence à l'heure.

Cette capacité de travail est égale à des machines ayant une coupe beaucoup plus grande car les organes sont tels que la vitesse au travail est supérieure à bien d'autres moissonneuses-batteuses et elle a de plus une maniabilité remarquable.

Nous sommes persuadés que cette nouvelle moissonneuse-batteuse sera très remarquée à la journée de CAEN CARPIQUET et nous vous convions nombreux à venir y assister.

ETS BRAUD

SAINT-MARS-LA-JAILLE (Loire-Inf.) Tél. 8

Non... elle n'est pas comme les autres !

l'Automotrice BRAUD

avec presse 2.675.000 F
sans " 2.380.000

PLUS MANIABLE...
MOINS ENCOMBRANTE...
ELLE PASSE PARTOUT.

Fait autant de travail et le fait mieux !

*Il appartenait aux **Ets Braud** les plus grands spécialistes de la petite batteuse à grand rendement de construire la **Première Moissonneuse-Batteuse Automotrice** réellement adaptée aux Exploitations Françaises.*

PRINCIPALES CARACTÉRISTIQUES

— Largeur de coupe : 2 m.
— Largeur au batteur : 0 m. 80
— Largeur aux secoueurs : 0 m. 95
— Batteur à 8 battes, Diamètre : 0 m. 55
— Vitesse du batteur : de 565 à 1430 t/m.
— Contre batteur réglable en marche par leviers
— Secouage par secoueurs et vilebrequins
— Trieur rotatif
— Relevage hydraulique coupe et rabatteurs
— Moteur CITROEN essence 4 cyl.
— Puissance 42 cv. à 2.500 t/m.
— Transmission 8 vitesses AV. et 2 vitesses AR.
— Consommation 6 à 7 litres heure environ
— Capacité de travail 1 Ha. en 1 h. 30
— Dimensions : Longueur sans presse : 5 m. 90
Longueur avec presse : 7 m. 05
Largeur sur route : 2 m. 50
Hauteur totale : 1 m. 90
Poids sans presse : 2.600 kgs.
Poids avec presse : 3.100 kgs.

Pour tous renseignements complémentaires, s'adresser :

Ets BRAUD
SAINT-MARS-LA-JAILLE (LOIRE INF.) TEL : 8

BRAUD
l'automotrice moderne
de l'utilisateur avisé
BRAUD
BRAUD
SAINT-MARS-LA-JAILLE (LOIRE-ATLANTIQUE)
TÉL. 8, 51, 52 ET 53

CARACTÉRISTIQUES TECHNIQUES

Coupe

Largeur effective de coupe : A. 2080 - 2 m
A. 2480 - 2 m 40
Hauteur de coupe : de 0 à 85 cm.
Relevage hydraulique indépendant des rabatteurs
Doigts de coupe acier estampé pratiquement incassables
Vis sans fin à doigts escamotables
Diviseurs longs et réglables en tous sens
Rabatteurs à relevage hydraulique indépendant de celui de la coupe
Convoyeur type flottant à 3 chaînes et entraîneurs alternés
Commande de la lame par palier oscillant, grande douceur de mouvement
Limiteur d'efforts protégeant la vis et la lame

Batteur

Diamètre 0 m 55 - Longueur 0 m 80
8 battes profil anglais
6 vitesses par permutation des pignons :
565 - 630 - 805 - 1005 - 1280 - 1430 t/m

Contre-batteur

Indéformable en acier spécial ; haute résistance à l'usure
Réglage instantané et indépendant de l'entrée et de la sortie

Tire-paille

Diamètre 0 m 40 - 4 pales, diffusion rationnelle

Secoueurs

3 secoueurs sur 2 vilebrequins - Longueur de séparation 2 m 80 - Largeur 0 m 95 - Surface 2 m² 66

Nettoyage

A double effet
Grille supérieure ondulée adaptée à toutes récoltes, longueur 1 m 28, largeur 0 m 84
Grille inférieure interchangeable
Retour des otons à volonté au batteur ou à l'auget

Ventilateur

Diamètre 0 m 55
Réglable en marche, en puissance et en direction

Trieur rotatif

A tambours interchangeables et brosses de nettoyage
Plateforme spacieuse à 4 ensacheurs

ou Trémie

Contenance 1.300 kgs - Temps de vidage 1 minute 1/2 - Hauteur de l'extrémité de la vis de déchargement 2 m 50

Moteur

Essence RENAULT, 4 cyl.
Puissance 48 cv à 2.500 t/m
Consommation 9 litres-heure environ
ou Diesel PERKINS P4
Puissance 50 cv à 2 000 t/m
Consommation 4 litres 1/2-heure environ
Refroidissement par radiateur avec cheminée de prise d'air
Réservoir à carburant 70 litres

Transmission mécanique à 8 vitesses

Monobloc et étanche
Boîte 4 vitesses et boîte transfert donnant :
6 vit. de travail : 1.9 - 2,5 - 3,2 - 4,2 - 5,2 - 6,6 km/h
2 vitesses de route : 11,7 et 15,2 km/h
2 vitesses arrière : 2,3 et 3 km/h
Embrayage monodisque Ferodo pour l'avancement

Freins

A disques
Indépendants sur chaque roue, avec couplage des pédales pour la route et dispositif de blocage à l'arrêt.

Système hydraulique

Pompe de haute précision avec by-pass de sécurité - Distributeur à 2 positions
Tiges de vérins chromés

Embrayage de la batteuse

Indépendant de celui de l'avancement par courroies trapézoïdales

Embrayage de la coupe

Indépendant de celui de la batteuse

Direction

Type Gemmer à vis globique, douce et précise
Rayon de braquage intérieur : 3 mètres

Tableau de bord

Sur colonne de direction, comprenant compte-tours et appareils de contrôle

Équipement électrique

Démarreur - Avertisseur - 2 phares AV
3 feux rouges et 2 catadioptres
Éclairage de l'ensachage
Batterie 6 v. 90 amp/h pour moteur Renault
Batterie 12 v. 120 amp/h pour moteur Perkins

Pneus

Roues motrices 11 × 24
Roues directrices 17 × 400 AT
Voie 1 m 670 - Empattement 3 m 230

Capacité moyenne de travail

1 ha en 1 h. 30 ou 3.000 à 3.500 kgs à l'heure

Dimensions

Longueur	sans presse	6 m 15
	avec presse	7 m 20
Largeur	coupe 2 m 00	2 m 60
	coupe 2 m 40	2 m 85
Hauteur	avec trieur	2 m 05
	avec trémie	3 m 00

Poids

Sans presse 2.600 kgs - avec presse 3.100 kgs

Presse portée

RIVIERRE-CASALIS, spéciale, transformable en ramasseuse
Largeur du canal 0 m 75 - 2 noueurs
Ameneur rotatif et piston oscillant
60 coups/minute
Poids des bottes variant à volonté de 8 à 12 kgs

BRAUD 258
BRAUD 258
moissonneuse-batteuse
BRAUD 258

BRAUD 258

BRAUD
cidex 01
Z.I. d'Écouflant
49000 ANGERS
tél. (41) 43-65-12 (20 lignes)
Telex : 72960

DES COUPES « EUROPÉENNES » 2,60 m, 2,25 m. Les doigts de coupe sont doubles et indéformables. Les diviseurs sont réglables, articulés, flottants et démontables rapidement. Les rabatteurs sont à 6 pales à griffes et leur vitesse est réglable de 26 à 46 tours/minute.

Équipement standard : 10 releveurs p. coupe 2,60 m
8 releveurs p. coupe 2,25 m

Le fond de coupe est double en équipement standard.

Première sécurité : un tube épierreur est monté derrière la lame de coupe.

Deuxième sécurité : un limiteur d'efforts protège la vis, la lame et les rabatteurs.

UN CONVOYEUR DU « TYPE FLOTTANT » à trois chaînes et entraîneurs alternés, hauteur de coupe réglable par deux vérins de 0 à 0,85 m, **indicateur de hauteur de coupe, suspension de la coupe par ressorts compensateurs.**

UN BATTEUR DE 8 BATTES ∅ 55 cm, longueur 80 cm. Sa vitesse est réglable en marche par variateur de 600 à 1 400 tours/minute.

UN CONTRE-BATTEUR AVEC RÉGLAGES INSTANTANÉS. Les réglages de l'entrée et de la sortie sont indépendants et s'effectuent par deux leviers.

Troisième sécurité : un bac épierreur précède l'entrée du contre-batteur.

UN TIRE-PAILLE A GRAND DÉBIT. 6 pales, diamètre 0,40 m.

3 SECOUEURS GALVANISÉS. Largeur 0,95 m, surface totale de séparation 2,94 m², les secoueurs sont montés sur deux vilebrequins à mouvements conjugués.

UN GRAND COFFRE DE NETTOYAGE. Caractéristique primordiale : le coffre de nettoyage de la BRAUD 258 est du type « double effet » avec mouvement inversé, grille supérieure réglable avec rallonge graepel, grille inférieure interchangeable à trous ou réglable (au choix), nouveau : récepteur à grains à diffusion rationnelle, surface totale de nettoyage 1,92 m².

Ventilation puissante et variable : double ventilateurs à 2 vitesses : 700 et 885 tours/minute, direction du vent réglable par volets.

Battage des ôtons : avec retour au choix au batteur ou au coffre de nettoyage. Répartition des ôtons par vis sans fin.

Quatrième sécurité : un limiteur d'efforts protège le circuit ôtons et le circuit des grains.

UNE TRÉMIE DE GRANDE CONTENANCE : 1 900 LITRES. La vis de vidange est équilibrée par un ressort compensateur. Sa mise en place s'effectue facilement depuis le poste de conduite. Vidange rapide : 35 litres/seconde, moins de 90 secondes pour vidanger totalement la trémie. La trémie a une porte étanche protégeant ainsi le grain en cas d'intempéries. Hauteur sous la goulotte de vidange : 2,50 m.

UN MOTEUR PUISSANT : 61 CV*. 4 cylindres à refroidissement par eau. L'emplacement judicieux du moteur assure à la BRAUD 258 un centre de gravité très bas et une transmission directe. Sa surveillance et son accessibilité sont faciles. Filtre à air à bain d'huile.

Réservoir à carburant : 82 litres.

UNE TRANSMISSION SOLIDE AVEC BOITE A 3 VITESSES par combinaison d'un variateur à courroie trapézoïdale à commande par servo-moteur hydraulique (Système Varmatique) et d'un ensemble mécanique 3 vitesses :

1re : 1,890 km/h à 4,600 km/h
2e : 3,150 km/h à 7,900 km/h
3e : 6,400 km/h à 16,500 km/h
AR : 1,890 km/h à 4,600 km/h

Freins à disque indépendants à commande hydraulique avec circuit doté d'un équilibreur de freinage. Freins à main à commande séparée.

UNE DIRECTION PRÉCISE. Du type « Gemmer » à vis globique, elle offre une souplesse et une précision dans toutes les manœuvres.

Rayons de braquage : à gauche : 4,10 m
à droite : 3,30 m

PNEUS : roues motrices 10 × 28 - 6 ply rating.

PNEUS : roues directrices 5.50 × 16.

Voie AV : 1,83 m - Voie AR : 1,00 m - Empattement : 3,25 m.

UN POSTE DE CONDUITE CONFORTABLE. Avec son siège galbé à positions multiples et suspensions réglables, ses commandes bien groupées tombant à portée de la main, ses instruments de contrôle à lecture directe, le poste de conduite de la BRAUD 258 est vraiment confortable. En équipement standard, un pare-soleil est livré avec la machine.

ET BIEN SUR, L'ASPIRATEUR DE POUSSIÈRE BREVETÉ BRAUD. Grâce à sa position (à la base du convoyeur) il supprime pratiquement toute la poussière au poste de conduite.

COMME TOUTES LES BRAUD, LA 258 EST POLYVALENTE AVEC SES ÉQUIPEMENTS COMPLÉMENTAIRES. Vous pouvez adapter facilement des accessoires qui augmenteront encore la rentabilité de votre machine :

- équipement tournesol
- broyeur de paille type « Gyrostat »
- équipement riz
- épandeur de paille
- trieur rotatif

MAIS AUSSI COMME TOUTES LES BRAUD, LA 258 « EN VERSION STANDARD » VOUS EN OFFRE PLUS. Jugez-en vous-même. Releveurs d'épis, fond de coupe double, aspirateur de poussière, pare-soleil, équipements petites graines et colza, compteur d'heures au tableau de bord, couvercle de trémie, triangle lumineux et clignotant à l'arrière de la machine, toile « pare-vent » au capot arrière.

DIMENSIONS.

Longueur avec capot	6,870 m
Hauteur avec trémie	2,950 m
Garde au sol	0,320 m
Poids avec capot	3 620 kg

* sae.

Dans le souci constant d'assurer la meilleure qualité à sa production, BRAUD se réserve le droit de modifier, sans préavis, les caractéristiques de ses fabrications.

la petite automotrice
A.1865
sera
La Fée
de votre
Exploitation
BRAUD
A. 1865
BRAUD
BRAUD
La marque française
de classe internationale

A.1865

CARACTÉRISTIQUES TECHNIQUES

Coupe

Largeur de coupe : 1,87 m.
Hauteur de coupe : de 0 à 0,70 m.
Doigts de coupe en acier estampé, pratiquement incassables.
Relevage hydraulique du tablier de coupe indépendant de celui des rabatteurs.
Vis sans fin à doigts escamotables.
Diviseurs longs et réglables en tous sens.
Rabatteurs réglables d'avant en arrière à relevage hydraulique indépendant de celui de la coupe.
Engreneur rotatif de grand diamètre.
Commande de lame par palier oscillant (système breveté) grande douceur de mouvement.
Limiteur d'efforts protégeant la vis et la lame.

Batteur

Diamètre : 0,50 m - Longueur : 0,65 m.
8 battes, profil anglais.
Vitesse réglable par pignons interchangeables : 646, 882, 1 062 et 1 250 tr/mn.

Contre-batteur

Indéformable en acier spécial, haute résistance à l'usure.
Réglage instantané et indépendant de l'entrée et de la sortie.
Plaques cannelées amovibles à l'entrée pour parfaire le battage de récoltes difficiles.

Tire-paille

Diamètre 0,40 m - 6 pales.
Diffusion rationnelle.

Secoueurs

3 secoueurs en tôle galvanisée, sur 2 vilebrequins.
Longueur de séparation : 3,20 m.
Largeur : 0,65 m.
Surface : 2,080 m2.

Nettoyage

A double effet.
Mouvement inversé du coffre et du récepteur à grains.
Coffre de nettoyage et récepteur à grains en tôle galvanisée.
Grille supérieure de grande surface :
Longueur 1,04 m.
Largeur 0,60 m.
Grille inférieure interchangeable.

Ventilation

Par double ventilateur.
Diamètre 0,34 m.
Vitesse variable de 880 à 1 485 tr/mn.
Débit du vent réglable par un variateur pouvant être manœuvré en marche.
Direction du vent réglable par 2 volets indépendants.

Elévateur à grains et trieur

Par vis sans fin et trieur à petites graines combiné.
Dans sa partie supérieure, la vis de montée des grains tourne dans un crible interchangeable.
Montage sur demande d'un trieur pour menues pailles et gros déchets.

Trémie

La trémie montée sur toutes les machines contient une réserve de grain qui équilibre la charge sur les roues.
Contenance 7,5 hectolitres.
Temps de vidange 1mn 1/2.
Hauteur sous l'extrémité de la vis de déchargement : 2,20 m.
Les petites graines provenant du trieur à criblures sont récupérées à part dans un sac.
Possibilité de vidange directe dans camion ou de mise en sacs.

Ensachage

La combinaison vis de vidange et ensacheur permet de remplir les sacs instantanément au moment voulu.

Elévateur à otons

1re version : par vis sans fin combiné avec système d'ébarbage.
2e version : par lanceur combiné avec système d'ébarbage.

Moteur

Placé comme la trémie pour la meilleure répartition des charges sur les roues motrices.
Accessibilité parfaite grâce à un capot basculant.
a) Diesel Perkins 4/99.
Puissance 33 ch à 2 800 tr/mn.
b) Diesel C.G.M., TMD 485/8.
Puissance 36 ch à 2 800 tr/mn.
c) Essence PEUGEOT 403.
Puissance 33 ch à 2 800 tr/mn.
Pour tous moteurs :
Régulateur mécanique tous régimes.
Refroidissement par radiateur avec cheminée de prise d'air.
Filtre à air d'une grande efficacité.
Réservoir à carburant : 50 litres.

Transmission

Par la combinaison d'un variateur à courroie trapézoïdale et d'une boîte 2 vitesses donnant :
1re 1,800 km à 5,680 km.
2e 5,400 km à 17,100 km.
AR 1,800 km à 5,680 km.
Variation instantanée des vitesses par levier à main et débrayage au pied.

Freins

Mécaniques à ferodo.
Verrouillage d'immobilisation.

Système hydraulique

D'une grande simplicité et bien groupé.
Pompe de haute précision avec by-pass de sécurité.
Distributeur à deux positions.
Pistons des vérins chromés.

Embrayage batteuse et coupe

Par courroie plate indépendant de celui de l'avancement.

Direction

Type Gemmer à vis globique, très douce et précise.
Rayon de braquage intérieur 2,75 m.

Tableau de bord

A droite du conducteur, très complet, groupant tous les instruments de bord.

Equipement électrique

Batterie 12 volts :
Diesel 75/80 ampères/heure.
Essence 40/45 ampères/heure.
Robinet de batterie.
Démarreur - Avertisseur - 2 phares avant - Feux de positions et catadioptres.
Phare de travail orientable.
Eclairage de l'ensachage.

Pneus

Roues motrices 9 x 24 - 6 ply.
Roues directrices 4,50 - 16 AT.
Voie avant 1,57 m.
Voie arrière 0,81 m.
Empattement 2,80 m.

Capacité moyenne de travail

20 quintaux à l'heure.

Dimensions

Longueur sans presse 6,075 m.
avec presse 6,80 m.
Largeur 2,10 m.
Hauteur 2,225 m.

Poids

Sans presse 1 950 kg.
Avec presse 2 200 kg.

Presse portée

2 noueurs.
Largeur du canal 0,65 m.
Poids des bottes variant de 5 à 8 kg.

BRAUD
SAINT-MARS-LA-JAILLE
LOIRE-ATLANTIQUE) FRANCE
Téléphone : 52 (8 lignes)

NOTICE DÉTAILLÉE ET RENSEIGNEMENTS SUR DEMANDE

R. C. NANTES 58 B 20

Les caractéristiques sont données sans aucune obligation. La modernisation et l'amélioration constante de nos matériels suivant toujours son cours, ces indications sont susceptibles d'être modifiées à tout moment sans préavis.

A. 1865 - 2 30/7/60

IMP. CHANTREAU & FILS - NANTES

2065

BRAUD 2065

CARACTÉRISTIQUES TECHNIQUES

VOTRE CONCESSIONNAIRE

BRAUD

49 - ANGERS - FRANCE - BP 750
TÉL. (41) .88.10.00 (20 LIGNES)
TÉLEX : 71 625

44 - SAINT-MARS-LA-JAILLE - FRANCE
TÉL. (40) 73.15.88 (10 LIGNES)
TÉLEX : 71 830

COUPE

Largeur : 2,10 m.
Hauteur de coupe réglable hydrauliquement par deux vérins : 0 à 0,70 m.
Relevage hydraulique de la coupe indépendant des rabatteurs.
Débrayage de la coupe indépendant de celui de la batteuse.
Doigts de coupe en acier estampé indéformables.
Vis d'alimentation sans fin, réglable en hauteur, avec doigts rétractables et réglables.

DIVISEURS : flottants, articulés et réglables en tous sens, démontage rapide pour les déplacements.

RABATTEURS : à griffes(6 pales)ou à pales, à relevage hydraulique, inclinaison des dents réglable mécaniquement.
4 vitesses de rotation sans démontage de pignons : 16, 23, 26 et 35 tr/mn.
Réglables d'avant en arrière par coulissement.

CONVOYEUR : à tambour engreneur.
Limiteur d'efforts protégeant la vis, la lame et les rabatteurs.
Tube épierreur amovible.
Releveurs d'épis,
nombre pour coupe 2,10 m : 5.

ORGANES DE BATTAGE

BATTEUR : diamètre 0,50 m —
longueur : 0,65 m — 8 battes profil anglais.
Vitesse réglable par pignons interchangeables : 655, 865, 1.070 et 1.280 tr/mn.

CONTRE-BATTEUR en acier spécial indéformable.
Tôles d'ébarbage efficaces.
Réglage instantané et indépendant de l'entrée et de la sortie, par commandes séparées.

TIRE-PAILLE : Diamètre 0,40 m — 6 pales.
Diffusion rationnelle.

ORGANES DE SEPARATION ET DE NETTOYAGE (en tôle galvanisée)

SECOUEURS : 3 secoueurs à chutes multiples sur 2 vilebrequins à mouvement conjugué.
Largeur : . . . . 0,65 m
Longueur de séparation . . . . 3,20 m
Surface totale de séparation . . . 2,080 m2
Nettoyage à double effet, à mouvement inversé.
Grille supérieure à volets, de grande surface : longueur 1,04 m — largeur : 0,60 m.
Grille inférieure interchangeable à trous.
Surface totale des grilles : 1,295 m2

VENTILATION : par double ventilateur — diamètre : 0,34 m.
Variateur de vitesse réglable en marche de 880 à 1.485 tr/mn.

VIS ELEVATRICES (BREVETS BRAUD)

Dans sa partie supérieure la vis de montée des grains tourne dans un crible interchangeable (Brevets BRAUD).
Vis élévatrice des grains avec nettoyage et criblage combinés.
Les petites graines criblées par la vis sont récupérées à part dans un sac.

BATTAGE DES OTONS : par vis sans fin, combinée avec coquilles d'ébarbage amovibles.

ORGANES DE VIDANGE

TREMIE : contenance 8,5 hectolitres.
Répartition de la charge bien équilibrée.
Vidange en marche ou à l'arrêt : 90 secondes.
Fermeture amovible et étanche de la trémie.
Hauteur sous la goulotte de la vis de vidange : 2,15 m.

ENSACHAGE : la combinaison vis de vidange et ensacheur permet de remplir les sacs instantanément.
Dispositif automatique d'arrêt de débit du grain.

MOTEUR — TRANSMISSION — HYDRAULIQUE

MOTEUR : PEUGEOT.
Diésel 45 CV
Essence 40 CV
Accessibilité parfaite grâce à un capot basculant.
Régulateur de régime pour moteur essence.
Refroidissement par radiateur avec cheminée de prise d'air.
Filtre à air à bain d'huile.
Réservoir à carburant capacité :
50 litres, moteur essence,
70 litres, moteur diésel.

TRANSMISSION par combinaison d'un variateur à courroie trapézoïdale à commande par servo-moteur hydraulique (Système Varmatique) et d'une boîte 2 vitesses :
1re : 1,800 km/h à 5,680 km/h.
2me : 5,400 km/h à 17,100 km/h.
AR : 1,800 km/h à 5,680 km/h.
Nouveau dispositif hydraulique assurant une progressivité automatique de l'embrayage, indépendante du conducteur.
FREINS à bande, à commande mécanique.
FREIN d'immobilisation, par commande à main séparée (verrouillage).

SYSTEME HYDRAULIQUE : d'une grande simplicité et bien groupé.
Pompe de haute précision avec by-pass de sécurité.
Distributeur à deux positions.
Pistons des vérins chromés.

DIRECTION : type GEMMER à vis globique, très douce et précise.
Poignée tournante sur le volant.
Rayons de braquage : à gauche 2,90 m
à droite 3,27 m.

PNEUS : roues motrices 9 x 24 — 6 plyrating.

PNEUS : roues directrices 4.50 x 16.
Voie AV. : 1,57 m —
Voie AR. : 0,81 m —
Empattement : 2,80 m.

EQUIPEMENT ELECTRIQUE

Batterie 12 Volts — 80 Amp/h (Diésel) —
55 Amp/h (Essence).
Eclairage de route réglementaire (phares ronds).
Eclairage de travail pour ensacheur.
Feux de signalisation avec catadioptres.
Phare orientable de travail (rond).
Avertisseur sonore.
Tableau de bord complet.

DIMENSIONS

Longueur avec capot . . . . 6,345 m
Largeur . . . . 2,515 m
Longueur avec presse . . . . 7,000 m
Hauteur . . . . 2,480 m
Poids sans presse . . . . 2.200 kg
Poids avec presse . . . . 2.500 kg
Garde au sol . . . . 0,295 m

Les caractéristiques sont données à titre indicatif.
Les Etablissements BRAUD se réservent le droit d'apporter, sans préavis, les modifications qu'ils jugeraient nécessaires pour l'amélioration de leurs fabrications.

BRAUD
La marque française de classe internationale
BRAUD
BRAUD
A.105
A.105
B R A U D
A.105

Voici mes caractéristiques

Coupe

Largeur effective de coupe : 2,70 m, 3 m, 3,50 m ou 4 m.
Hauteur de coupe : de 0 à 80 cm.
Doigts de coupe en acier estampé, pratiquement incassables.
Relevage hydraulique du tablier de coupe indépendant de celui des rabatteurs.
Vis sans fin à doigts escamotables.
Diviseurs longs et réglables en tous sens.
Rabatteurs réglables d'avant en arrière à relevage hydraulique indépendant de celui de la coupe.
Convoyeur type flottant à 3 chaînes et entraîneurs alternés.
Commande de lame par palier oscillant, grande douceur de mouvement.
Limiteur d'efforts protégeant la vis et la lame.
Tablier de coupe symétrique par rapport à l'axe de la machine.

Batteur

Diamètre 0,55 m, — Longueur 1,05 m.
8 battes, profil anglais.
Vitesse réglable en marche par variateur à courroie de 650 à 1 400 t/mn.

Contre-batteur

Indéformable, en acier spécial, haute résistance à l'usure.
Réglage instantané et indépendant de l'entrée et de la sortie.
Plaques cannelées amovibles à l'entrée pour parfaire le battage de récoltes difficiles.

Tire-paille

Diamètre 0,40 m, 6 pales.
Diffusion rationnelle.

Secoueurs

3 secoueurs en tôle galvanisée, sur 2 vilebrequins.
Longueur de séparation : 3,50 m.
Largeur : 1,05 m.
Surface : 3,680 m^2.

Nettoyage

A double effet.
Mouvement inversé du coffre et du récepteur à grains.
Coffre de nettoyage et récepteur à grains en tôle galvanisée.
Grille supérieure de grande surface : longueur 1,45 m, largeur 0,90 m.
Grille inférieure interchangeable.

Ventilation

Par double ventilateur.
Diamètre 450.
Vitesse variable de 900 à 1 400 t/mn.
Débit du vent réglable par un variateur pouvant être manœuvré en marche.
Direction du vent réglable par 2 volets.

Élévateur à grains et trieur

Par vis sans fin et trieur combiné.
Dans sa partie supérieure, la vis de montée des grains tourne dans un crible interchangeable.

Trémie

Contenance 21 hectolitres.
Temps de vidange : 1 mn 1/2.
Hauteur de l'extrémité de la vis de déchargement : 2,60 m.
Les petites graines provenant du crible sont récupérées à part dans un sac.

Ou vaste plate-forme d'ensachage

Equipée d'un second trieur.
Placée pour équilibrer les charges sur les roues motrices au même emplacement que la trémie.
Pouvant recevoir 12 sacs.
Descente des sacs : soit groupés au sol, soit sur une remorque.

Élévateur à otons

Par vis sans fin, combiné avec système d'ébarbage.

Moteur

Placé comme la trémie ou la plate-forme pour la meilleure répartition des charges sur les roues motrices.
Accessibilité parfaite grâce à un capot basculant.
Diesel PERKINS P.6.
Puissance 70 ch à 2 000 t/mn.
Régulateur mécanique tous régimes.
Refroidissement par radiateur avec cheminée de prise d'air.
Filtre à air d'une grande efficacité.
Réservoir à carburant 110 l.

Transmission

Par la combinaison d'un variateur à courroie trapézoïdale à commande hydraulique et d'une boîte 3 vitesses donnant :
1re : 1,830 km à 4,600 km.
2e : 3,150 km à 7,900 km.
3e : 6,400 km à 16,500 km.
AR : 1,830 km à 4,600 km.
Débrayage par la courroie du variateur reposant sur un galet à fond de gorge dans la poulie motrice.

Freins

Hydrauliques LOCKEED très puissants.
Frein d'immobilisation à main.

Système hydraulique

D'une grande simplicité et bien groupé.
Pompe de haute précision avec by-pass de sécurité.
Distributeur à deux positions.
Piston des vérins chromés.

Embrayage de la batteuse

Par courroie plate, indépendant de celui de l'avancement.

Embrayage de la coupe

Par courroie trapézoïdale, indépendant de celui de la batteuse.

Direction

Type GEMMER à vis globique, très douce et précise.
Rayon de braquage intérieur : 2,75 m.

Tableau de bord

A droite du conducteur, très complet, groupant tous les instruments de bord, y compris un horamètre et les commandes du moteur, clé de contact.

Équipement électrique

Démarreur.
Avertisseur.
2 phares avant.
5 feux de position et 2 catadioptres.
Phare de travail orientable.
Eclairage de l'ensachage.
Batterie 12 volts, 120 amp/h.
Robinet de batterie.

Pneus

Roues motrices 12 × 28, 8 ply rating.
Roues directrices 140 × 40 AT.
Voie avant : 2,13 m.
Voie arrière : 1,13 m.
Empattement : 3,45 m.

Capacité moyenne de travail

Plus de 50 quintaux à l'heure.

Dimensions

Longueur sans presse : 6,90 m.
Longueur avec presse : 7,95 m.
Largeur en 2,70 m de coupe : 3,20 m.
Largeur en 3 m de coupe : 3,70 m.
Largeur en 3,50 m de coupe : 4,20 m.
Largeur en 4 m de coupe : 4,70 m.
Hauteur avec trémie ou plate-forme d'ensachage : 3,25 m.

Poids

En 3 m de coupe :
sans presse, avec trémie ou plate-forme d'ensachage : 3.270 kg.
avec presse, avec trémie ou plate-forme d'ensachage : 3 620 kg.

Presse portée

Largeur du canal : 1,05 m.
Poids des bottes variant de 10 à 15 kg.

Le groupe moto-tracteur constitué par l'essieu avant, le moteur et la plate-forme de conduite, peut se désaccoupler très rapidement de la machine pour recevoir d'autres instruments

Les caractéristiques sont données sans aucune obligation. La modernisation et l'amélioration constante de nos matériels suivant toujours leur cours, ces indications sont susceptibles d'être modifiées à tout moment sans préavis.

Renseignements complémentaires sur demande.

BRAUD
SAINT-MARS-LA-JAILLE
(Loire-Atlantique)
FRANCE
TÉLÉPHONE 52 (8 lignes)

105 — 4—30/11/60

R. C. NANTES 58 B 20

Puissante et productive
prestigieuse machine
sans rivale
sur le plan européen
AGRI-FLANDRES ARTOIS
Avenue Joffre
SAINT-MARTIN-AU-LAERT (P.-de-C.)
Tél. St-Omer 39 - R.C. 65-B-2
ÉLÉGANTE ET FIÈRE DANS SA
ROBE BLEU DE FRANCE,
LA 405-6
MOISSONNEUSE-BATTEUSE RÉVOLUTIONNAIRE,
APPORTE A L'AGRICULTEUR MODERNE
LA SATISFACTION
D'UNE MOISSON RAPIDE ET BIEN FAITE
DANS LES CONDITIONS LES PLUS DIVERSES
ET LES PLUS DIFFICILES, GRACE A :
UNE TECHNIQUE D'AVANT-GARDE
UNE TECHNIQUE FRANÇAISE
UNE TECHNIQUE BRAUD
BRAUD
405
BRAUD 405
PREMIER CONSTRUCTEUR FRANÇAIS DE MOISSONNEUSES-BATTEUSES
six

Caractéristiques techniques

COUPE
Largeurs : 2,80 m, 3,10 m, 3,60 m, 4,30 m.
Hauteur de coupe réglable hydrauliquement de 0 à 0,85 m.
Vis d'alimentation sans fin avec doigts escamotables.
Diviseurs réglables en tous sens.
RABATTEURS à griffes, 6 pales à relevage hydraulique, réglables manuellement d'avant en arrière - 4 vitesses de rotation sans démontage de pignons.
CONVOYEUR type flottant à 3 chaînes.
Limiteurs d'efforts protégeant la vis, la lame et les rabatteurs.

ORGANES DE BATTAGE
BATTEUR : Diamètre 0,55 m - Longueur 1,05 m - 8 battes.
Vitesse réglable en marche par variateur à courroie de 650 à 1.400 t/mn.
CONTRE-BATTEUR en acier spécial.
Réglage instantané et indépendant de l'entrée et de la sortie.
Bac épierreur.
TIRE-PAILLE : Diamètre 0,40 m - 6 pales - Diffusion rationnelle.

ORGANES DE SÉPARATION ET DE NETTOYAGE
SECOUEURS : 4 secoueurs à chutes multiples en tôle galvanisée, sur 2 vilebrequins conjugués.

	Avec Presse	Avec Capot
Largeur	1,05 m	1,05 m
Longueur de séparation	3,54 m	4,05 m
Surface	3,72 m²	4,25 m²

Nettoyage à double effet.
Grille supérieure réglable à grande surface.
Grille inférieure interchangeable.

VENTILATION : Double ventilateur, diamètre 0,45 m.
Variateur de vitesse en marche de 900 à 1.400 t/mn.
Les petites graines criblées par la vis sont récupérées à part dans un sac.

VIS ÉLÉVATRICE (BREVETS BRAUD)
Vis élévatrice des grains avec nettoyage et criblage combinés. Dans sa partie supérieure la vis de montée des grains tourne dans les cribles interchangeables.
BATTAGE DES OTONS par vis sans fin, combinée avec coquilles d'ébarbage amovibles.

ORGANES DE VIDANGE
TRÉMIE : Contenance 21 Hectolitres.
Vidange en marche ou à l'arrêt : 1, ½ mn.
Hauteur de l'extrémité de la vis de vidange : 3,10 m.
PLATE-FORME D'ENSACHAGE : Pouvant recevoir 15 sacs.
Descente des sacs, soit groupés au sol, soit sur remorque.
Trieur à cribles rotatifs amovibles, à très grand débit.

MOTEUR - TRANSMISSION - HYDRAULIQUE
MOTEUR : Puissance 85 CV à 2.100 t/mn.
Diesel PERKINS 6 cylindres refroidissement par eau.
Accessibilité et protection parfaite.
TRANSMISSION par combinaison d'un variateur à courroie trapézoïdale à commande par servo-moteur hydraulique et d'une boîte 3 vitesses donnant :
1re : 1,830 km à 4,600 km   3e : 6,400 km à 17,500 km
2e : 3,150 km à 7,900 km   AR : 1,830 km à 4,600 km
Dispositif hydraulique assurant une progressivité automatique de l'embrayage, indépendante du conducteur.
FREINS à disque à commande hydraulique.
FREIN d'immobilisation, par commande à main séparée.

SYSTÈME HYDRAULIQUE d'une grande simplicité.
Pompe de haute précision avec by-pass de sécurité.
Pistons des vérins chromés.
DIRECTION type GEMMER à vis globique, très douce et précise.
Rayon de braquage intérieur : 2,50 m.
PNEUS : Roues motrices 14 × 28 - 6 ply rating.
Roues directrices 600 × 16.
Voie AV 2,13 m - Voie AR 1,13 m - Empattement 3,45 m.

DIMENSIONS
Longueur sans presse : 8,350 m - avec presse ..... 9,550 m
Hauteur avec trieur 3,860 m - avec trieur replié 3,130 m
Hauteur avec trémie : 3,320 m - avec trémie mixte 3,490 m
POIDS : sans presse : 4.400 kg - avec presse ..... 4.900 kg

ACCESSOIRES
Presse portée, largeur de canal : 1 m - 2 noueurs protégés.
Ramasseur d'andains.
Epandeur de paille.
Broyeur de paille.
Commande à distance de vidange de trémie pour ensachage sur remorque.
Grilles et cribles spéciaux.
Releveurs d'épis.
Freins indépendants.
Equipement pour récolte du tournesol.
Cueilleurs de maïs (2, 3 ou 4 rangs).
Chenilles et équipement pour la récolte du riz.

Les caractéristiques sont données sans aucune obligation. La modernisation et l'amélioration constante de nos matériels suivant toujours leurs cours, ces indications sont susceptibles d'être modifiées à tout moment sans préavis.

BRAUD

SAINT - MARS - LA - JAILLE
(Loire-Atlantique) - FRANCE
Tél. : 73-15-88 - NANTES (10 lignes).

DOCUMENTATION GRATUITE SUR DEMANDE

AGRI-FLANDRES ARTOIS
Avenue Joffre
SAINT-MARTIN-AU-LAERT (P.-de-C.)
Tél. St-Omer 39 - R. C. 65-B-2

[redacted] Édité par le Service « Publicité et Promotion des Ventes BRAUD » - R. C. Nantes 58 B 20   405-6 - G.D. - 2 - 4-9-65
Printed in France by Arts Graphiques D·M·C Mulhouse

Une machine appréciée
rapide
sûre
économique
AGRI-FLANDRES ARTOIS
Avenue Joffre
SAINT-MARTIN-AU-LAERT (P.-de-C.)
Tél. St-Omer 39 - R.C. 65-B-2
SON DÉBIT IMPORTANT
SES FONCTIONS UNIVERSELLES:
TRÉMIE, MIXTE, PLATE-FORME D'ENSACHAGE,
SA PUISSANCE ET SA MANIABILITÉ
EN FONT UNE MACHINE IDÉALE POUR
LA GRANDE EXPLOITATION
ET LES ASSOCIATIONS AGRICOLES
BRAUD 405-4
PREMIER CONSTRUCTEUR FRANÇAIS DE MOISSONNEUSES-BATTEUSES

Caractéristiques techniques

COUPE

Largeurs: 2,80 m et 3,10 m.
Hauteur de coupe: 0 à 0,85 m.
Munie d'un relevage hydraulique rapide, simple, robuste.
RABATTEURS à griffes, 6 pales, à commande hydraulique, réglables d'avant en arrière.
Vis d'alimentation à doigts escamotables.
CONVOYEUR type flottant à 3 chaînes s'adaptant parfaitement aux différentes densités des récoltes.
Diviseurs mobiles réglables en tous sens, démontage rapide pour les déplacements.

ORGANES DE BATTAGE

BATTEUR - 8 battes profil anglais.
Diamètre 0,55 m. - Longueur 1,05 m.
Vitesse du régime variable automatiquement par courroie.
CONTRE-BATTEUR en acier spécial.
Réglable de l'avant et de l'arrière par commande séparée.
Tôle d'ébarbage efficace.
Bac épierreur.
TIRE-PAILLE: Type standard, 6 pales.

ORGANES DE SÉPARATION ET DE NETTOYAGE

SECOUEURS: 4 secoueurs sur 2 vilebrequins conjugués.
Surface de séparation 3,72 m².
NETTOYAGE: Coffre de nettoyage en tôle galvanisée.
Mouvement avec récepteur à grains, inversé.
VENTILATION: Double ventilateur avec déflecteur assurant une diffusion rationnelle du courant d'air sur les grilles.

VIS ÉLÉVATRICE (BREVETS BRAUD)

La vis à grains est équipée d'un système de trieur qui termine le nettoyage avant l'écoulement de la récolte dans la trémie.
BATTAGE DES OTONS: La vis du retour des otons est équipée d'un système d'ébarbage.

ORGANES DE VIDANGE

TREMIE: Contenance 21 Hectolitres.
Vidange à l'arrêt ou en marche: 1 ½ mn.
Répartition de la charge bien équilibrée.
PLATE-FORME D'ENSACHAGE pouvant recevoir 14 sacs, très vaste, avec trieur à cribles rotatifs amovibles.

MOTEUR - TRANSMISSION HYDRAULIQUE

MOTEUR : Puissance 76 CV à 2.200 tr/mn.
Diesel PERKINS type 4.236.
Refroidissement par eau.
TRANSMISSION : Boîte 3 vitesses et variateur hydraulique assurant une manœuvre souple.
1re : 1,600 km à 4,200 km - 2e : 2,850 km à 7,150 km.
3e : 5,800 km à 16,000 km - AR : 1,600 km à 4,600 km.
Nouveau dispositif hydraulique assurant indépendamment du conducteur une progressivité automatique de l'embrayage.
FREINS à disque à commande hydraulique.
FREIN à main à commande mécanique.
DIRECTION type GEMMER à vis globique.

Rayon de braquage: 2,50 m.
PNEUS: Roues motrices 12×28 - 6 ply rating.
Roues directrices 17×45 AT.
Voie AV: 2,05 m - Voie AR: 1,13 m.
Empattement 3,45 m.

DIMENSIONS

Longueur avec capot	7,850 m
Longueur avec presse	9,550 m
Hauteur avec trémie	3,250 m
Hauteur avec trieur	3,790 m
Hauteur avec trieur replié	3,060 m
Hauteur avec trémie mixte	3,420 m
POIDS: Avec capot	3.950 kg
avec presse	4.450 kg

ACCESSOIRES

Ramasseur d'andains. - Releveurs d'épis.
Broyeur de paille. - Epandeur de paille.
Freins indépendants. - Grilles et cribles spéciaux.
Equipement pour récolte de Tournesol.
Cueilleurs maïs (2 ou 3 rangs).
RENDEMENT: 50 à 60 quintaux/heure.

Les caractéristiques sont données sans aucune obligation. La modernisation et l'amélioration constante de nos matériels suivant toujours leurs cours, ces indications sont susceptibles d'être modifiées à tout moment sans préavis.

BRAUD

44-SAINT-MARS-LA-JAILLE (Loire-Atlantique) - FRANCE.
Tél. : NANTES (40) 73-15-88 (10 lignes).
405-4 - G.D. 1-166 - Édité par le Service « Publicité et Promotion des Ventes BRAUD ». R.C. Nantes 58 B 20.

DOCUMENTATION GRATUITE SUR DEMANDE

AGRI-FLANDRES ARTOIS
Avenue Joffre
SAINT-MARTIN-AU-LAERT (P.-de-C.)
Tél. St-Omer 39 - R.C. 65-B-2

GEP 13, rue de Téhéran, PARIS-8e

BRAUD
505
1967
Diplôme
du
PRESTIGE
DE LA
FRANCE
BRAUD

BRAUD 505

BRAUD

49 - ANGERS
Tél. (41) 88.10.00

44 - SAINT-MARS-LA JAILLE
Tél. (40) 73.15.88

FRANCE

CACHET DU CONCESSIONNAIRE

505 - L - I - 967 - PUBLIREAL BRAUD - RC ANGERS - 67 B 2

caractéristiques techniques

COUPE

Largeurs : 3,60 et 4,30 m.
Hauteur de coupe réglable hydrauliquement : 0 à 0,90 m.
Relevage hydraulique.
Vis d'alimentation sans fin réglable en hauteur avec doigts escamotables et réglables.
DIVISEURS : longs et réglables en tous sens.
RABATTEURS : à griffes 6 pales à relevage hydraulique, inclinaison des dents réglables mécaniquement.
Vitesse de rotation des rabatteurs réglable hydrauliquement de 12 à 50 tr/mn de la plate-forme de conduite.
Déplacement des rabatteurs avant-arrière assuré hydrauliquement à partir du siège du conducteur.
CONVOYEUR : type flottant à 3 chaines et entraîneurs alternés.
Limiteur d'efforts protégeant la vis, la lame, les rabatteurs et le convoyeur.
Équilibrage du tablier de coupe par ressorts compensateurs.
Tube épierreur amovible.

ORGANES DE BATTAGE

BATTEUR : diamètre : 0,55 m ; longueur : 1,05 m ; 8 battes.
Vitesse réglable en marche par variateur à courroie de 600 à 1430 tr/mn.
Indicateur de vitesse.
CONTRE-BATTEUR : en acier spécial, indéformable.
Réglage instantané et indépendant de l'entrée et de la sortie, à partir de la plate-forme de conduite.
Plaque cannelée amovible à l'entrée pour parfaire le battage des récoltes difficiles.
Bac épierreur.
TIRE-PAILLE : 4 pales, à grande efficacité ; diffusion rationnelle.

ORGANES DE SÉPARATION ET DE NETTOYAGE

SECOUEURS : 4 secoueurs en tôle galvanisée à chutes multiples, montés sur roulements à billes étanches, et 2 vilebrequins conjugués. Tiroirs réglables de récupération sur modèle à capot.

	Avec presse	Avec capot
Largeur	1,05 m	1,05 m
Longueur de séparation	3,54 m	4,30 m
Surface	3,72 m²	4,50 m²

NETTOYAGE : à double effet.
Grille supérieure réglable à grande surface.
Grille inférieure interchangeable.
Nouveau récepteur à grains à diffusion rationnelle.
Déflecteur de balles et de menues pailles.
VENTILATION : double ventilateur, diamètre 0,48 m.
Variateur de vitesse réglable en marche de 900 à 1.400 tr/mn.
Direction du vent réglable par 2 volets.

VIS ÉLÉVATRICES (BREVETS BRAUD)

Dans sa partie supérieure la vis de montée des grains tourne dans des cribles interchangeables (Brevets BRAUD).
Démontage rapide de la vis à grains d'où facilité d'entretien.
BATTAGE DES OTONS : par vis sans fin, combinée avec coquilles d'ébarbage amovibles.

ORGANES DE VIDANGE

TREMIE : contenance : 32 hectolitres.
Vidange en marche ou à l'arrêt : 90 secondes.
Fermeture amovible de la trémie.
Hauteur de l'extrémité de la vis de vidange : 2,60 m.
Mise en place et repliage rapide depuis le poste de conduite.
Les petites graines criblées par la vis sont récupérées à part dans un sac.
MIXTE avec trieur ébarbeur à soufflerie sur trémie et plate-forme avec ensacheur.

MOTEUR - TRANSMISSION - HYDRAULIQUE

MOTEUR : puissance 95 ch à 2.200 tr/mn.
Diesel PERKINS 6 cylindres, refroidissement par eau.
Accessibilité grâce à un capot basculant, et protection parfaite.
Protection parfaite contre la chaleur, la poussière et le bruit.
FILTRE à air sec extrêmement efficace, sans entretien.
Réservoir à carburant, à niveau visible, capacité 170 litres.
TRANSMISSION : par combinaison d'un variateur à courroie trapézoïdale à commande par servo-moteur hydraulique et d'un ensemble mécanique super-étanche, à 3 vitesses.

- 1re : 1,400 km/h à 3,820 km/h.
- 2e : 3,140 km/h à 8,450 km/h.
- 3e : 8,950 km/h à 23,500 km/h.
- AR : 3,140 km/h à 8,450 km/h.

Nouveau dispositif hydraulique assurant une progressivité automatique de l'embrayage, indépendante du conducteur.
FREINS à disques indépendants à commande hydraulique.
FREIN d'immobilisation par commande à main séparée.
SYSTÈME HYDRAULIQUE : d'une grande simplicité.
Pompe de haute précision avec by-pass de sécurité.
Distributeur à cinq positions. Pistons des vérins chromés.
DIRECTION : type GEMMER à vis globique, très douce et precise.
Rayon de braquage intérieur 2,90 m.
PNEUS : roues motrices : 15 × 30 ; 8 ply rating.
Roues directrices « ballon » : 9.0 - 16 RK 8
Voie avant : 2,37 m - Voie arrière : 1,35 m - Empattement : 3,55 m

PLATE-FORME DE CONDUITE

Spacieuse.
Siège très confortable.
Dispositifs très efficaces contre la chaleur, le bruit, aspiration totale de la poussière.

DIMENSIONS

Longueur avec capot	8,720 m
Longueur avec presse	9,550 m
Hauteur avec trémie	3,460 m
Hauteur avec trieur ébarbeur sur trémie	3,750 m
Poids : avec capot	5.500 kg
avec presse	5.900 kg

Les caractéristiques sont données à titre indicatif.
Les Établissements BRAUD se réservent le droit d'apporter, sans préavis, les modifications qu'ils jugeraient nécessaires pour l'amélioration de leurs fabrications.

GEP 13, RUE DE TÉHÉRAN, PARIS 8e

BRAUD PREMIER CONSTRUCTEUR FRANÇAIS DE MOISSONNEUSES-BATTEUSES BRAUD SYMBOLE DE QUALITÉ BRAUD PREMIER CONSTRUCTEUR FRANÇAIS DE MOISSONNEUSES-BATTEUSES BRAUD SYMBOLE DE QUALITÉ

BRAUD 502
BRAUD 502
moissonneuse-batteuse
BRAUD 502

BRAUD 502

votre concessionnaire

BRAUD
cidex 01
Z.I. d'Écouflant
49000 ANGERS
tél. (41) 43-65-12 (20 lignes)
Telex : 72960

DES COUPES DÉMONTABLES « EUROPÉENNES » 3,10 m, 2,80 m. La coupe se sépare du convoyeur par un système de désaccouplement rapide. Les doigts de coupe sont doubles et indéformables. Les diviseurs sont réglables, articulés, flottants et démontables rapidement. Les rabatteurs sont à 6 pales à griffes et leur vitesse est réglable de 26 à 46 tours/minute.

En équipement standard : 12 releveurs pour coupe 3,10 m
11 releveurs pour coupe 2,80 m

Le fond de coupe est double en équipement standard.

Première sécurité : un tube épierreur est monté derrière la lame de coupe.

Deuxième sécurité : un limiteur d'efforts protège la vis, la lame et les rabatteurs.

UN CONVOYEUR DU « TYPE FLOTTANT » à trois chaînes et entraîneurs alternés, hauteur de coupe réglable par deux vérins de 0 à 0,85 m, **indicateur de hauteur de coupe, suspension de la coupe par ressorts compensateurs.**

UN BATTEUR DE 8 BATTES ∅ 55 cm, longueur 105 cm. Sa vitesse est réglable en marche par variateur de 600 à 1 430 tours/minute, contrôle visuel du régime batteur.

UN CONTRE-BATTEUR AVEC RÉGLAGES INSTANTANÉS. Les réglages de l'entrée et de la sortie sont indépendants et s'effectuent par deux leviers. **Troisième sécurité** : un bac épierreur précède l'entrée du contre-batteur.

UN TIRE-PAILLE A GRAND DÉBIT. 6 pales, diamètre 0,40 m.

4 SECOUEURS GALVANISÉS. Largeur 1,05 m, surface totale de séparation 3,72 m², les secoueurs sont montés sur deux vilebrequins à mouvements conjugués.

UN GRAND COFFRE DE NETTOYAGE. Caractéristique primordiale : le coffre de nettoyage de la BRAUD 502 est du type « double effet » avec mouvement inversé, grille supérieure réglable avec rallonge graepel, grille inférieure interchangeable à trous ou réglable (au choix), nouveau : récepteur à grains à diffusion rationnelle, surface totale de nettoyage 3 m².

Ventilation puissante et variable : double ventilateurs avec variateur de vitesse de 900 à 1 400 tr/mn, direction du vent réglable par volets.

Battage des ôtons par une vis sans fin, combinée avec des coquilles d'ébarbage amovibles.

Quatrième sécurité : un limiteur d'efforts protège le circuit ôtons.

DES VIS ÉLÉVATRICES POUR LE CIRCUIT GRAINS (BREVETS BRAUD). Deux opérations en une seule. 1° l'élévation des grains vers la trémie, 2° nettoyage simultané des grains pendant l'élévation grâce à un crible interchangeable, les petites graines criblées sont récupérées dans un sac.

Important : elles nécessitent aucun entretien !

UNE TRÉMIE DE GRANDE CONTENANCE : 2 100 LITRES. La vis de vidange est équilibrée par un ressort compensateur. Sa mise en place s'effectue facilement depuis le poste de conduite. Vidange rapide : 35 litres/secondes, moins de 70 secondes pour vidanger totalement la trémie. La trémie a une porte étanche protégeant ainsi le grain en cas d'intempéries. Hauteur sous la goulotte de vidange : 2,38 m.

UN MOTEUR PUISSANT : 83 CV*.

4 cylindres à refroidissement par eau. L'emplacement judicieux du moteur assure à la BRAUD 502 un centre de gravité très bas et une transmission directe. Sa surveillance et son accessibilité sont faciles. Filtre à air sec très efficace à cartouches interchangeables.

Cinquième sécurité : indicateur de colmatage du filtre à air visible du poste de conduite, cartouche de sécurité.

Réservoir à carburant : 112 litres avec niveau visuel.

UNE TRANSMISSION SOLIDE AVEC BOITE A 3 VITESSES par combinaison d'un variateur à courroie trapézoïdale à commande par servo-moteur hydraulique (Système Varmatique) et d'un ensemble mécanique 3 vitesses :

1re : 1,860 km/h à 4,908 km/h
2e : 3,215 km/h à 8,470 km/h
3e : 6,705 km/h à 17,674 km/h
AR : 1,860 km/h à 4,908 km/h

Freins à disque indépendants à commande hydraulique avec circuit doté d'un équilibreur de freinage.

Freins à main à commande séparée.

UNE DIRECTION PRÉCISE.
Du type « Gemmer » à vis globique, elle offre une souplesse et une précision dans toutes les manœuvres.

Rayons de braquage : à gauche : 4 m
: à droite : 3,69 m

PNEUS : roues motrices 11 × 28 - 6 ply rating.
PNEUS : roues directrices 5.50 × 16.
Voie AV : 2,11 m - Voie AR : 1,14 m - Empattement : 3,60 m.

UN POSTE DE CONDUITE CONFORTABLE.
Avec son siège galbé à positions multiples et suspensions réglables, ses commandes bien groupées tombant à portée de la main, ses instruments de contrôle à lecture directe, le poste de conduite de la BRAUD 502 est vraiment confortable. En équipement standard, un pare-soleil est livré avec la machine.

ET BIEN SUR, L'ASPIRATEUR DE POUSSIÈRE BREVETÉ BRAUD. Grâce à sa position (à la base du convoyeur) il supprime pratiquement toute la poussière au poste de conduite.

COMME TOUTES LES BRAUD, LA 502 EST POLYVALENTE AVEC SES ÉQUIPEMENTS COMPLÉMENTAIRES. Vous pouvez adapter facilement des accessoires qui augmenteront encore la rentabilité de votre machine :

— équipement tournesol
— broyeur de paille type « Gyrostat »

MAIS AUSSI COMME TOUTES LES BRAUD, LA 502 « EN VERSION STANDARD » VOUS EN OFFRE PLUS. Jugez-en vous-même. Releveurs d'épis, fond de coupe double, aspirateur de poussière, pare-soleil, équipements petites graines et colza, compteur d'heures au tableau de bord, couvercle de trémie, triangle lumineux et clignotant à l'arrière de la machine, toile « pare-vent » au capot arrière.

DIMENSIONS

Longueur avec capot	8,260	m
Hauteur avec trémie	3,140	m
Hauteur avec trieur incorporé dans la trémie	3,300	m
Garde au sol	0,400	m
Poids avec capot	4 350	kg

* sae

Dans le souci constant d'assurer la meilleure qualité à sa production, BRAUD se réserve le droit de modifier, sans préavis, les caractéristiques de ses fabrications.

BRAUD 603
BRAUD 603
moissonneuse-batteuse
BRAUD 603

BRAUD 603

Votre concessionnaire

BRAUD
cidex 01
Z.I. d'Écouflant
49000 ANGERS
tél. (41) 43-65-12 (20 lignes)
Telex : 72960

DES COUPES DÉMONTABLES « EUROPÉENNES » 3,60 m, 3,10 m, 2,80 m. La coupe se sépare du convoyeur par un système de désaccouplement rapide. Les doigts de coupe sont doubles et indéformables. Les diviseurs sont réglables, articulés, flottants et démontables rapidement. Les rabatteurs sont à 6 pales à griffes et leur vitesse est réglable de 26 à 46 tours/minute.

En équipement standard : 14 releveurs pour coupe 3,60 m
12 releveurs pour coupe 3,10 m
11 releveurs pour coupe 2,80 m

Le fond de coupe est double en équipement standard.

Première sécurité : un tube épierreur est monté derrière la lame de coupe.

Deuxième sécurité : un limiteur d'efforts protège la vis, la lame et les rabatteurs.

UN CONVOYEUR DU « TYPE FLOTTANT » à trois chaînes et entraîneurs alternés, hauteur de coupe réglable par deux vérins de 0 à 0,85 m, **indicateur de hauteur de coupe, suspension de la coupe par ressorts compensateurs.**

UN BATTEUR DE 8 BATTES ⌀ 55 cm, longueur 105 cm. Sa vitesse est réglable en marche par variateur de 600 à 1 430 tours/minute, contrôle visuel du régime batteur.

UN CONTRE-BATTEUR AVEC RÉGLAGES INSTANTANÉS. Les réglages de l'entrée et de la sortie sont indépendants et s'effectuent par deux leviers.

Troisième sécurité : un bac épierreur précède l'entrée du contre-batteur.

UN TIRE-PAILLE A GRAND DÉBIT. 6 pales, diamètre 0,40 m.

4 SECOUEURS GALVANISÉS. Largeur 1,05 m, surface totale de séparation 3,72 m², les secoueurs sont montés sur deux vilebrequins à mouvements conjugués.

UN GRAND COFFRE DE NETTOYAGE. Caractéristique primordiale : le coffre de nettoyage de la BRAUD 603 est du type « double effet » avec mouvement inversé, grille supérieure réglable avec rallonge graepel, grille inférieure interchangeable à trous ou réglable (au choix), nouveau : récepteur à grains à diffusion rationnelle, surface totale de nettoyage 3 m².

Ventilation puissante et variable : double ventilateurs avec variateur de vitesse de 900 à 1 400 tr/mn, direction du vent réglable par volets.

Battage des ôtons par une vis sans fin, combinée avec des coquilles d'ébarbage amovibles.

Quatrième sécurité : un limiteur d'efforts protège le circuit ôtons.

DES VIS ÉLÉVATRICES POUR LE CIRCUIT GRAINS (BREVETS BRAUD). Deux opérations en une seule. 1° l'élévation des grains vers la trémie, 2° nettoyage simultané des grains pendant l'élévation grâce à un crible interchangeable, les petites graines criblées sont récupérées dans un sac.

Important : elles nécessitent aucun entretien !

UNE TRÉMIE DE GRANDE CONTENANCE : 2 100 LITRES. La vis de vidange est équilibrée par un ressort compensateur. Sa mise en place s'effectue facilement depuis le poste de conduite. Vidange rapide : 35 litres/secondes, moins de 70 secondes pour vidanger totalement la trémie. La trémie a une porte étanche protégeant ainsi le grain en cas d'intempéries. Hauteur sous la goulotte de vidange : 2,43 m.

UN MOTEUR PUISSANT : 83 CV*. 4 cylindres à refroidissement par eau. L'emplacement judicieux du moteur assure à la BRAUD 603 un centre de gravité très bas et une transmission directe. Sa surveillance et son accessibilité sont faciles. Filtre à air sec très efficace à cartouches interchangeables.

Cinquième sécurité : indicateur de colmatage du filtre à air visible du poste de conduite, cartouche de sécurité.

Réservoir à carburant : 112 litres avec niveau visuel.

UNE TRANSMISSION SOLIDE AVEC EMBRAYAGE BOITE A 3 VITESSES.
1re : 1,800 km/h à 4,540 km/h
2e : 3,800 km/h à 9,600 km/h
3e : 8,000 km/h à 20,200 km/h
AR : 4,000 km/h à 10,100 km/h

Variateur de vitesse d'avancement à commande hydraulique.
Embrayage monodisque à sec.
2 réducteurs à bain d'huile et étanches.
Freins à disque indépendants et étanches à commande hydraulique avec circuit doté d'un équilibreur de freinage.
Freins à main à commande séparée.

UNE DIRECTION HYDROSTATIQUE. Elle offre une souplesse et une précision dans toutes les manœuvres et en plus ses circuits hydrauliques sont pourvus d'un double système de sécurité.

Rayons de braquage : à gauche : 4 m
: à droite : 3,69 m

PNEUS : roues motrices 14 × 28 - 8 ply rating.
PNEUS : roues directrices 6.00 × 16.
Voie AV : 2,26 m - Voie AR : 1,40 m - Empattement : 3,45 m.

UN POSTE DE CONDUITE CONFORTABLE. Avec son siège galbé à positions multiples et suspensions réglables, ses commandes bien groupées tombant à portée de la main, ses instruments de contrôle à lecture directe, le poste de conduite de la BRAUD 603 est vraiment confortable. En équipement standard, un pare-soleil est livré avec la machine.

ET BIEN SUR, L'ASPIRATEUR DE POUSSIÈRE BREVETÉ BRAUD. Grâce à sa position (à la base du convoyeur) il supprime pratiquement toute la poussière au poste de conduite.

COMME TOUTES LES BRAUD, LA 603 EST POLYVALENTE AVEC SES ÉQUIPEMENTS COMPLÉMENTAIRES. Vous pouvez adapter facilement des accessoires qui augmenteront encore la rentabilité de votre machine :

- cueilleurs de maïs 3 ou 4 rangs
- équipement tournesol
- broyeur de paille type « Gyrostat »
- chenilles
- équipement riz

MAIS AUSSI COMME TOUTES LES BRAUD, LA 603 « EN VERSION STANDARD » VOUS EN OFFRE PLUS. Jugez-en vous-même. Releveurs d'épis, fond de coupe double, aspirateur de poussière, pare-soleil, équipements petites graines et colza, compteur d'heures au tableau de bord, couvercle de trémie, triangle lumineux et clignotant à l'arrière de la machine, toile « pare-vent » au capot arrière.

DIMENSIONS

Longueur avec capot	8,260	m
Hauteur avec trémie	3,230	m
Hauteur avec trieur	3,380	m
Garde au sol	0,470	m
Poids avec coupe de 3,10 m	5 100	kg

* sae.

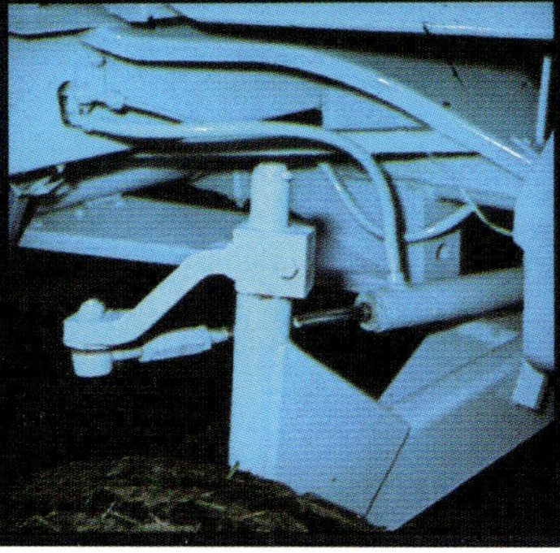
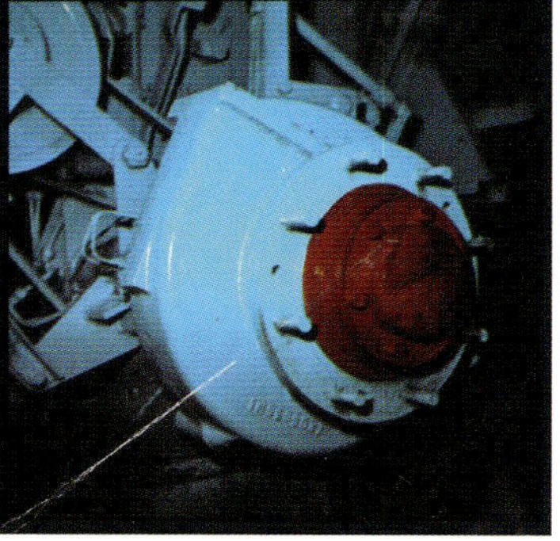

BRAUD 604
BRAUD 604
moissonneuse-batteuse
BRAUD 604

BRAUD 604

Votre concessionnaire

BRAUD
cidex 01
Z.I. d'Écouflant
49000 ANGERS
tél. (41) 43-65-12 (20 lignes)
Telex : 72960

DES COUPES DÉMONTABLES « EUROPÉENNES » 4,30 m, 3,60 m, 3,10 m. La coupe se sépare du convoyeur par un système de désaccouplement rapide. Les doigts de coupe sont doubles et indéformables. Les diviseurs sont réglables, articulés, flottants et démontables rapidement. Les rabatteurs sont à 6 pales à griffes et leur vitesse est réglable de 26 à 46 tours/minute.

En équipement standard : 17 releveurs pour coupe 4,30 m
14 releveurs pour coupe 3,60 m
12 releveurs pour coupe 3,10 m

Le fond de coupe est double en équipement standard.

Première sécurité : un tube épierreur est monté derrière la lame de coupe.

Deuxième sécurité : un limiteur d'efforts protège la vis, la lame et les rabatteurs.

UN CONVOYEUR DU « TYPE FLOTTANT » à trois chaînes et entraîneurs alternés, hauteur de coupe réglable par deux vérins de 0 à 0,85 m, **indicateur de hauteur de coupe, suspension de la coupe par ressorts compensateurs.**

UN BATTEUR DE 8 BATTES ⌀ 55 cm, longueur 105 cm. Sa vitesse est réglable en marche par variateur de 600 à 1 430 tours/minute, contrôle visuel du régime batteur.

UN CONTRE-BATTEUR AVEC RÉGLAGES INSTANTANÉS DU POSTE DE CONDUITE. Les réglages de l'entrée et de la sortie sont indépendants et s'effectuent par deux leviers.

Troisième sécurité : un bac épierreur précède l'entrée du contre-batteur.

UN TIRE-PAILLE A GRAND DÉBIT. 6 pales, diamètre 0,40 m.

4 SECOUEURS GALVANISÉS. Largeur 1,05 m, surface totale de séparation 4,25 m², les secoueurs sont montés sur roulements à billes étanches pré-lubrifiés.

UN GRAND COFFRE DE NETTOYAGE. Caractéristique primordiale : le coffre de nettoyage de la BRAUD 604 est du type « double effet » avec mouvement inversé, grille supérieure réglable avec rallonge graepel, grille inférieure interchangeable à trous ou réglable (au choix), nouveau : récepteur à grains à diffusion rationnelle, surface totale de nettoyage 3,20 m².

Ventilation puissante et variable : double ventilateurs avec variateur de vitesse de 900 à 1 400 tr/mn, direction du vent réglable par volets.

Battage des ôtons. Une vis élévatrice dirige les ôtons au centre du batteur.

Quatrième sécurité : un limiteur d'efforts protège le circuit ôtons.

DES VIS ÉLÉVATRICES POUR LE CIRCUIT GRAINS (BREVETS BRAUD). Deux opérations en une seule. 1° l'élévation des grains vers la trémie, 2° nettoyage simultané des grains pendant l'élévation grâce à un crible interchangeable. Les petites graines criblées sont récupérées dans un sac.

Important : elles nécessitent aucun entretien !

UNE TRÉMIE DE GRANDE CONTENANCE : 3 200 LITRES. La vis de vidange est équilibrée par un ressort compensateur. Sa mise en place s'effectue facilement depuis le poste de conduite. Vidange rapide : 35 litres/secondes, moins de 90 secondes pour vidanger totalement la trémie. La trémie a une porte étanche protégeant ainsi le grain en cas d'intempéries. Hauteur sous la goulotte de vidange : 2,64 m.

UN MOTEUR PUISSANT : 105 CV*. 6 cylindres à refroidissement par eau. L'emplacement judicieux du moteur assure à la BRAUD 604 un centre de gravité très bas et une transmission directe. Sa surveillance et son accessibilité sont faciles. Filtre à air sec très efficace à cartouches interchangeables.

Cinquième sécurité : indicateur de colmatage du filtre à air visible du poste de conduite. Cartouche de sécurité. Réservoir à carburant : 225 litres avec jauge électrique au tableau de bord.

UNE TRANSMISSION SOLIDE AVEC EMBRAYAGE BOITE A 3 VITESSES.

1re : 1,800 km/h à 4,540 km/h
2e : 3,800 km/h à 9,600 km/h
3e : 8,000 km/h à 20,200 km/h
AR : 4,000 km/h à 10,100 km/h

Variateur de vitesse d'avancement à commande hydraulique.
Embrayage monodisque à sec.
2 réducteurs à bain d'huile et étanches.
Freins à disque indépendants et étanches à commande hydraulique avec circuit doté d'un équilibreur de freinage.
Frein à main à commande séparée.

UNE DIRECTION HYDROSTATIQUE. Elle offre une souplesse et une précision dans toutes les manœuvres et en plus ses circuits hydrauliques sont pourvus d'un double système de sécurité.

Rayons de braquage : à gauche : 3,12 m
: à droite : 3,85 m

PNEUS : roues motrices 14 × 28 - 8 ply rating.
PNEUS : roues directrices 10 × 15.
Voie AV : 2,26 m - Voie AR : 1,40 m - Empattement : 3,55 m.

UN POSTE DE CONDUITE CONFORTABLE. Avec son siège galbé à positions multiples et suspensions réglables, ses commandes bien groupées tombant à portée de la main, ses instruments de contrôle à lecture directe, le poste de conduite de la BRAUD 604 est vraiment confortable. En équipement standard, un pare-soleil est livré avec la machine.

ET BIEN SUR, L'ASPIRATEUR DE POUSSIÈRE BREVETÉ BRAUD. Grâce à sa position (à la base du convoyeur) il supprime pratiquement toute la poussière au poste de conduite.

COMME TOUTES LES BRAUD, LA 604 EST POLYVALENTE AVEC SES ÉQUIPEMENTS COMPLÉMENTAIRES. Vous pouvez adapter facilement des accessoires qui augmenteront encore la rentabilité de votre machine :

- cueilleurs de maïs 3 ou 4 rangs
- équipement tournesol
- broyeur de paille type « Gyrostat »
- chenilles
- cabine, etc.

MAIS AUSSI COMME TOUTES LES BRAUD, LA 604 « EN VERSION STANDARD » VOUS EN OFFRE PLUS. Jugez-en vous-même. Releveurs d'épis, fond de coupe double, aspirateur de poussière, pare-soleil, équipements petites graines et colza, compteur d'heures au tableau de bord, couvercle de trémie, triangle lumineux et clignotant à l'arrière de la machine, toile « pare-vent » au capot arrière, échelle d'accès à l'arrière de la machine.

DIMENSIONS

Longueur avec capot	8,720	m
Hauteur avec trémie	3,400	m
Hauteur avec 3e nettoyage	3,690	m
Garde au sol	0,470	m
Poids avec coupe de 3,60 m	5 700	kg

* sae

Dans le souci constant d'assurer la meilleure qualité à sa production, BRAUD se réserve le droit de modifier, sans préavis, les caractéristiques de ses fabrications.

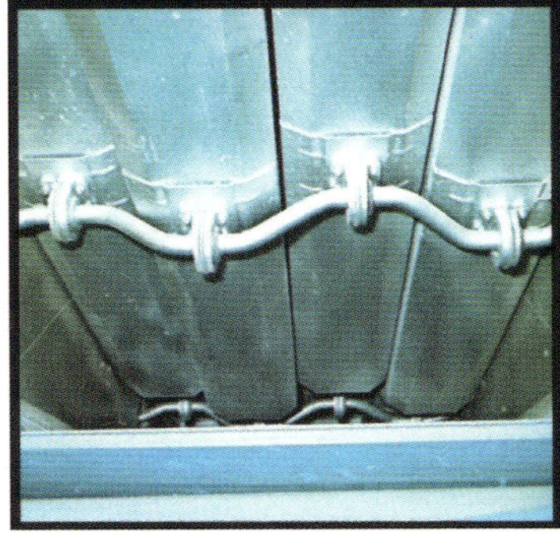

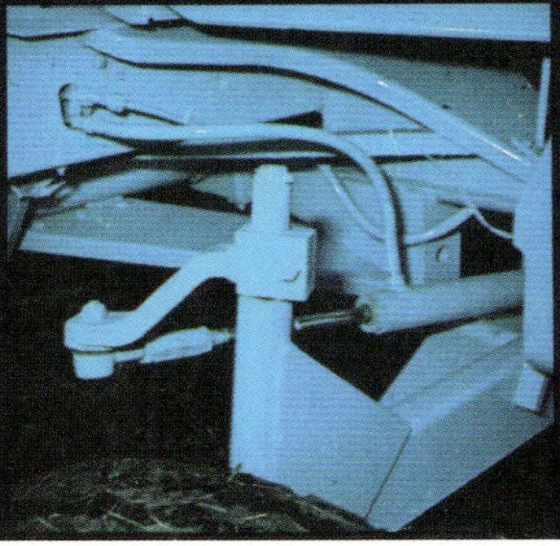

BRAUD 605
moissonneuse-batteuse
BRAUD 605

BRAUD 605

votre concessionnaire

BRAUD
cidex 01
Z.I. d'Écouflant
49000 ANGERS
tél. (41) 43-65-12 (20 lignes)
Telex : 72960

DES COUPES DÉMONTABLES « EUROPÉENNES » 4,30 m, 3,60 m, 3,10 m. La coupe se sépare du convoyeur par un système de désaccouplement rapide. Les doigts de coupe sont doubles et indéformables. Les diviseurs sont réglables, articulés, flottants et démontables rapidement. Les rabatteurs sont à 6 pales à griffes et leur hauteur, leur déplacement avant arrière, ainsi que leur vitesse de rotation (15,5 à 52,5 tours/minute) sont réglables hydrauliquement depuis le poste de conduite.

Équipement standard : 17 releveurs p. coupe 4,30 m
14 releveurs p. coupe 3,60 m
12 releveurs p. coupe 3,10 m

Le fond de coupe est double en équipement standard.

Première sécurité : un tube épierreur est monté derrière la lame de coupe.

Deuxième sécurité : un limiteur d'efforts protège la vis, la lame et les rabatteurs.

UN CONVOYEUR DU « TYPE FLOTTANT » à trois chaînes et entraîneurs alternés, hauteur de coupe réglable par deux vérins de 0 à 0,85 m, **indicateur de hauteur de coupe, suspension de la coupe par ressorts compensateurs.**

Troisième sécurité : un limiteur d'efforts protège le convoyeur.

UN BATTEUR DE 8 BATTES ∅ **55 cm, longueur 105 cm.** Sa vitesse est réglable en marche par variateur de 600 à 1 430 tours/minute, contrôle du régime batteur par compte-tours au tableau de bord.

UN CONTRE-BATTEUR AVEC RÉGLAGES INSTANTANÉS DU POSTE DE CONDUITE. Les réglages de l'entrée et de la sortie sont indépendants et s'effectuent par deux leviers du poste de conduite.

Quatrième sécurité : un bac épierreur précède l'entrée du contre-batteur.

UN TIRE-PAILLE A GRAND DÉBIT. 4 pales, diamètre 0,40 m.

4 SECOUEURS GALVANISÉS. Largeur 1,05 m, surface totale de séparation 4,50 m², les secoueurs sont montés sur roulements à billes étanches prélubrifiés.

UN GRAND COFFRE DE NETTOYAGE. Caractéristique primordiale : le coffre de nettoyage de la BRAUD 605 est du type « double effet » avec mouvement inversé, grille supérieure réglable avec rallonge graepel, grille inférieure interchangeable à trous ou réglable (au choix).
Nouveau : récepteur à grains à diffusion rationnelle, surface totale de nettoyage 3,20 m².

Ventilation puissante et variable : double ventilateurs avec variateur de vitesse de 900 à 1 400 tours/minute, direction du vent réglable par volets.

Battage des ôtons. Une vis élévatrice dirige les ôtons au centre du batteur.

Cinquième sécurité : un limiteur d'efforts protège le circuit ôtons.

DES VIS ÉLÉVATRICES POUR LE CIRCUIT GRAINS (BREVETS BRAUD). Deux opérations en une seule. 1° l'élévation des grains vers la trémie, 2° nettoyage simultané des grains pendant l'élévation grâce à un crible interchangeable. Les petites graines criblées sont récupérées dans un sac.

Important : elles nécessitent aucun entretien !

UNE TRÉMIE DE GRANDE CONTENANCE : 3 200 LITRES. La vis de vidange est équilibrée par un ressort compensateur. Sa mise en place s'effectue facilement depuis le poste de conduite. Vidange rapide : 35 litres/secondes, moins de 90 secondes pour vidanger totalement la trémie. La trémie a une portée étanche protégeant ainsi le grain en cas d'intempéries. Hauteur sous la goulotte de vidange : 2,70 m.

UN MOTEUR PUISSANT : 115 CV*. 6 cylindres à refroidissement par eau. L'emplacement judicieux du moteur assure à la BRAUD 605 un centre de gravité très bas et une transmission directe. Sa surveillance et son accessibilité sont faciles. Filtre à air sec très efficace à cartouches interchangeables.

Sixième sécurité : indicateur de colmatage du filtre à air visible du poste de conduite. Cartouche de sécurité.

Réservoir à carburant : 225 litres avec jauge électrique au tableau de bord.

UNE TRANSMISSION SOLIDE AVEC EMBRAYAGE BOITE A 3 VITESSES.

1re : 1,650 km/h à 4,540 km/h
2e : 3,500 km/h à 9,400 km/h
3e : 7,400 km/h à 20,000 km/h
AR : 3,690 km/h à 9,900 km/h

Variateur de vitesse d'avancement à commande hydraulique.
Embrayage monodisque à sec.
2 réducteurs à bain d'huile et étanches.
Freins à disque indépendants et étanches à commande hydraulique avec circuit doté d'un équilibreur de freinage.
Frein à main à commande séparée.

UNE DIRECTION HYDROSTATIQUE. Elle offre une souplesse et une précision dans toutes les manœuvres et en plus ses circuits hydrauliques sont pourvus d'un double système de sécurité.
Rayons de braquage : à gauche : 3,12 m
à droite : 3,85 m

PNEUS : roues motrices 15 × 30 - 10 ply rating.
PNEUS : roues directrices 10 × 15.
Voie AV : 2,37 m - Voie AR : 1,35 m - Empattement : 3,55 m.

UN POSTE DE CONDUITE CONFORTABLE. Avec son siège galbé à positions multiples et suspensions réglables, ses commandes bien groupées tombant à portée de la main, ses instruments de contrôle à lecture directe, le poste de conduite de la BRAUD 605 est vraiment confortable. En équipement standard, un pare-soleil est livré avec la machine.

ET BIEN SUR, L'ASPIRATEUR DE POUSSIÈRE BREVETÉ BRAUD. Grâce à sa position (à la base du convoyeur) il supprime pratiquement toute la poussière au poste de conduite.

COMME TOUTES LES BRAUD, LA 605 EST POLYVALENTE AVEC SES ÉQUIPEMENTS COMPLÉMENTAIRES. Vous pouvez adapter facilement des accessoires qui augmenteront encore la rentabilité de votre machine :
- cueilleurs de maïs 3 ou 4 rangs
- équipement tournesol
- broyeur de paille type « Gyrostat »
- chenilles
- cabine, etc.

MAIS AUSSI COMME TOUTES LES BRAUD, LA 605 « EN VERSION STANDARD » VOUS EN OFFRE PLUS. Jugez-en vous-même. Releveurs d'épis, fond de coupe double, aspirateur de poussière, pare-soleil, équipements petites graines et colza, compteur d'heures au tableau de bord, couvercle de trémie, triangle lumineux et clignotant à l'arrière de la machine, toile « pare-vent » au capot arrière, échelle d'accès à l'arrière de la machine.

DIMENSIONS.

Longueur avec capot	8,720 m
Hauteur avec trémie	3,460 m
Hauteur avec 3e nettoyage	3,750 m
Garde au sol	0,530 m
Poids avec coupe de 4,30 m	6 355 kg

* sae.

Dans le souci constant d'assurer la meilleure qualité à sa production, BRAUD se réserve le droit de modifier, sans préavis, les caractéristiques de ses fabrications

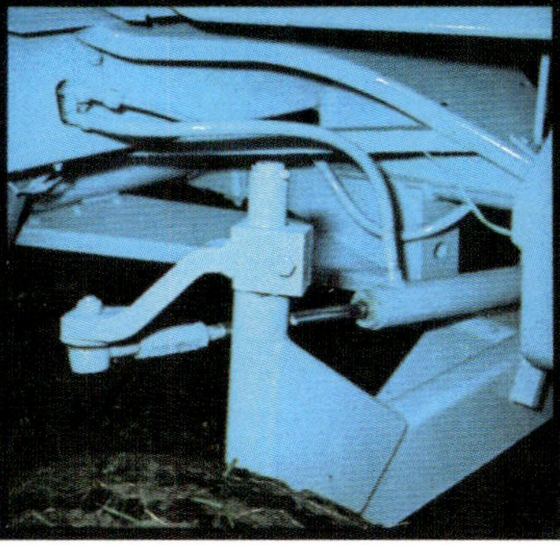

BRAUD
moissonneuse-batteuse
BRAUD
700

fiche technique

moissonneuse-batteuse BRAUD 700

coupe

Type européenne de 4,30 m, 3,70 m et 3,10 m démontable et remontable sans outils, grâce au système « Click Attache » (brevet BRAUD), avec commande hydraulique.
- Doigts de coupe doubles et indéformables.
- Commande de lame par engrenage hypocycloïdal, sous carter étanche à bain d'huile. Cadence : 1150 coupes/mn.
- Diviseurs réglables en tous sens et escamotables à l'intérieur de la coupe.
- Rabatteurs à 6 pales avec plaques de poussée.
- Régime réglable hydrauliquement de 17 à 57 tours/minute.
- Translation hydraulique, course 365 mm.
- Aspirateur de poussière avec sortie directionnelle.
- Equipement standard :
  12 releveurs pour coupe de 3,10 m ;
  15 releveurs pour coupe de 3,70 m ;
  18 releveurs pour coupe de 4,30 m.
- Fond de coupe double en équipement standard.
- Tube épierreur derrière la lame de coupe.
- Fourreau pour 2e lame de coupe.
- Limiteur d'efforts protégeant la vis d'alimentation.

convoyeur

Convoyeur mixte : céréales-maïs.
Du type « flottant », à trois chaînes et barrettes alternées.
Hauteur de coupe réglable de − 200 mm à + 1.350 mm.
Indicateur de hauteur de coupe.
Suspension par boules d'azote, avec robinet d'isolation.
Butées de sécurité réglables.

batteur

8 battes, diamètre 610 mm, longueur 1.050 mm, régime réglable en marche hydrauliquement depuis le poste de conduite de 417 à 1.175 tours/minute.
Compte-tours batteur au tableau de bord.

Contre-batteur enveloppant 110°, 14 contre-battes, serrage réglable par levier depuis le poste de conduite.
Bac épierreur avec évacuation des pierres par porte basculante.

Tire-paille : Profil carré, 4 pales.

secoueurs

4 secoueurs galvanisés montés sur roulements étanches.
Largeur totale : 1.050 mm.
Surface de secouage : 3,88 m2.
Surface de séparation : 4,80 m2.

coffre de nettoyage

Entièrement galvanisé.
Surface de nettoyage : 3,17 m2.
Entièrement contrôlée par les vents.
Grille supérieure : réglable } (équipement standard).
Grille inférieure : réglable }
Mouvement inversé des deux grilles.

Otons : Retour au batteur avec vis de répartition.
Limiteur d'efforts sur élévateur, avec sécurité sonore.

Ventilation : Rotor à 5 pales, diamètre 0,55 m, régime réglable en marche de 520 à 980 tours/minute et 560 à 1.070 tours/minute.

Circuits à grains : Elévateurs à palettes.

trémie

Capacité : 4.210 litres, située derrière le poste de conduite.
Vis de vidange étanche, pivotante, mise en place commandée hydrauliquement depuis le poste de conduite.
Entraînement indépendant de la batteuse.
Débrayage automatique en cas d'erreur de manœuvre.
Hauteur sous vis : 3,55 m.
Temps de vidange : 80 secondes.
Vis égalisatrice au-dessus de la trémie.
Couvercle de trémie en équipement standard.

entraînement - propulsion

Moteur Diesel, 6 cylindres, refroidissement par eau, placé derrière la trémie.
Puissance : 152 CH SAE (133 CH din 70020).
Filtre rotatif : escamotable par levier placé devant le radiateur.
Filtre à air moteur à double cartouche, avec indicateur de colmatage sonore.
Réservoir à carburant : 320 litres.

Transmission hydrostatique : réglage de la vitesses d'avancement sans palier, et inversion de la marche par un seul levier. Boîte à 3 rapports :

	Avant	Arrière
1	de 0 à 4,50 km/h	de 0 à 2,25 km/h
2	de 0 à 9,80 km/h	de 0 à 4,90 km/h
3	de 0 à 20,00 km/h	de 0 à 10,00 km/h

Réducteurs : sous carter étanche à bain d'huile à double train épicycloïdal.
Freins à disques étanches, à commande hydraulique avec équilibreur de freinage.
Frein de stationnement à main avec avertisseur électrique.

Direction : hydrostatique à double sécurité, souple et précise.
Rayon de braquage : 2,315 m.
Pneumatiques :
- roues motrices : 18,4 × 30 (15 × 30).
- roues directrices : 11,5/80-15

Voie AV : 2,370 m - Voie AR : 2,185 - Empattement : 3,946 m.

poste de conduite

A visibilité totale.
Colonne de direction inclinable, poignée sur le volant.
Siège de conduite confortable à positions multiples et suspension réglable selon le désir du conducteur.
Tableau de bord complet à lecture directe, comprenant :
- compte-tours batteur ;
- compteur d'heures ;
- voyant de charge ;
- voyant de pression d'huile moteur ;
- thermomètre de température d'huile hydrostatique :
- voyant de clignotants ;
- jauge de carburant.

équipement électrique

Conforme au Code de la Route, avec batterie 12 V, 192 A/h :
- phares de travail ;
- phares de route ;
- phare de déchargement trémie ;
- clignotants ;
- girophare ;
- avertisseur sonore.

équipements optionnels

- équipement petites graines ;
- équipement légumineuses ;
- équipement maïs ;
- équipement riz ;
- broyeur de paille, type « Gyrostat » ;
- chariot de transport de coupe ;
- cueilleur à maïs ;
- broyeur de tiges maïs ;
- chenilles ;
- cabine ;
- roues motrices : 23,1/18 × 26, crampons «bêche » ou ordinaires.

dimensions

Longueur sans coupe	6,840 m.
Largeur hors tout	2,875 m.
Largeur roues AV enlevées	2,490 m.
Hauteur	3,730 m.
Garde au sol	0,450 m.
Poids avec coupe 3,70 m	7.500 kg

Dans le souci constant d'assurer la meilleure qualité à sa production, BRAUD se réserve le droit de modifier sans préavis, les caractéristiques de ses fabrications.

BRAUD
matériel de récolte

49000 ANGERS

tél. (41) 43.04.31 (20 lignes)
télex : 720 960
r. c. angers 67 B 2

D
BRAUD
moissonneuse-batteuse
BRAUD
800

fiche technique

moissonneuse-batteuse BRAUD 800

coupe

Type européenne de 4,90 m, 4,30 m et 3,70 m démontable et remontable sans outils, grâce au système « Click Attache » (brevet BRAUD), avec commande hydraulique.
- Doigts de coupe doubles et indéformables.
- Commande de lame par engrenage hypocycloïdal, sous carter étanche à bain d'huile. Cadence : 1150 coupes/mn.
- Diviseurs réglables en tous sens et escamotables à l'intérieur de la coupe.
- Rabatteurs à 6 pales avec plaques de poussée.
- Régime réglable hydrauliquement de 17 à 57 tours/minute.
- Translation hydraulique, course 365 mm.
- Aspirateur de poussière avec sortie directionnelle.
- Equipement standard :
  15 releveurs pour coupe de 3,70 m ;
  18 releveurs pour coupe de 4,30 m ;
  21 releveurs pour coupe de 4,90 m.
- Fond de coupe double en équipement standard.
- Tube épierreur derrière la lame de coupe.
- Fourreau pour 2e lame de coupe.
- Limiteur d'efforts protégeant la vis d'alimentation.

convoyeur

Convoyeur mixte : céréales-maïs.
Du type « flottant », à trois chaînes et barrettes alternées.
Hauteur de coupe réglable de − 200 mm à + 1.350 mm.
Indicateur de hauteur de coupe.
Suspension par boules d'azote, avec robinet d'isolation.
Butées de sécurité réglables.

batteur

8 battes, diamètre 610 mm, longueur 1.300 mm, régime réglable en marche hydrauliquement depuis le poste de conduite de 417 à 1.175 tours/minute.
Compte-tours batteur au tableau de bord.

Contre-batteur enveloppant 110°, 14 contre-battes, serrage réglable par levier depuis le poste de conduite.
Bac épierreur avec évacuation des pierres par porte basculante.

Tire-paille : Profil carré, 4 pales.

secoueurs

5 secoueurs galvanisés montés sur roulements étanches.
Largeur totale : 1.300 mm.
Surface de secouage : 4,94 m2.
Surface de séparation : 5,93 m2.

coffre de nettoyage

Entièrement galvanisé.
Surface de nettoyage : 3,93 m2.
Entièrement contrôlée par les vents.
Grille supérieure : réglable }
Grille inférieure : réglable } (équipement standard).
Mouvement inversé des deux grilles.

Otons : Retour au batteur avec vis de répartition.
Limiteur d'efforts sur élévateur, avec sécurité sonore.

Ventilation : Rotor à 5 pales, diamètre 0,55 m, régime réglable en marche de 520 à 980 tours/minute et 560 à 1.070 tours/minute.

Circuits à grains : Elévateurs à palettes.

trémie

Capacité : 5.300 litres, située derrière le poste de conduite.
Vis de vidange étanche, pivotante, mise en place commandée hydrauliquement depuis le poste de conduite.
Entraînement indépendant de la batteuse.
Débrayage automatique en cas d'erreur de manœuvre.
Hauteur sous vis : 3,55 m.
Temps de vidange : 95 secondes.
Vis égalisatrice au-dessus de la trémie.
Couvercle de trémie en équipement standard.

entraînement - propulsion

Moteur Diesel, 6 cylindres, refroidissement par eau, placé derrière la trémie.
Puissance : 176 CH SAE (155 CH din 70020).
Filtre rotatif : escamotable par levier placé devant le radiateur.
Filtre à air moteur à double cartouche, avec indicateur de colmatage sonore.
Réservoir à carburant : 320 litres.

Transmission hydrostatique : réglage de la vitesses d'avancement sans palier, et inversion de la marche par un seul levier. Boîte à 3 rapports :

Avant	Arrière
1 - de 0 à 4,50 km/h	de 0 à 2,25 km/h
2 - de 0 à 9,80 km/h	de 0 à 4,90 km/h
3 - de 0 à 20,00 km/h	de 0 à 10,00 km/h

Réducteurs : sous carter étanche à bain d'huile à double train épicycloïdal.
Freins à disques étanches, à commande hydraulique avec équilibreur de freinage.
Frein de stationnement à main avec avertisseur électrique.

Direction : hydrostatique à double sécurité, souple et précise.
Rayon de braquage : 2,315 m.
Pneumatiques :
- roues motrices : 23,1/18 × 26.
- roues directrices : 11,5/80-15

Voie AV : 2,620 m - Voie AR : 2,380 - Empattement : 3,946 m.

poste de conduite

A visibilité totale.
Colonne de direction inclinable, poignée sur le volant.
Siège de conduite confortable à positions multiples et suspension réglable selon le désir du conducteur.
Tableau de bord complet à lecture directe, comprenant :
- compte-tours batteur ;
- compteur d'heures ;
- voyant de charge ;
- voyant de pression d'huile moteur ;
- thermomètre de température d'huile hydrostatique ;
- voyant de clignotants ;
- jauge de carburant.

équipement électrique

Conforme au Code de la Route, avec batterie 12 V, 192 A/h :
- phares de travail ;
- phares de route ;
- phare de déchargement trémie ;
- clignotants ;
- girophare ;
- avertisseur sonore.

équipements optionnels

- équipement petites graines ;
- équipement légumineuses ;
- équipement maïs ;
- équipement riz ;
- broyeur de paille, type « Gyrostat » ;
- chariot de transport de coupe ;
- cueilleur à maïs ;
- broyeur de tiges maïs ;
- chenilles ;
- cabine ;
- roues motrices : 28,1/26, crampons «bêche ».

dimensions

Longueur sans coupe	6,840 m.
Largeur hors tout	3,207 m.
Largeur roues AV enlevées	2,740 m
Hauteur	3,730 m.
Garde au sol	0,450 m.
Poids avec coupe 4,30 m	8.350 kg

Dans le souci constant d'assurer la meilleure qualité à sa production, BRAUD se réserve le droit de modifier sans préavis, les caractéristiques de ses fabrications.

BRAUD
matériel de récolte

49000 ANGERS
tél. (41) 43.04.31 (20 lignes)
télex : 720 960
r. c. angers 67 B 2

BRAUD
s500

fiche technique

moissonneuse-batteuse BRAUD s500

coupe

2,70 mètres
Suspension par ressort
Cadence de lame : 980 coupes/minute
Diviseurs réglables.

rabatteur

5 pales avec plaques de poussée
Vitesse, translation réglable mécaniquement du poste de conduite

convoyeur

Largeur : 860 mm - 2 chaînes du type flottant
Bac épierreur avec évacuation des pierres par porte basculante

batteur

7 battes, diamètre 500 mm - longueur 860 mm
Régime réglable en marche mécaniquement depuis le poste de conduite de 600 à 1320 tr/mn.
Compte-tours batteur au tableau de bord

contre-batteur

12 contre-battes.
Enveloppement 105°.
Réglage par levier depuis le poste de conduite.

secoueurs

4 secoueurs.
Largeur totale : 870 mm.
Longueur : 3,32 m.
Surface de secouage : 2,91 m^2.
Surface de séparation : 3,50 m^2.

coffre de nettoyage

Grille supérieure réglable : 0,84 m^2
Rallonge : 0,20 m^2.
Grille inférieure à trous : 0,80 m^2

ventilation

Rotor 4 pales.
Volets d'obturation.

circuit à grains

Elévateur à vis.
Retour des ôtons sur table.

trémie

Capacité : 2100 litres avec couvercle.
Hauteur vis de vidange : 2,70 m.

moteur

Diesel 3 cylindres - 64 CH DIN - 72 CH SAE. 3,30 l.
Refroidissement par eau.
Réservoir à carburant 100 l.

transmission

Mécanique.
Variateur embrayage à disque.
Boîte 3 rapports AV - 1 rapport AR.

direction

Hydrostatique.
Rayon de braquage : 4,30 m.

pneumatiques

Roues motrices : 16,9 × 24.
Roues directrices : 10.00 × 12
Voie AV. : 1,99 m.
Voie AR. : 1,24 m.
Empattement : 2,93 m.

poste de conduite

Colonne de direction inclinable poignée sur le volant.
Siège de conduite confortable, réglable selon le désir du conducteur.

tableau de bord

Complet à lecture directe, comprenant :
- indicateur vitesse de batteur.
- indicateur vitesse avancement.

Equipement électrique conforme au code de la route avec phare de travail.

dimensions

Longueur : 7,40 m.
Largeur : 2,95 m.
Hauteur : 2,85 m.
Garde au sol : 0,34 m.
Poids : 3.700 kg.

Construit pour BRAUD par SAMPO (Finlande)

Dans le souci constant d'assurer la meilleure qualité à sa production, BRAUD se réserve le droit de modifier sans préavis, les caractéristiques de ses fabrications.

BRAUD
BRAUD
moissonneuse-batteuse
BRAUD
s 600

fiche technique

moissonneuse-batteuse BRAUD s 600

coupe

3,00 mètres, démontable.
Suspension par ressort
Cadence de lame : 1000 coupes/minute
Diviseurs réglables.

rabatteur

5 pales avec plaques de poussée
Vitesse, translation réglable mécaniquement du poste de conduite

convoyeur

Largeur : 1050 mm - 2 chaînes du type flottant
Bac épierreur avec évacuation des pierres par porte basculante

batteur

Longueur 1050 mm
Diamètre : 550 mm - 8 battes
Régime réglable en marche mécaniquement depuis le poste de conduite de 540 à 1200 tr/mn.
Compte-tours batteur au tableau de bord

contre-batteur

Enveloppant à 95°, 12 contre-battes
Serrage réglable par levier depuis le poste de conduite.

secoueurs

4 secoueurs.
Largeur totale : 1060 mm.
Longueur : 3,32 m.
Surface de secouage : 3,52 m^2.
Surface de séparation : 4,27 m^2.

coffre de nettoyage

Grille supérieure réglable : 1,01 m^2
Rallonge réglable : 0,24 m^2.
Grille inférieure à trous : 0,99 m^2

ventilation

Rotor, régime réglable du poste de conduite de 600 à 1080 tr/mn.
Compte-tours au poste de conduite.

circuit à grains

Elévateur à palettes.

trémie

Capacité : 2500 litres avec couvercle.
Hauteur de vidange : 3,00 m.

entraînement - propulsion

Moteur diesel 4 cylindres - refroidissement par eau placé derrière la trémie.
Puissance 84 CH DIN - 95 CH SAE. 4,40 l.
Réservoir à carburant 140 l.

transmission mécanique

Variateur d'avancement.
Embrayage à disque - boîte 3 rapports AV - 1 rapport AR.

direction

Hydrostatique.
Rayon de braquage : 4,85 m.

pneumatiques

Roues motrices : 18,4 × 26.
Roues directrices : 11.5 × 15.
Voie AV. : 2,07 m.
Voie AR. : 1,10 m.
Empattement : 3,03 m.

poste de conduite

Colonne de direction inclinable poignée sur le volant.
Siège de conduite confortable, réglable selon le désir du conducteur.

tableau de bord

Complet à lecture directe, comprenant :
- indicateur vitesse de batteur.
- indicateur vitesse ventilateur.
- indicateur vitesse avancement.
- jauge de carburant.

Equipement électrique conforme au code de la route avec phare de travail.

dimensions

Longueur : 8,80 m.
Largeur : 3,20 m.
Hauteur : 2,95 m.
Garde au sol : 0,41 m.
Poids : 4.500 kg.

Construit pour BRAUD par SAMPO (Finlande)

Dans le souci constant d'assurer la meilleure qualité à sa production, BRAUD se réserve le droit de modifier sans préavis, les caractéristiques de ses fabrications.

BRAUD
matériel de récolte

49000 ANGERS
tél. (41) 43.04.31 (20 lignes)
télex : 720 960
r. c. angers 67 B 2

20.010.072

BRAUD 108

CARACTÉRISTIQUES TECHNIQUES

Les caractéristiques sont données à titre indicatif.

Les Établissements BRAUD se réservent le droit d'apporter, sans préavis, les modifications qu'ils jugeraient nécessaires pour l'amélioration de leurs fabrications.

VOTRE CONCESSIONNAIRE

BRAUD
49-ANGERS - FRANCE
B.P. 750
Tél. : (41) 88.10.00 (20 lignes)
Télex : 71 625

44-SAINT-MARS-LA-JAILLE
Tél. : (40) 73-15-88 (10 lignes)
Télex : 71 830

CUEILLEUR

Type à rouleaux d'arrachage coniques à 4 pales rectilignes (la tige reste sur le terrain, seul l'épi monte au batteur).
Barres d'arrachage recouvrant les rouleaux, sur toute leur longueur.
L'épi n'est pas en contact avec les rouleaux.
Couteaux sur toute la longueur des rouleaux.
Vitesse des chaînes cueilleuses variable hydrauliquement par commande depuis le poste de conduite.
Vitesse des rouleaux variable mécaniquement.
Le réglage de la vitesse des chaînes cueilleuses est indépendant du réglage de la vitesse des rouleaux. Boîtiers de commande des chaînes étanches à bain d'huile avec limiteurs d'efforts.
Réglage automatique de la tension des chaînes cueilleuses.
Capot de cueilleur basculant (grande accessibilité).
Caoutchouc anti-retour des épis sur chaque cueilleur.
Écartements recommandés permettant un travail frontal en 4, 5 et 6 rangs de 0,55 m à 0,80 m (de 5 cm en 5 cm).

COULOIR D'ALIMENTATION

Composé d'une vis tranversale groupant les épis cueillis dans un convoyeur central.
Convoyeur à grand dégagement, type flottant à 3 chaînes et entraîneurs alternés. Arbre inférieur à tambour.
Limiteurs d'efforts à crabots protégeant l'ensemble des cueilleurs.
Relevage hydraulique des cueilleurs et du convoyeur.
Débrayage des cueilleurs indépendant de celui des égreneurs.

ÉGRENEURS

Deux égreneurs inversés du type à pales hélicoïdales à profil discontinu.
Vitesse réglable en marche hydrauliquement depuis le poste de conduite par variateur à courroie, de 470 à 1 080 tours/minute.
Compte-tours égreneurs au tableau de bord.
Seuils d'égrenage à profil cylindrique.
Ecartement des seuils d'égrenage réglable en marche depuis le poste de conduite.
Secteur arrière inférieur de sortie, pour parfaire l'égrenage, très facilement réglable par manivelle.
Volet de sortie égreneur auto-réglable avec limiteur de pression par contre-poids.
Portes de visite sur tunnel des égreneur.

ORGANES DE NETTOYAGE

(en tôle galvanisée)

Coffre de nettoyage à grande dimension, très robuste, grande surface.
Grille supérieure Graëpel de très grand débit, avec rallonge Graëpel réglable en hauteur.
Grille inférieure interchangeable, à trous.
Largeur : 1,30 m.

VENTILATION

Ventilateur à 6 pales.
Variateur de vitesse réglable en marche depuis le poste de conduite, de 825 à 1 565 tr/mn.
Direction du vent réglable par volet.

VIS ÉLÉVATRICE (Brevets BRAUD)

La vis élévatrice des grains, de grand diamètre tourne dans un crible interchangeable effectuant ainsi un nettoyage et un criblage combinés.

Grande porte d'accès sur la vis à grains.
Facilité d'entretien.

ORGANES DE VIDANGE

Trémie, contenance : 36 hectolitres.
Vidange en marche ou à l'arrêt : 90 secondes.
Possibilité de vidanger, les organes d'égrenage étant débrayés.
Hauteur sous la goulotte de la vis de vidange : 3,20 m.
Mise en place et repliage rapide de la vis, depuis le poste de conduite, par vérin hydraulique.
Trémie fermée, étanchéité absolue, ouverture par levier, depuis la plate-forme de conduite.

MOTEUR : Puissance 152 cv

Diesel PERKINS 6 cylindres, refroidissement par eau.
Position idéale : entre le poste de conduite et la trémie.
Très grande accessibilité.
Protection parfaite contre la poussière et le bruit.
Filtre à air sec extrêmement efficace, entretien facile.
Réservoir à carburant, capacité 345 litres.
Jauge électrique au tableau de bord.

TRANSMISSION HYDROSTATIQUE

Pompe commandée par courroie polytrapézoïdale à tension automatique.
Commande progressive par un seul levier au tableau de bord pour la marche avant comme pour la marche arrière.
Pédale de retour au neutre.
Refroidissement du circuit d'huile par radiateur.
Gamme des vitesses :

	Avant	Arrière
« Travail »	0 km/h à 10 km/h	0 km/h à 5 km/h
« Route »	0 km/h à 22 km/h	0 km/h à 11 km/h

Boîte de vitesses 2 rapports.
2 réducteurs robustes, et super étanches pouvant recevoir les chenilles sans transformation.

FREINS : à disque, étanches, indépendants, à commande hydraulique.
Circuit avec équilibreur de freinage.

FREIN de stationnement à main.

SYSTEME HYDRAULIQUE : d'une grande simplicité, sécurité de fonctionnement.
Pompe double de haute précision à grand débit, avec by-pass de sécurité.
Distributeurs groupés avec leviers de commande séparés.
Pistons de vérins chromés.

DIRECTION : hydraulique, très douce et précise, double système de sécurité.
Poignée tournante sur le volant.
Rayon de braquage : 2,60 m.
Essieu arrière large, réglable en hauteur (passage dans la voie avant).

PNEUS : roues motrices 15 x 34 8 P.R.
(en option 18 x 26 à crampons « bêche »)
roues directrices 10,5 x 18
(en option 8 x 24 à crans).

ÉQUIPEMENT ÉLECTRIQUE homologué et feux stop s'éclairant au moment du freinage.

TABLEAU DE BORD très complet avec tous les instruments de commande et de contrôle.

CONFORT

Plate-forme de conduite très spacieuse accessible de chaque côté par 2 échelles équilibrées escamotables instantanément (Passage au gabarit de la route).
Cabine climatisée et insonorisée.
Type « Camion » avec 2 portes coulissantes.
Siège réglable en tous sens et escamotable, très confortable.
Banquette pour passagers.
Carrosserie moderne et fonctionnelle.

DIMENSIONS - POIDS

Longueur avec cueilleur	8,45 m
Largeur sans cueilleur	2,97 m
Hauteur avec cabine	3,95 m
Garde au sol	0,52 m
Voie avant	2,40 m
Voie arrière	2,15 m
Empattement	2,95 m
Poids avec cueilleur 4 rangs	7.500 kg
Poids avec cueilleur 6 rangs	7.980 kg

ACCESSOIRES

Chenilles à grande surface portante avec galets étanches.
Grilles et cribles spéciaux.
Chariot de transport homologué.

MOISSONNEUSES-BATTEUSES " CASE "

LA MÉTHODE LA PLUS ÉCONOMIQUE POUR MOISSONNER

Moissonnense-Batteuse " Case ". Modèle " A ". Coupe de 2 m. 40

Économie de Temps, de Main-d'Œuvre et de Grain

Une moissonneuse-batteuse " **Case** " assure le même rendement avec une équipe de 3 ou 4 hommes qu'une batteuse ordinaire et une moissonneuse exigeant un personnel trois ou quatre fois plus nombreux.

Avec cette machine perfectionnée, les opérations de coupe, mise en meules et transport à la batteuse se trouvent réunies en une seule, d'où économie importante de main-d'œuvre et de grain. Le poids de la barre coupeuse est contre-balancé par le poids de la batteuse et cette particularité, jointe à l'emploi d'un joint universel entre ces deux parties, permet à la barre d'épouser les inégalités du sol et d'exécuter une coupe régulière. Ce dispositif breveté permet aussi de replier la moissonneuse le long de la batteuse, ou même de l'enlever complètement lors de son transfert sur route ou d'un champ à un autre. Il y a également lieu de noter que cette machine peut être utilisée efficacement dans des fermes de moyenne importance, des essais satisfaisants ayant été effectués dans des pièces ne dépassant pas un hectare de superficie.

Modèle " H ". — Coupe de 3 mètres.
Modèle " P ". — Coupes de 3 m. 60 et 4 m. 80.
Modèle " W ". — (Type Coteau) Coupe de 4 m. 20.

RENSEIGNEMENTS — PRIX ET RÉFÉRENCES SUR DEMANDE

MAXIMUM DE RENDEMENT, MINIMUM D'ENCOMBREMENT !

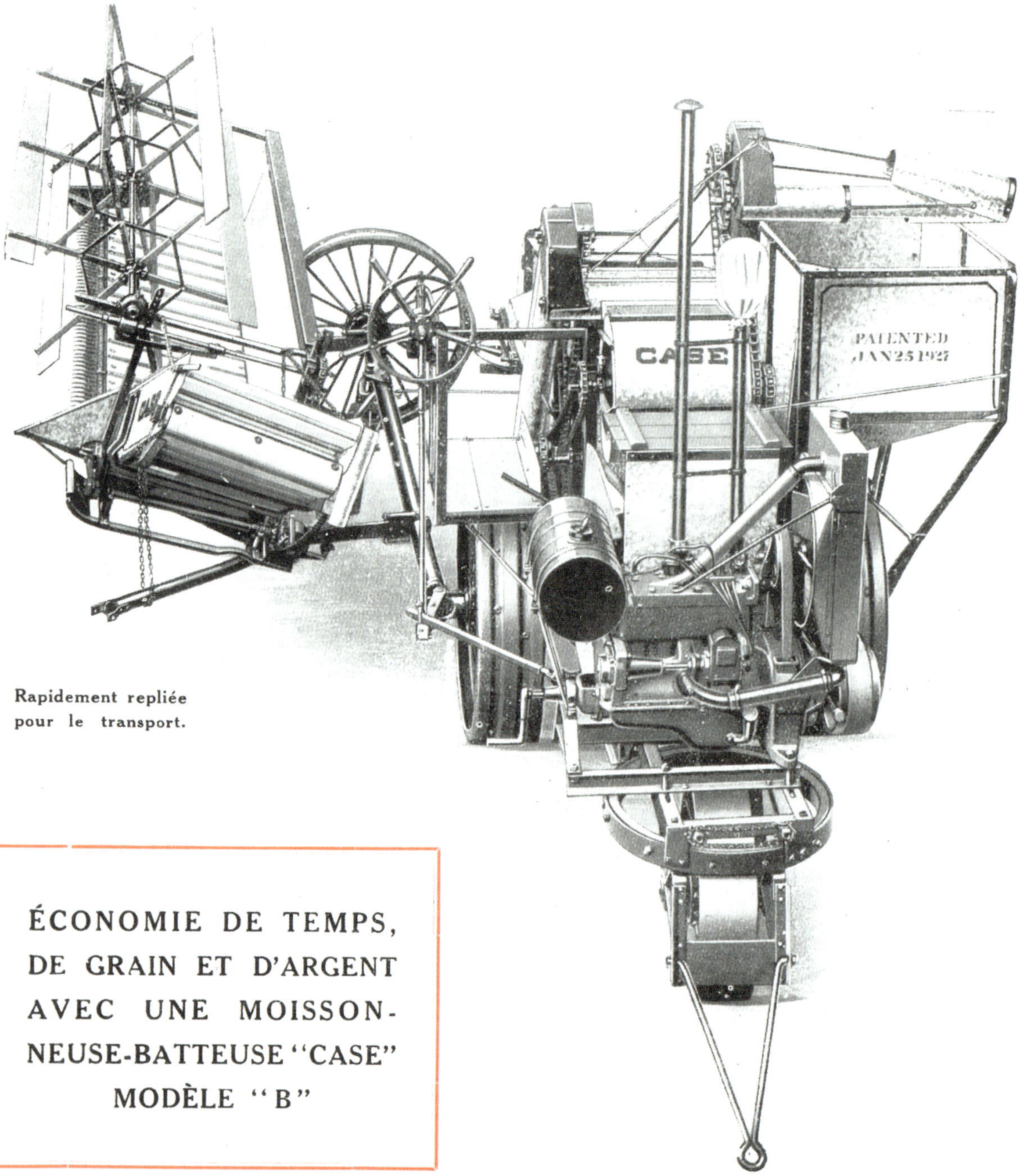

Rapidement repliée
pour le transport.

ÉCONOMIE DE TEMPS, DE GRAIN ET D'ARGENT AVEC UNE MOISSONNEUSE-BATTEUSE "CASE" MODÈLE "B"

La gamme de moissonneuses-batteuses Case comprend :

Type "B" - Coupes de 2 m. 40 et 3 mètres
Type "H" - Coupes de 3 m., 3 m. 60 et 4 m. 50
Type "P" - Coupes de 4 m. 80 et 6 mètres.
Type "W" - Coupe de 4 m. 20

CARACTÉRISTIQUES DE LA

MOISSONNEUSE-BATTEUSE "CASE"

Modèle " B "

DIMENSIONS GÉNÉRALES. — Empattement : 2 m 90 - Longueur totale : 6 m 90 (épandeur de paille compris) - Largeur totale de la batteuse (y compris le réservoir à grains) : 2 m. 60 - Largeur avec la barre coupeuse repliée : 4 m 72 - Largeur (y compris la barre coupeuse de 3 m. en position de coupe) : 6 m 62 - Hauteur avec le réservoir : 3 m 83 - Hauteur sans le réservoir : 2 m 63.

ROUES. — Trois roues sur l'essieu principal - Une roue avant - Deux roues principales 30 c/m × 1 m 20 - Roue de la moissonneuse 15 c/m × 1 m 20 - Roue avant : 20 c/m × 75 - Essieu principal en acier tubulaire de 87 m/m 5.

COUSSINETS. — Les arbres de la lame de la barre coupeuse, du batteur, du déflecteur, du ventilateur inférieur et du ventilateur du nettoyage supplémentaire, de même que les arbres coudés du secoueur et de la panne à grains, sont munis de roulements à billes à alignement automatique.

BARRE COUPEUSE. — Coupes de 2 m 40 et 3 mètres - Maintenue à chaque extrêmité et bien équilibrée. Toiles de 75 c/m de largeur - Les doigts sont à écartement de 5 c/m - La coupe peut être effectuée au ras du sol ou atteindre une hauteur d'un mètre - Diamètre du rabatteur : 1 m 20 - 6 verges.

ENGRENEUR. — Lattes renforcées maintenant la toile. Deux chaînes en acier durci commandées par embrayage de sûreté.

BATTEUR. — Tout en acier - Longueur : 55 c/m - Diamètre : 54 c/m - Vitesse : 950 T.P.M. - 57 dents en acier trempé avec pointes renforcées - Interchangeables avec les dents des contre-batteurs.

CONTRE-BATTEURS ET GRILLES. — En acier - Trois contre-batteurs à deux rangs et un contre-batteur lisse - Les glissières des contre-batteurs sont réglables verticalement et horizontalement. Grille en acier à l'arrière des contre-batteurs.

DÉFLECTEUR. — Tout en acier - Trois ailes concaves - Empêche l'enroulement de la paille.

SECOUEUR. — Largeur : 55 c/m - Longueur : 2 m 55 - Se compose de deux sections en acier ne pouvant s'obstruer - Le mouvement combiné du vilebrequin et de l'arbre oscillant assure une séparation parfaite.

PANNES A GRAINS. — Deux pannes à grains avec plancher en tôle d'acier ondulée - Equilibre parfait.

TARARE INFÉRIEUR. — Ventilateur tnférieur se composant de 6 ailettes - Diamètre : 50 c/m - Longueur 47 c/m - Crible à balles à lèvres de 44 m/m.

NETTOYAGE SUPPLÉMENTAIRE. — Ventilateur à 6 ailettes - Diamètre 55 c/m - Longueur 38 c/m - Le grain est réparti uniformément sur les cribles par une vis sans fin à mouvement automatique - Un crible ajustable et un crible à perforations triangulaires. Les hottons sons retournés à la batteuse.

RÉSERVOIR A GRAINS. — Dix hectolitres environ. Vidange rapide par gravité.

MOTEUR. — Quatre cylindres - Alésage 87 m/m - Course 112 m/m - Vitesse : 1.250 T.P.M. Régulateur à masses. Graissage sous pression - Magnéto à haute tension avec lanceur automatique. Embrayage à disques commandé de la plateforme de l'opérateur au moyen d'un levier - Commande directe par courroie en caoutchouc de 10 c/m de largeur. Tendeur de courroie, automatique.

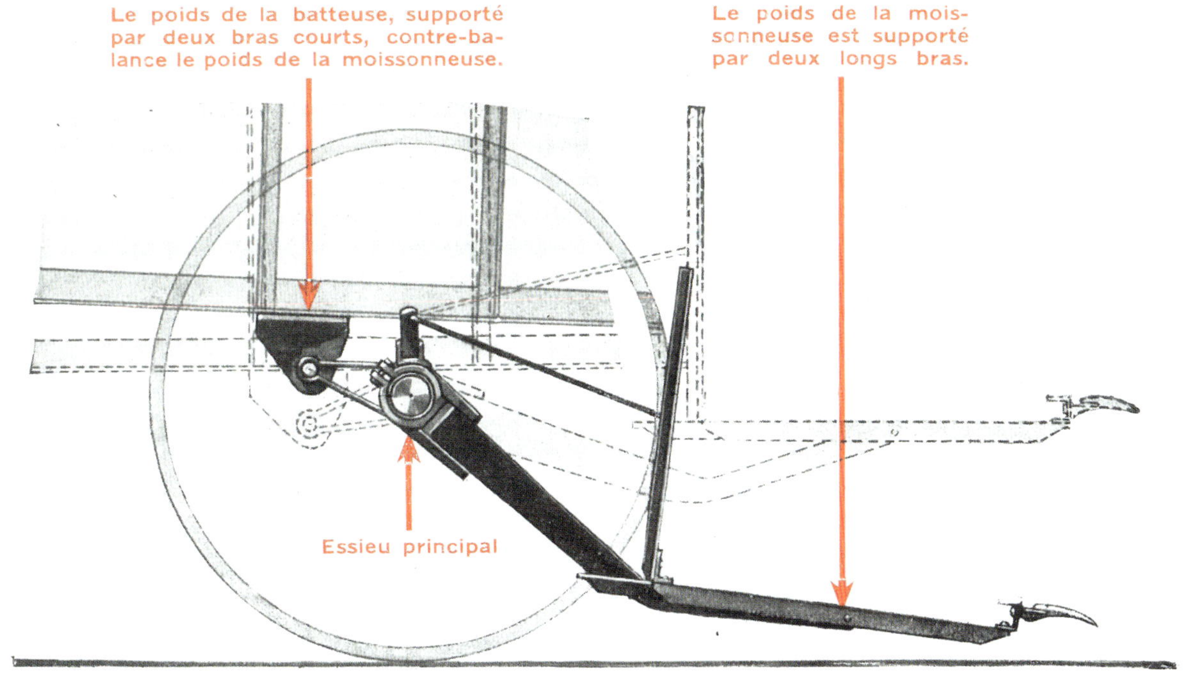

Equilibrage parfait sans poids ou ressorts. Le pointillé montre la position de la barre coupeuse lorsqu'elle est soulevée, sans toutefois être placée à sa hauteur maximum.

MOISSONNEUSE-BATTEUSE CASE AUTOMOTRICE TYPE "SP-9"

Coupe de : 2 m. 70

CARACTÉRISTIQUES GÉNÉRALES

TYPE : " SP 9 " automotrice, équipée avec plateforme d'ensachage ou trémie à grains.

COUPE : 2 m. 70 de large ; réglable en hauteur de 3 cm. à 75 cm. ; commande hydraulique ; vitesse de la vis sans fin réglable.

ÉLÉVATEUR : type à rateaux.

RABATTEURS : à 6 lattes démontables ; réglables horizontalement ou verticalement ; vitesse réglable.

BATTEUR : cylindrique à battes ; largeur 82 cm. ; diamètre 48 cm. ; vitesse réglable de 625 à 1028 rp.m.

CONTRE-BATTEUR : du type à barre ; 2 réglages.

SECOUEUR DE PAILLE : éléments en bois ; profil en zigzag et dents de scie ; longueur 2 m. 20, largeur 0 m. 82.

CRIBLE DE NETTOYAGE : de 1 m. × 0 m. 80 ; réglable de l'extérieur ; nettoyé par courant d'air ascendant.

ROUES : motrices 12 × 26 - AR 600 × 16.

COMMANDE : par moteur CASE " D " 35 CV - essence pétrole - 3 vitesses avant et 1 arrière.

Longueur totale 6 m. 50 - largeur totale 2 m. 70 - hauteur totale 3 m. 60 - capacité de la trémie 1272 litres - capacité du réservoir carburant 86 litres.

ACCESSOIRES (moyennant supplément de prix) :

Pick-up ramasseur pour récoltes en andains - crible rotatif - rabatteurs à griffe - épandeur de paille - batteur à dents.

Les usines CASE fabriquent un autre modèle de moissonneuse-batteuse automotrice, le type "SP 12" de 3 m. 60 de largeur de coupe, ainsi qu'une moissonneuse-batteuse automotrice, spéciale pour le riz.

MAISON HENRI PERRIER - 102 à 106, Avenue Philippe-Auguste, PARIS-XIe
63, Rue Furtado, BORDEAUX

MOISSONNEUSE - BATTEUSE CASE A MOTEUR AUXILIAIRE MODÈLE "A-6"

Coupe de : 1 m. 80

CARACTÉRISTIQUES GÉNÉRALES

TYPE : " A 6 ", actionnée par moteur auxiliaire, traînée par un tracteur capable d'emmener une charrue 2 socs en travail - plateforme d'ensachage ou trémie à grains.

COUPE : 1 m. 80 de large, réglable en hauteur de 3 cm. à 58 cm.

TOILES : 2 toiles sans fin, 1 m. 80, formant élévateur, réglables.

RABATTEURS : à 3, 4 ou 6 lattes ; commandés par poulie ; vitesses variables ; réglables horizontalement ou verticalement.

BATTEUR : cylindrique à dents ; largeur 72 cm. ; à vitesse variable par changement de pignons.

SECOUEUR DE PAILLES : éléments en bois d'une seule pièce ; profil en zigzag et dents de scie ; mû par dessous ; longueur 2 m. 82 ; largeur 0 m. 75 ; grand rendement.

TABLE A GRAINS : de la longueur du secoueur de paille avec un crible de 1 m. × 0 m. 72.

CRIBLE DE NETTOYAGE : de 1 m. × 0 m. 72 ; réglable de l'extérieur ; nettoyé par courant d'air ascendant.

ROUES : 2 pneus de 7.50 × 18 ; coussinets à rouleaux coniques.

CONSTRUCTION : bâti tout acier, rivé, soudé, solidement entretoisé, combinant robustesse et légèreté.

Longueur totale 7 m. - largeur hors tout 2 m. 85 - hauteur 3 m. - poids 1.800 kgs - contenance de la trémie 1050 litres.

ACCESSOIRES (moyennant supplément de prix) :
Pick-up ramasseur pour récoltes en andains - crible rotatif - commande hydraulique de la coupe - épandeur de paille - équipement spécial pour le battage des trèfles et luzernes - batteurs à battes.

MOISSONNEUSE - BATTEUSE CASE A PRISE DE FORCE MODÈLE "F-2"

Coupe de : 1 m. 50

CARACTÉRISTIQUES GÉNÉRALES

TYPE : " F 2 ", actionnée par prise de force, commandée par un tracteur capable d'emmener une charrue 2 socs en travail - plateforme d'ensachage ou trémie à grains.

COUPE : 1 m. 50 de large, réglable en hauteur de 3 cm. à 66 cm.

TOILES : 2 toiles sans fin, 1 m. 50, formant élévateur, réglables.

RABATTEURS : à 3, 4 ou 6 lattes ; commandés par poulie ; vitesses variables ; réglables horizontalement ou verticalement.

BATTEUR : cylindrique à 8 battes ; largeur 72 cm. ; vitesse variable par changement de pignons.

SECOUEUR DE PAILLES : éléments en bois d'une seule pièce ; profil en zigzag et dents de scie ; mû par dessous.

CRIBLE DE NETTOYAGE : réglable de l'extérieur ; nettoyé par courant d'air ascendant.

ROUES : 2 pneus de 6.00 × 16 ; coussinets à rouleaux coniques.

CONSTRUCTION : bâti en acier, rivé, soudé et bien entretoisé.

Longueur totale 6 m. 20 - largeur hors tout 2 m. 70 - hauteur 2 m. 30 - poids 1200 kgs - contenance de la trémie 720 litres.

ACCESSOIRES (moyennant supplément de prix) :
Pick-up ramasseur pour récoltes en andains - crible rotatif - commande hydraulique de la coupe - épandeur de paille.

MAISON HENRI PERRIER - 102 à 106, Avenue Philippe-Auguste, PARIS-XIe
63, Rue Furtado, BORDEAUX

MOISSONNEUSES-BATTEUSES

CASE® "150"

Maison Henri PERRIER
I02, avenue Philippe Auguste
PARIS IIème - ROQ. I9-42

63, rue Furtado - BORDEAUX
Téléphone : 92.22.79

Pour faire votre moisson avec plus de rapidité et plus d'efficacité,

voici les caractéristiques principales de la nouvelle

MOISSONNEUSE-BATTEUSE AUTOMOTRICE CASE type I50

I°) moteur CASE du type "400", d'une puissance de 55 CV.

2°) secoueurs de paille en quatre éléments séparés.

3°) commande hydraulique de la vitesse d'avancement et du relevage de la coupe. Commande hydraulique de la direction moyennant supplément de prix.

4°) excellente visibilité pour le conducteur.

5°) réglage du contre-batteur par un seul levier.

6°) élévateur convoyeur avec 3 chaines.

7°) coupe de 3m, 3m 90 ou 4m 50 d'une seule pièce facilement détachable.

8°) vis sans fin à doigts escamotables.

9°) excentrique de commande de la lame réglable.

I0°) freins à disques de construction robuste.

11°) convoyeur de grains en deux sections.

I2°) essieux arrières à large empattement pour faciliter les virages.

I3°) palette d'élévateur de grains en caoutchouc pour faciliter la montée du grain.

I4°) commande de la lame et de la vis séparées avec embrayage de protection.

-:-:-:-:-:-:-

MOISSONNEUSE BATTEUSE CASE

COMBINÉE MODELE "F-2" CINQ PIEDS

LA "COMBINÉE" PEU COÛTEUSE IDÉALE POUR PETITES ÉTENDUES

Récolte facile par un seul homme

Il n'est plus besoin d'attendre de l'aide d'ailleurs ou de payer un entrepreneur. Avec une "combinée" efficace CASE modèle "F-2", la moisson est une affaire de famille. Dès que la récolte est prête, *vous* êtes prêt. En moissonnant à temps, vous risquez moins les intempéries toujours à craindre. La "F-2" de Case s'attelle vite à n'importe quel tracteur de catégorie pour 2 charrues muni d'un axe de dérivation.

Manoeuvre très simple

Non-seulement la combinée "F-2" de Case est-elle peu couteuse: son fonctionnement est tout simple. Pas besoin d'être expert en la matière pour conduire avec succès une "F-2". Tout cultivateur intelligent, même sans expérience précédente, peut vite en apprendre la manoeuvre. La "F-2" ne demande que 3 réglages pour donner un service satisfaisant dans la plupart des récoltes; et ces réglages ne sont aucunement compliqués.

MOISSONNAGE MODERNE DE NOMBREUSES RÉCOLTES

Haricots (fèves blanches)

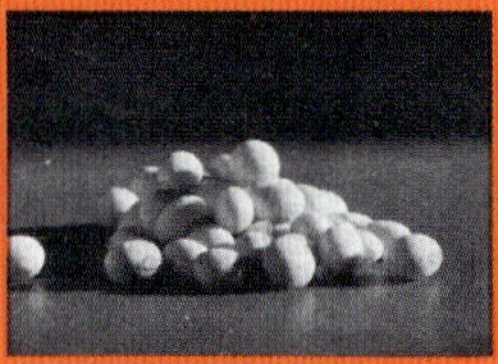

Fèves soya

Orge

Lin

Luzerne

CONSIDÉREZ CES CARACTÉRISTIQUES REMARQUABLES

Légère à tirer, fonctionnement doux: Cela laisse plus d'énergie pour moissonner et battre. Aisément tirée et commandée par un tracteur catégorie 2 charrues (capable de labourer facilement avec charrue multiple à 2 raies).

Passe dans une barrière 10 pieds: Elle mesure moins de 9 pieds. Tirez une cheville, et la barre d'attache s'aligne avec le centre de la combinée, lui permettant de suivre le tracteur dans les chemins étroits ou barrières; pas besoin de démonter la dérivation.

Capacité suffisante pour grosses récoltes: La "F-2" est construite en vue de gros rendements. Sa puissance supplémentaire de battage, de séparation des pailles et de nettoyage de grain ne craint pas une abondante moisson; elle prévient bien des retards quand la récolte est forte, avec moins de risques de surcharge ou d'engorgement.

Montage bas, mais bien dégagé du sol: Ce montage bas, avec l'attelage proche du tracteur assure une meilleure stabilité sur les coteaux et les terrains accidentés.

Commode à remiser: Moins de 8 pieds de hauteur. Facile à tirer par la porte de la plupart des remises. Tuyau de décharge du grain rapidement démonté pour remiser la machine.

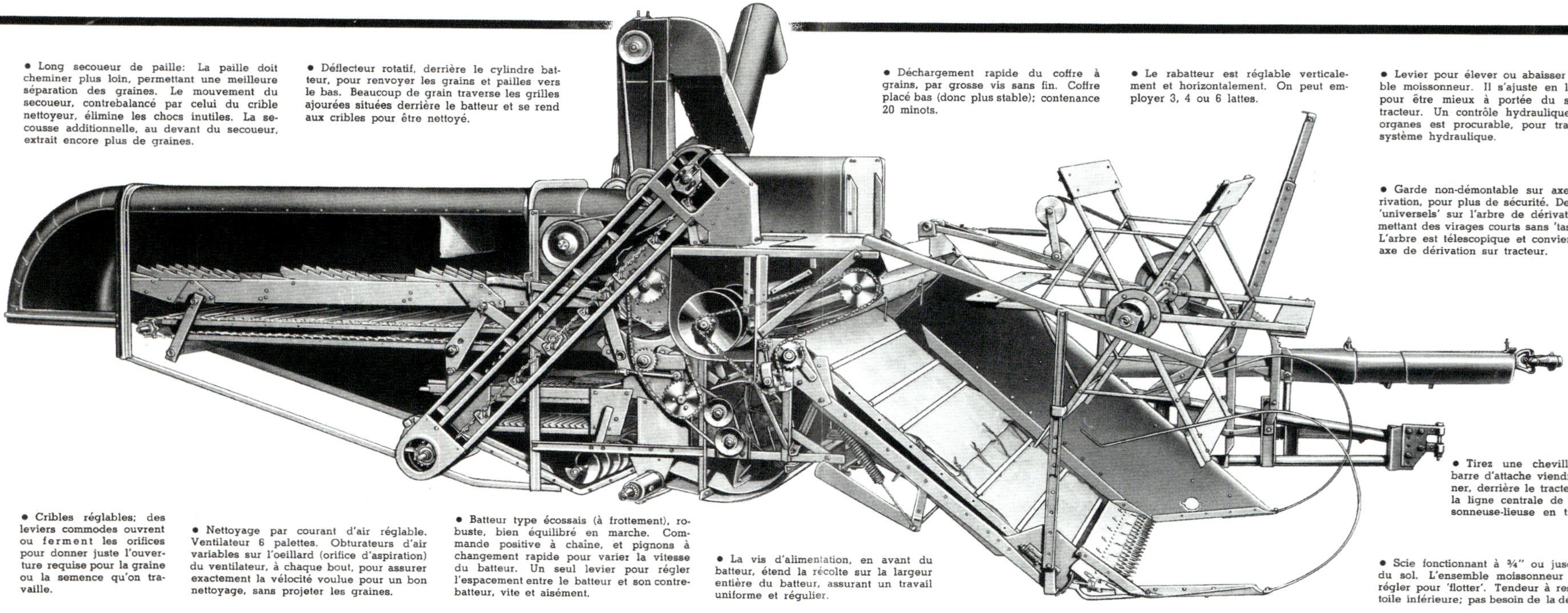

E. MIRAMONT
MACHINES AGRICOLES
VAZERAC
(Tarn-&-Garonne)
LA Claas SUPER
CLAAS
La Moissonneuse-Batteuse CLAAS pionnière des Moissonneuses-Batteuses Européennes avec une avance d'une dizaine d'années d'expérience vous assure une récolte plus facile et meilleure.

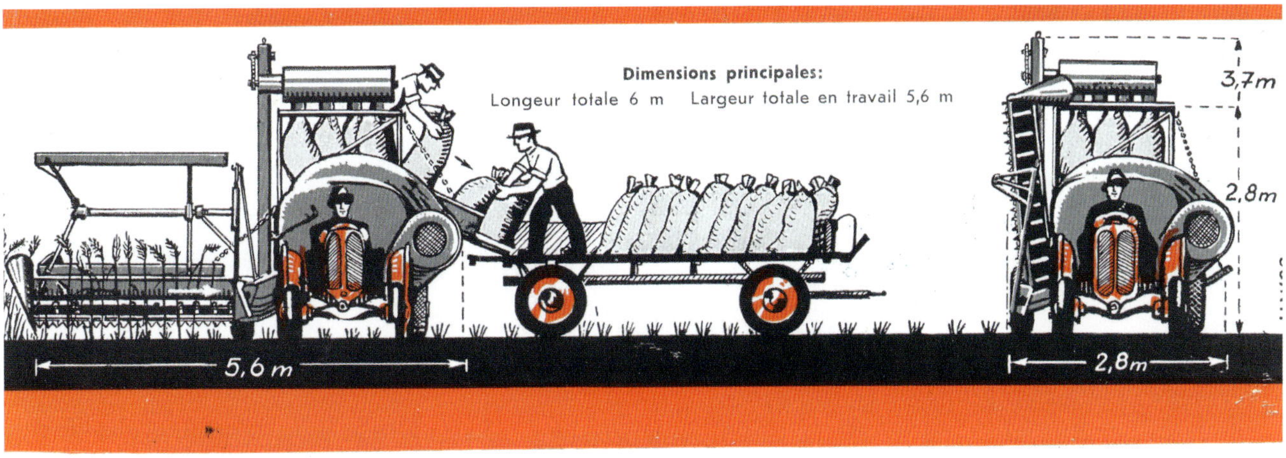

Caractéristiques techniques:

Largeur de coupe (entre les pointes de diviseurs)	2,20 m
Largeur de coupe en récolte de faible densité	3,- m
Tambour à 6 battes	450 mm ∅
Longueur des secoueurs	3,- m
Nettoyage: 1. par ventilateur et par aspirateur 2. par grilles de triage	
Largeur de la batteuse	1,40 m
Plus grande longueur admissible de récolte	2,20 m
Plus petite longueur de chaume	7 cm
Plus grande longueur de chaume	40 cm

Presse à paille à piston: liant automatiquement à 2 liens Largeur de canal 1,30 m. — Poids de la botte 15-20 kg	
Rendement horaire max.	35 Qx de grains 3 T de paille
Rendement horaire moyen	17,5 Qx de grains
Rendement stationnaire	1.250 kg de grains à l'heure
Puissance nécessaire à vide à pleine charge 2.500 kg./h ou avec un tracteur de 28 CV. possédant un vitesse rampante stationnaire	12 CV. 35 CV. 18 CV ou 15 Kw.
Poids total de la machine	2.400 kg

La **Super** se recommande:

1. partout ou l'on veut diminuer les frais de récolte, réaliser une économie sur la main d'oeuvre et la ficelle lieuse, et réduire la perte de grains au minimum.
2. surtout aussi lorsqu'il est question d'acquérir une BATTEUSE et une LIEUSE, car comparativement la SUPER ne revient pas plus cher.
3. non seulement dans la grande entreprise, et là en premier lieu, mais aussi dans les milliers d'autres cas où on emploie des procédés modernes et économiques de travail, ainsi que comme machine spéciale pour les champs éloignés et dispersés.
4. dans les cas particuliers où de grandes quantités de petitspois, colza, pavot, semence fine et semence spéciale doivent être récoltées et battues, ainsi que pour la récolte ordinaire du blé, qui doit être réalisée avec des procédés modernes et économiques.
5. autant pour les coopératives que pour les petites entreprises et entrepreneurs de battage.
6. Egalement pour les sélectionneurs, les semences gardant leurs qualités germinatives.
7. Aussi bien pendant les années pluvieuses, que dans les régions humides.

La MOISSONNEUSE-BATTEUSE est particulièrement recommandée en Angleterre, au Danemark et en Suède où les averses sont particulièrement à craindre.

Le cultivateur Français doit profiter de l'expérience acquise par des milliers de paysans étrangers qui ont mis à l'épreuve cette machine au cours de ces dernières récoltes. C'est la machine la plus économiquque que l'on puisse acheter.

Demandez catalogues, références etc. . . .

Toutes les indications et gravures sont approximatives et sans engagement.
Tous droits de modifications de construction réservés.

Claas

Agents généraux pour la France:

ÉTABLISSEMENTS M.A.C.I.-S.A.

Capital: 8400000 Frs.

19 à 25 Bvd. Georges Clemenceau

COURBEVOIE (Seine)

Téléphone: DEF 43-80 (5 lignes groupées)

No. 150. 12. 1952 französ.

Claas
"Junior"
La moissonneuse-batteuse pour les moyennes et petites exploitations:
Claas
SUPER-JUNIOR
Claas
de renommée mondiale,
d'une grande maniabilité et stabilité,
d'un prix avantageux.

Grâce à la plate-forme d'ensachage agrandie, le transbordement des sacs sur une remorque est possible.

CARACTERISTIQUES TECHNIQUES:

Largeur de coupe 5 pieds $^1/_2$ = 1 m, 65
(entre les diviseurs 5'6")
Batteur à 6 battes — largeur 1 m, 25, Ø 450 m/m
Largeur de la batteuse: . . . . 1 m, 40
Longueur des secoueurs: . . . . 2 m, 96
Nettoyage: 1er : à vent (2cribles): dimensions: 1070x740 m/m
2ème: cylindre trieur
Longueur de paille maxima pouvant être admise: 2 m, 20
Hauteur des chaumes réglable de 7 à 40 cms
Presse à paille à piston oscillant:
automatique à 1 ou 2 noueurs
Largeur du canal: 1 m, (0 m, 80) —
Poids des bottes: 8 à 15 Kgs

Rendement horaire maxima: . . 2.000 Kgs de grain
Rendement horaire moyen: . . 1.250 Kgs de grain
Battage à poste fixe: . . . . 1.000 Kgs de grain
Puissance nécessaire:
tracteur à partir de 25 CV. aves prise de force,
tracteur de 20-22 CV. avec moteur auxiliaire,
pour battage à poste fixe: 15 CV. ou 12 KW.
Poids total de la machine, environ: 1.950 Kgs
Longueur totale: . . . . 5 m, 30
Largeur en position de travail . . . . 4 m, 20
Largeur en position de transport . . . . 2 m, 80
Hauteur totale . . . . 2 m, 80
Pneus 10.00 x 15

Clichés ainsi que caractéristiques techniques sont donnés à titre indicatif, sous réserve de modifications.

Pour simplifier votre travail, récolter plus de grains et diminuer vos frais

récoltez avec une moissonneuse-batteuse CLAAS-JUNIOR

GEBR. CLAAS
MASCHINENFABRIK GMBH · HARSEWINKEL i.W. · TELEFON 341

AIN. A. Dl. franz.

Claas

Hercules

1953

La Moissonneuse-Batteuse Automotrice

Un chef-d'oeuvre de la technique moderne des Moissonneuses-Batteuses. Réalisation des Usines CLAAS ayant produit la "SUPER" mondialement connue et appréciée.

L' "HERCULES" est le résultat des nombreuses évolutions successives de l'ensemble des expériences qu'il nous a été possible d'acquérir, résultant des milliers de moissonneuses-batteuses "SUPER" en service dans le monde entier.

Coupe frontale, donc pas de détourage

Transbordement facile et rapide des sacs du toit de la machine sur la remorque.

L' "HERCULES"

est une moissonneuse-batteuse automotrice avec coupe frontale, à commande entièrement hydraulique et équipement électrique, avec indépendance absolue de l'avancement et du dispositif de battage: réglages par variateur de vitesse continu permettant la moisson de toutes les variétés de récolte, des céréales les plus hautes et les plus diverses, aux semences les plus fines et cultures spéciales. La machine, par conséquent, coupe, bat, nettoie, met en sacs ou en trémie, presse des balles bien conditionnées qui sont déposées automatiquement dans le champ, grâce à la presse à 2 noueurs.

L' "HERCULES" a été soumise à des épreuves très sévères qui ont permis d'aboutir à une perfection technique qui ne pourra être surpassée. Ce n'est pas seulement la machine pour la grande exploitation qui cherche avant tout à obtenir de grands rendements, mais elle convient également pour l'entrepreneur de battages en lui permettant de récolter, sans détourage, les plus petites parcelles.

Sa maniabilité dans le champ et sur la route est surprenante et sa transformation de la position de transport à la position de travail, se fait en quelques secondes. Le réglage par variateur continu de la vitesse d'avancement de 0 à 18 km à l'heure, permet à l' "HERCULES" de se mouvoir dans les conditions les plus difficiles. La vitesse du batteur étant réglable pendant la marche, grâce au variateur continu, rend, non seulement possible son adaptation à toutes les conditions d'humidité et à toutes les variétés de céréales, mais permet également d'éviter tout bris de grains par son assimilation au degré de sécheresse.

Ce qui est particulièrement important, c'est que l' "HERCULES" est également une batteuse fixe irréprochable, d'un rendement horaire d'environ 40 Quintaux, ce qui rend possible son utilisation lors de la récolte et pour les battages d'hiver.

CARACTERISTIQUES TECHNIQUES:

Dispositif de coupe: largeur 8 pieds (pour les régions à récolte de faible densité: 10' et 14 pieds) réglable par système hydraulique pour hauteur de chaume de 6 à 60 cm.

Mécanisme de coupe pour céréales versées et système hydraulique de relevage des rabatteurs pick-up.

Commande de marche et commande du batteur indépendantes.

Variateur de vitesse continu pour vitesse d'avancement de 0 à 18 km/heure.

Variateur continu de réglage de la vitesse du batteur, de 650 à 1350 T/m.

Réglage instantané du contre-batteur.

Double nettoyage — triage avec 3 bouches de sortie.

Cylindre de triage et dispositif d'ensachage sur le toit de la machine. 15 Quintaux de grains peuvent être maintenus sur la machine en marche.

Secoueurs à grand rendement, nettoyage par grilles largement dimensionnées.

Presse faisant corps avec la machine, largeur de canal 1 m, 2 noueurs.

4 Roues équipées avec pneumatiques.

Moteur: à essence 56 CV. ou moyennant supplément moteur Diesel à grand rendement de 50—60 CV.

Engrenages et différentiel dans bain d'huile.

Frein (agissant également comme frein indépendant sur chaque roue).

Phares.

Compte-tours, contrôle de la vitesse du batteur.

L' "HERCULES" permet la récolte de toutes espèces de céréales et semences. Son rendement horaire en bonnes récoltes atteint 40 Quintaux. Rendement en surface: 0,75 à 1 ha/heure.

Sur demande, l' "HERCULES" peut être livrée avec:

a) trémie à grains;
b) dispositif pick-up-ramasseur;
c) sans presse à paille;
d) avec grilles supplémentaires pour semences;
e) avec coupe-paille.

Poids de la moissonneuse-batteuse: 3.950 Kgs.

Dimensions:

Longueur totale	7 m,
Largeur de la machine de 2 m, 40 de coupe	2 m, 60
Hauteur	3 m, 80
Largeur au transport	2 m, 60
Voie avant	2 m, 40
„ arrière	1 m, 46

Equipement pneumatiques:

à l'avant	10 × 28 AS T 4
à l'arrière	8,50 × 12 AM T 3
Longueur du batteur à 6 battes	1250 mm
Longueur des secoueurs	2400 mm
Largeur des secoueurs	1200 mm
Surface des grilles	920 × 1070 mm

Clichés ainsi que caractéristiques techniques sont donnés à titre indicatif, sous réserve de modifications.

Une Moissonneuse-Batteuse? Alors Claas!

GEBR. Claas

Agents généraux pour la France:

ÉTABLISSEMENTS M. A. C. I. - S. A.

Capital: 8400 000 Frs.

19 à 25 Bvd. Georges Clemenceau

COURBEVOIE (Seine)

Téléphone: DEF 43-80 (5 lignes groupées)

Claas
Automotrice
Type S.F.
AGENCE
J. BRABANT
17, Rue S'-Jacques — LILLE
— à 200 mètres de la Bourse —
Tél. : 540.23
CLAAS
L'Automotrice a été conçue d'après l'ensemble des expériences acquises grâce aux milliers de moissonneuses-batteuses en service dans le monde entier.
De par sa conception, c'est la machine idéale pour les récoltes européennes : Batteur en travers de 1 m, 25, grande surface de nettoyage (1,25 x 2,40 m,) rabatteur pick-up à commande hydraulique, vitesse du batteur et vitesse d'avancement réglables pendant la marche par variateur de vitesse continu, avec indépendance absolue de l'avancement et de la vitesse du batteur, presse à paille Claas à grand rendement incorporée.

Battage et nettoyage parfaits, même sur des terrains en pente.

Caractéristiques Techniques :

Barre de coupe : largeur 8 pieds (10 et 12 pieds sur demande), régable par relevage hydraulique pour hauteur de coupe de 6 à 60 cm.

Dispositif de coupe pour céréales versées, et relevage hydraulique du rabatteur pick-up.

Indépendance absolue des commandes d'avancement et du batteur.

Variateur de vitesse continu pour vitesse d'avancement de 0 à 17 km/h.

Vitesse du batteur réglable par variateur de vitesse continu de 650 à 1350 T/m

Réglage instantané du contre-batteur.

Double nettoyage avec calibrage en 3 sortes de grains.

Cylindre de triage et dispositif d'ensachage situés sur le toit de la machine — 8 à 10 quintaux de blé peuvent être chargés.

Secoueurs à grand rendement, nettoyage par cribles largement dimensionnées.

Presse incorporée, largeur de canal 1 m 2 noueurs.

4 roues équipées de pneumatiques.

Moteur : à essence AUSTIN de 56 CV ou moyennant supplément moteur diesel PERKINS de 56 CV.
Engrenages et différentiel dans bain d'huile.

Freins (pouvant également être utilisés comme frein indépendant sur chaque roue).

Phares.

Tachymètre contrôlant la vitesse du batteur.

L'automotrice CLAAS permet la récolte de toutes les espèces de céréales et de semences. Son rendement horaire peut être de 40 quintaux.

Sur demande, l'Automotrice CLAAS peut être équipée :

a) avec trémie à grains
b) avec tambour de ramassage pick-up
c) sans presse à paille
d) avec cribles spéciaux pour fines graines
e) avec dispositif de battage à poste fixe

Poids de la machine : 3950 kg

Dimensions :

Longeur totale :	7 m
Largeur (avec coupe de 8')	2 m, 60
Hauteur :	3 m, 80
Largeur en position de transport	2 m, 60
Voie avant :	2 m, 40
Voie arrière :	1 m, 46

Equipement pneumatiques :

à l'avant :	10—28 AS
à l'arrière	8,50—12 AM
ou : à l'avant	11,25—24 AS
à l'arrière	8,50—12 AM
ou : à l'avant	13,00—30 AS
à l'arrière	7,50—20 AM

Largeur du batteur (6 battes)	1m,25
Longueur des secoueurs	2m,40
Largeur des secoueurs	1m,25
Surface des cribles	920 x 1070 mm

Clichés ainsi que caractéristiques techniques sont donnés à titre indicatif, sous réserve de modifications.

AGENTS GÉNÉRAUX :

Ets. M.A.C.I. S.A.
19 A 25, Bd. Georges Clémenceau,
COURBEVOIE (Seine)
Téléphone : Défense 43-80 (5 lignes)

GEBR. CLAAS · MASCHINENFABRIK GMBH · HARSEWINKEL i. W. · TEL. 244 UND 266

Claas
Moissonneuse-batteuse »Automotrice«
S.F.
L'AUTOMOTRICE AVEC LE VARIATEUR HYDRAULIQUE DU BATTEUR

Spécifications techniques

Moteur 4 cylindres diesel, 60 CV ou 6 cylindres à essence, 56 CV.

Boite à trois vitesses avec embrayage monodisque à sec.
1ière vitesse: 2 à 4,5 km./h.; 2ième: 4,3 à 9,5 km./h.; 3ième: 8,5 à 17 km./h.; vitesse arrière: 3,5 à 7,7 km./h. La vitesse, dans les différentes vitesses engagées, est règlable hydrauliquement sans à coups.

Coupe Largeur 2,60 m. (pour conditions d'outremer 3 m. = 10 pieds ou 3,60 m. = 12 pieds), règlable hydrauliquement pour une hauteur de chaume entre 6 et 75 cm. — Limitateur de hauteur-minimum règlable. — Pour la coupe de 2,60 m., 17 doigts releveurs sont montés d'origine.

Rabatteurs Pick-up avec dents à ressort, règlable par commande hydraulique (Brev.).

Batteur diamètre 450 mm.; 1250 mm. de large; 6 battes. Nombre de tours règlable hydrauliquement de façon continue de 650 à 1400. Le compte-tours monté en série permet le contrôle constant.

Contre-batteur à règlage instantané du siège du conducteur.

Secoueurs au nombre de quatre à grande surface (1250x2400 mm.).

Nettoyage 1ier nettoyage: par circulation d'air forcé à travers la grille à lamelles règlables et crible interchangeable en dessous (920x1070). L'équipement standard comprend 4 de ces cribles. 2ième nettoyage: cylindre de triage avec crible cylindrique interchangeable. 4 cribles également livrés en équipement standard.
Triage en trois catégories.
Cribles spéciaux à la demande de l'acheteur.

Plate-forme d'ensachage sur le haut de la machine avec glissière règlable pour le déchargement à terre des sacs ou transbordement sur chariot. Environ 8 qtx. peuvent être transportés sur la machine. La trémie à grain peut être livrée sur demande.

Presse à paille organiquement incorporée, à deux noueurs et piston, canal 1 m. — Dimension des bottes règlable à volonté.

Pneus avant 13x26 AS; arrière 8,50x12 AM.

Largeur de voie avant 2200 mm. (avec coupe de 10 et 12 pieds: 2500 mm.), arrière 1150. Empattement: 3200 mm.

Freins frein à main méchanique; frein à pied méchanique, permettant le freinage sur une roue.

Eclairage phares (feux de gabarit, feux-stop, cataphotes contre supplément).

Débrayages de Sécurité par disques à friction évitant surcharge et rupture des rabatteurs, cylindre convoyeur, mouvement de fauche, élévateur-engreneur, vis sans fin à grain, vis sans fin du retour; maints autres dispositifs de sécurité comme clavettes et boulons de rupture, signaux avertisseurs électriques, etc.

Poids de la machine complète, y compris la presse à paille: 4700 kg.

Dimensions En position de travail
longueur a: 9,05 m.
largeur b: 3,30 m.
hauteur c: 3,80 m.
En position de transport
longueur d: 7,32 m.
largeur e: 3,00 m.
hauteur f: 3,21 m.
(Élévateur rabattu, échappement et filtre à air démontés.)

Rendement En moissonnant, selon récolte et conditions jusqu'à 40 qtx. de grain marchand à l'heure.
En battage à poste fixe, jusqu'à 20 qtx. à l'heure.

Les indications techniques, dimensions et poids n'engagent pas le fabricant, qui se rèserve le droit de changer ses constructions.

GEBR. CLAAS · MASCHINENFABRIK GMBH · HARSEWINKEL i. W. · TEL. Sa.-Nr. 341
Fernschreiber 0933877

AHD. AB. DI. franz.

Claas
La Moissonneuse-Batteuse COLUMBUS
CLAAS
La Claas «COLUMBUS» une machine parfaite, un prix modique
L'équipement de la «COLUMBUS», la plus petite des automotrices CLAAS, est vraiment exemplaire. Son équipement standard comporte tous les accessoires nécessaires, et ne laisse rien à désirer: commandes hydrauliques, releveurs d'épis, suspension à ressort de la table de coupe, collecteur de pierres, dispositif d'ébarbage, pneumatiques de 7 pouces, etc...
Sa conduite confortable et son équipement font de la CLAAS «COLUMBUS» l'égale de toutes les grandes automotrices.
La qualité est la devise de CLAAS
CLAAS
«COLUMBUS» D moteur Diesel PERKINS de 34 CV. «COLUMBUS» Moteur VW de 30 CV.

Données techniques de la COLUMBUS:

Mécanisme de Coupe: Largeur de travail 1,90 m (ou 2,20 m). Hauteur de coupe réglable hydrauliquement de 6 à 60 cm. Mécanisme de coupe équilibré par ressorts pour adaptation automatique aux inégalités du sol, lame, rabatteurs et organes d'alimentation réglables indépendamment du mécanisme de battage par simple manoeuvre, 12 releveurs d'épis sont livrés avec la machine pour les céréales versées.

Rabatteur: Rabatteur pick-up, à dents rétractiles, réglable en hauteur hydrauliquement.

Batteur: A six battes de 450 mm diamètre, 800 mm de large, nombre de tours réglable de 620 à 1380 t/m. par pignons interchangeables.

Contre-batteur: A 8 contrebattes (11 l'ébarbeur étant enclenché), dispositif épierreur, réglage instantané.

Secoueur: 3 secoueurs actionnés par 2 vilebrequins.

Nettoyage: 1º) Premier nettoyage à vent sous pression avec tamis à lamelles réglables et crible inférieur interchangeable (4 cribles livrés avec la machine)
2º) Deuxième nettoyage, cylindre trieur à crible interchangeable. 4 Cribles sont également livrés avec la machine. Triage en trois qualités.

Poste d'ensachage: Du côté gauche de la machine, avec, au choix, transbordement ou dépose des sacs pleins sur le sol.

Débrayage de sécurité: Par disques à friction évitant les surcharges placés sur les rabatteurs vis d'alimentation, l'entrainement de la lame entre autres. Nombreux autres dispositifs de sécurité.

Moteur: Moteur industriel VW 30 CV à refroidissement par air ou bien Moteur Diesel-Perkins à 4 cylindres, 34 CV à refroidissement par eau.

Changement de vitesses: Boite de vitesses à 3 vitesses (3 vitesses en marche avant, 1 vitesse marche arrière) avec embrayage sec monodisque, l'allure entre les différentes vitesses est réglable hydrauliquement de façon continue.

Pneumatiques: A l'avant: 9–24 AS, à l'arrière: 7,00–12 AM.

Voie: A l'avant: 1600 mm, à l'arrière: 1000 mm.

Empattement: 2900 mm.

Freins: Freins à pied à disques (indépendants, jumelables pour déplacement sur route), frein à main mécanique indépendant.

Poids de la moissonneuse-batteuse: Environ 2100 Kg.

Poids de la presse à paille: Environ 310 kgs.

Dimensions: En position de travail: Longueur E 8,70 m., Largeur C 2,800 m., Hauteur A 2,680 m. En position de transport: Longueur D 7,050 m., Largeur B 2,350 m., Hauteur A 2,680 m.

Presse à paille: Presse incorporée à piston oscillant, double liage, grandeur des balles réglable de façon continue, freins à balle pour le réglage de la densité des balles et protection contre les surcharges. (Brevet CLAAS).

Les indications techniques, dimensions et poids, n'engagent pas le fabricant qui se réserve le droit de les modifier.

Equipements spéciaux fournis sur demande:

Tambour pick-up à dents flexibles, trémie, ensacheur, hache-paille (pour « COLUMBUS D ») dispositifs de battage spéciaux, etc.

Pour l'exécution de travaux effectués dans des conditions particulièrement difficiles, avec emploi du hache-paille, il est recommandé de choisir la « COLUMBUS D ». Elle est équipée du moteur Diesel PERKINS de 34 CV, à 4 cylindres qui possède suffisamment de réserve de puissance, même dans des conditions extrêmes.

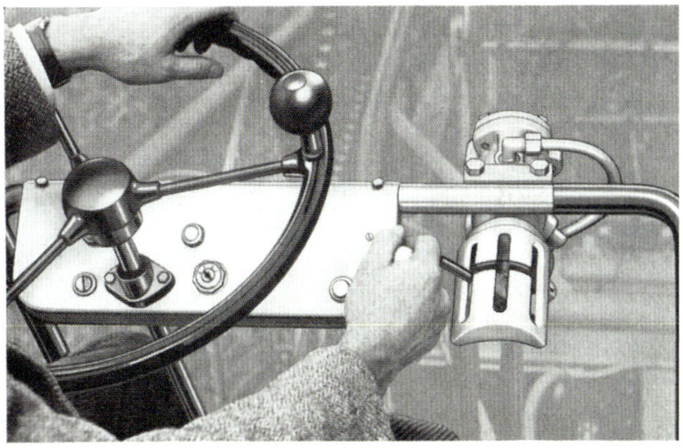

Le levier de commandes hydrauliques se trouve à portée de la main, près du volant de direction. Il sert à régler: hauteur de coupe, hauteur du rabatteur, vitesse d'avancement qui peuvent donc être adaptées aisément à toutes les conditions de moisson.

Les secoueurs et les organes de nettoyage de la « COLUMBUS » ont été largement calculés par rapport à sa grande capacité de rendement. Même lorsque la machine absorbe de grandes quantités de grains et de paille la séparation se fait parfaitement. Le grain nettoyé, et trié en 3 qualités, est un grain marchand.

GEBR. CLAAS MASCHINENFABRIK GMBH · HARSEWINKEL/WESTFALEN

BBA I LB (Schn) 150 franz

de construction simple, d'une grande accessibilité, la conception CLAAS de réputation mondiale.

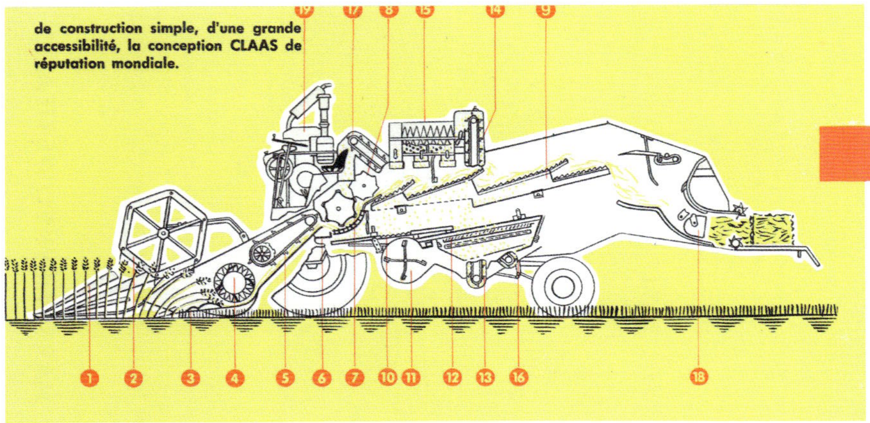

CLAAS-EUROPA

1. diviseur
2. rabatteurs à griffes
3. lame de coupe
4. vis d'alimentation
5. convoyeur
6. cuve à prise de pierres et dispositif d'ébarbage
7. batteur et contre-batteur
8. tire-paille
9. secoueurs
10. récepteur de grain
11. ventilateur de nettoyage
12. nettoyage à grilles
13. vis à grains
14. élévateur
15. cylindre-trieur
16. vis sans fin de retour
17. élévateur de retour
18. presse à paille
19. moteur

L' équipement standard de la machine est le suivant:
Moteur Diesel de 45 CV – boîte à 3 vitesses avec variateur de vitesse hydraulique à courroie trapézoïdale – dispositif de commande hydraulique pour commande des rabatteurs, tablier de coupe et avancement – grands pneumatiques (avant 10-28 AS – arrière 7.00-12 AM) – 2 freins indépendants – 2 diviseurs à 3 éléments – 14 releveurs d'épis – 2 lames – tablier de coupe flottant – rabatteurs à griffes – contre-batteur à réglage instantané et gouttière à pierres – dispositif d'ébarbage – 4 pignons de rechange pour modification de la vitesse du batteur – grille à volets réglables – 5 grilles inférieures – 4 cribles-trieurs – plate-forme d'ensachage spacieuse – capot de sortie de paille pour machine sans presse – éclairage conforme au code de la route – extincteur – diverses pièces de rechange et outillage.

SPÉCIFICATIONS:

Moteur: diesel, 4 cylindres, 45 CV

Boîte à 3 vitesses: (3 vitesses avant - 1 vitesse arrière) avec embrayage monodisque à sec. Un variateur hydraulique permet d'assurer une variation continue de la vitesse en chacune des 3 dispositions de la boîte. (1,3 – 16 km/h.)

Tablier de coupe: largeur de coupe 2m,10, réglable par commande hydraulique pour hauteur variant de 6 à 60 cm, tablier flottant, à ressort compensateur pour compenser les irrégularité du terrain - lame, rabatteur et organes pourvoyeurs débrayables indépendamment du mécanisme batteur (arrêt immédiat) – 14 releveurs d'épis livrés en série.

Rabatteurs: à griffes actionnés par commande hydraulique.

Batteur: diamètre 450 mm - largeur 800 mm 6 battes - la vitesse du batteur est modifiable de 620 à 1380 T/m par changement de pignon.

Contre-batteur: à réglage instantané et dispositif épierreur.

Ebarbage: Nouveau dispositif d'ébarbage de fonctionnement parfait même en cas d'humidité. (Demande de brevet déposée.)

Secoueurs: Secoueurs à claies 3 parties, plus longs, fonctionnant sur 2 vilebrequins.

Nettoyage: 1er nettoyage: par circulation d'air forcé à travers une grille à volets réglables et grilles inférieures interchangeables (au nombre de 5 pour l'équipement standard).
2ème nettoyage: cylindre-trieur avec cribles interchangeables (au nombre de 4) triage en 3 qualités.

Plate-forme d'ensachage: sur le côté gauche de la machine permettant le déchargement des sacs sur le sol, ou sur chariot. (brevetée)

Pneumatiques: à l'avant: 10-28 AS
à l'arrière: 7,00 – 12 AM
voie avant: 1800 mm
voie arrière: 1000 mm
écartement: 2900 mm

Freins: frein à pied mécanique, permettant le blocage de chaque roue et frein à main indépendant.

Dispositifs de sécurité: embrayages de sécurité à double disque et ressort pour éviter les surcharges aux rabbateurs, à la vis d'alimentation, à la commande de lame, etc. . . ., ainsi que de nombreux autres dispositifs de sécurité.

Poids de la machine: environ 2790 Kg. (sans presse)

Poids de la presse: environ 310 Kg.

Dimensions: Avec presse à paille en position travail: Longeur 9120 mm, largeur 3150 mm, hauteur 2850 mm en position de route: longueur 7700 mm, largeur 2750 mm, hauteur 2850 mm.

Presse à paille: organiquement incorporée, à piston oscillant, à 2 noueurs, largeur de canal 700 mm, grosseur des bottes réglable, frein à bottes pour réglage de la pression, servant en même temps de sécurité contre la surcharge (brevet CLAAS).

Accessoires supplémentaires: Tambour pick-up à dents flexibles, trémie à grains (et aussi à dispositif d'ensachage), hache-paille, dispositifs pour battages spéciaux etc., sont livrables sur demande.

Les indications techniques, dimensions et poids, n'engagent pas le fabricant qui se réserve le droit de les modifier.

claas

La grande Marque européenne

Les Usines CLAAS 125.000 m² couverts.

GEBR. CLAAS · MASCHINENFABRIK GMBH · HARSEWINKEL i. W.

Voilà....
CLAAS
Claas
L'AUTOMOTRICE CLAAS- «HUCKEPACK»
CLAAS
Claas

CLAAS-«HUCKEPACK»

Une nouvelle automotrice CLAAS, breveté, pour les moyennes et petites exploitations. «Huckepack» est le résultat d'une expérience de longues années dans la construction éprouvée CLAAS, équipée d'un dispositif pour la récolte des céréales versées, avec un tablier de coupe réglable par commande hydraulique, avec des organes de moissonnage-battage larges et d'un grand rendement, avec des secoueurs à triple caisson, avec un nettoyage remarcable, avec son calibrage en 3 sortes de grains et avec sa presse à paille CLAAS à piston oscillant.

Le chariot indépendant est entrainé par un moteur Diesel refroidi par l'air, le dispositif de moissonnage-battage par un moteur VW-industriel.

Savez-vous la différence entre la CLAAS «Huckepack» et toutes les autres automotrices!

Vous pouvez détaché — en une heure de temps — le dispositif de moissonnage-battage du chariot. Hors du temps de la moisson, vous pouvez utiliser le chariot comme . . .

DATES TECHNIQUES:

Moissonneuse-Batteuse:

Moteur	VW industriel
Tablier de coupe	Largeur de coupe = 6 pieds = 1,80 m. Rabatteurs pick-up réglables par commande hydraulique, 12 releveurs d'épis.
Batteur	450 mm ⌀, 800 mm de largeur, 6 battes à vitesse réglables de 890 à 1380 t/min.
Secoueurs	à triple caisson.
Nettoyage	1) combiné cribles, tamis à lamelles et vent comprimé; 2) cylindre de nettoyage avec tamis de trieur et calibrage en 3 sortes de grains.
Presse à paille	à piston oscillant, avec un noueur, avec freins de bottes (brevet dép.) pour supprimer un surchargement de presse. Dimensions de bottes réglables à volonté.
Dimensions	en position de travail: longueur 6,50 m, largeur 2,60 m, hauteur 2,70 m en position de transport: longueur 6,50 m, largeur 2,20 m, hauteur 2,70 m
Rendement	selon récolte et conditions jusqu'à 2000 Kgs. de grain marchand à l'heure.

Porte-Outils:

Moteur	Diesel à 4 temps, refroidi par l'air.
Boîte	à 5 vitesses et 1 vitesse arrière, changeable par un dispositif de renversement pour les deux directions. Marche en avant comme moissonneuse-batteuse 1,4 à 15,2 km/h. Marche en arrière 3,1 km/h. Marche en avant comme porte-outils 1,7 à 18,1 km/h. Marche en arrière 3,7 km/h (vitesses prévues pour rendement final du moteur). Prise de force normale et indépendante — blocage du différentiel — freins, permettant le freinage sur une roue.
Pneus	essieu directeur 5,50—16 arbre de commande 9,00—24 AS.
Largeur de voie	essieu directeur et arbre de commande changeable de 1250 à 1875 mm.

Brevets dép. en Allemagne et en étranger.

Les indications techniques, dimensions et poids n'engagent pas le fabricant, qui se réserve le droit de changer ses constructions.

. . . TRACTEUR ET PORTE-OUTILS

Par cette utilisation supplémentaire du chariot la CLAAS «Huckepack» vous donnera la possibilité d'économiser vos capitaux, placés dans vos machines; une possibilité inconnue jusqu'à présent.

Le chariot à deux barres réunit tous les caractères d'un tracteur ou d'un porte-outils moderne. Vous pouvez adapter les outils les plus fréquents montés entre les axes du cadre et les utiliser par commande hydraulique. En outre, une suspension hydraulique par trois points se trouve derrière l'arbre de commande. Elle vous permet l'application de tous les outils à trois points standarisés pour tracteurs de la même catégorie. Devant la boîte, bien échelonnée en 5 vitesses, se trouve un dispositif de renversement ce qui permet l'utilisation de toutes les vitesses en deux directions.

GEBR. CLAAS · MASCHINENFABRIK GMBH · HARSEWINKEL i. W. · TEL. 341 (Sa.-Nr.)

Claas
SFB

Caractéristiques techniques de la SFB

Mécanisme de coupe: Largeur de coupe 10 et 12 pieds (3,00 et 3,60 m) — (2,60 sur demande)
Adaptation automatique aux inégalités du sol, réglage hydraulique de la hauteur de coupe de 6 à 75 cm pour 2,60 de largeur de coupe, 17 releveurs d'épis en équipement standard.

Diviseurs: En trois parties, réglables, adaptation mobile (aux inégalités du sol) diviseurs longs ou courts au choix, 2 diviseurs en équipement standard.

Rabatteur: Rabatteur Pick-Up, dents à ressorts, réglable hydrauliquement.

Batteur: Diamètre 450 mm, largeur de 1250 mm, 6 battes, régime réglable hydrauliquement d'une manière continue de 650 à 1400 tours minute, contrôle par tachymètre.

Ebarbage: D'un nouveau modèle, dispositif d'ébarbage fonctionnant de façon certaine même en cas d'humidité, qui lors de son enclenchement prolonge le contre-batteur de trois contre-battes (Brevet déposé).

Contre-Batteur: 10 contre-battes (13 lorsque l'ébarbeur est enclenché).
Dispositif épiéreur; réglage instantané.

Secoueurs: 4 secoueurs actionnés par 2 vilebrequins. Surface de séparation 3 m².

Nettoyage: Caisson de nettoyage à haut rendement à deux étages de nettoyage à vent forcé, premier étage de crible: Crible Graepel de 0,5 m² – deuxième étage de crible: grille à lamelles, de 1,15 m², crible inférieur de 1,00 m² (4 grilles sont livrées avec la machine).

Poste d'ensachage: Sur le toit de la machine avec une descente réglable pour le déchargement des sacs sur une voiture ou sur le champ. 10 sacs environ peuvent être transportés sur la machine.

Trémie à grains: Avec vis sans fin de répartition pour le remplissage total. Trappe de visée pour le contrôle du remplissage.

Dispositif de sécurité: Accouplements de sécurité à double disques à friction contre les surcharges, sur le rabatteur, la vis d'alimentation, l'entrainement de la lame, le convoyeur, la vis sans fin à grains et le retour des ôtons, ainsi que de nombreux autres dispositifs de sécurité, tels que goupilles de cisaillement et vis de cisaillement.

Moteur: Moteur Diesel 4 cylindres.

Changement de vitesses: Changement de vitesses «3» vitesses avec embrayage sec mono-disque, gamme des vitesses 1,4—15 km/heure. Marche arrière de 2,5—7 km/heure, la vitesse est réglable de façon continue par variateur hydraulique.

Freins: Frein à main mécanique, frein à pied mécanique indépendant, jumelable sur route.

Pneumatiques: Roues motrices, 13-26 AS, roues directrices 8,50-12 AM, Voie: A l'avant 2200 mm, 2500 mm; à l'arrière 1280 mm; Empatement: 3200 mm.

Eclairage: Projecteurs catadioptre. Feux de position, feux arrière et clignotants, rétro-viseur, conformes au code de la route.

Poids: Environ 4200 kgs.

Dimensions:* En position de travail:
Longueur E 8,26 m
(avec grands diviseurs)
Largeur C env. 3,50 m
(suivant la position du diviseur extérieur de tiges)
Hauteur A 3,80 m

En position de transport:
Longueur D 6,94 m
Largeur** B 3,04 m
Hauteur A 3,29 m
(Elévateur replié, échappement et filtre à air démontés)

* SFB sans presse.
** Pour largeur de coupe de 3,00 m.

Presse à paille: Presse à piston oscillant, deux noueurs, presse incorporée, avec une largeur de canal de 1 mètre, taille des balles réglable de façon continue, frein à balles pour le réglage de la densité de pressage, et de protection contre les surcharges (Brevet CLAAS).

Autres dispositifs complémentaires: Pick-Up à dents rétractiles, hâche-paille, dispositif de mise en sacs pour machine équipée d'une trémie, dispositifs de battage spéciaux sont livrables sur demande.

Les indications techniques, dimensions et poids sont fournies sans engagement. Modifications de construction réservées.

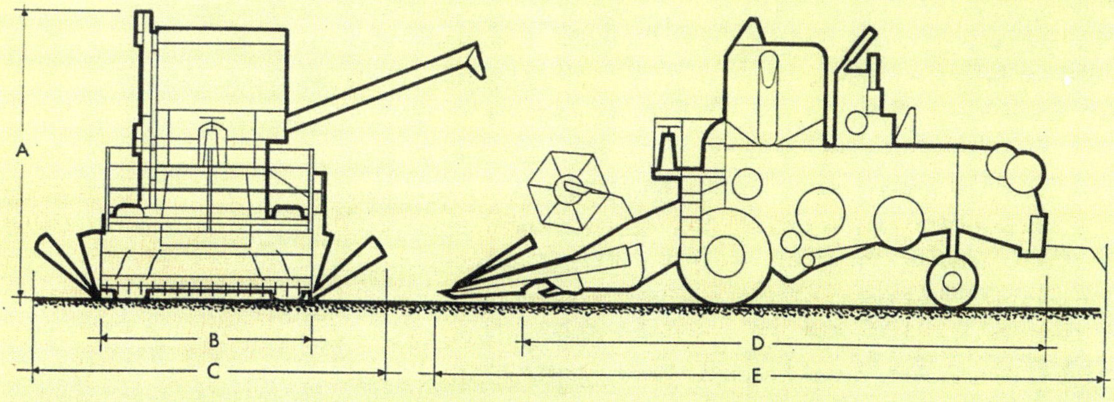

GEBR. CLAAS · MASCHINENFABRIK GMBH · HARSEWINKEL/WESTFALEN
Distributeur pour la France:
COMPAGNIE EUROPÉENNE DE MACHINISME AGRICOLE
C. E. D. M. A. 3, avenue Galliéni, **GENTILLY** (Seine)
Société anonyme · Cap. 6000000 NF · R. C. Seine 55 B 13178 · Téléphone: ALESIA 91-50 (lignes groupées)

BAL. B. LB. franz. (Ho.) 110

MATADOR
La dernière production des usines CLAAS
LA PLUS GROSSE MOISSONNEUSE-BATTEUSE ACTUELLEMENT SUR LE MARCHÉ
CLAAS
claas
C. E. D. M. A.
3, AVENUE GALLIENI - GENTILLY (SEINE) R. C. Seine 55 B 13.178

CARACTERISTIQUES

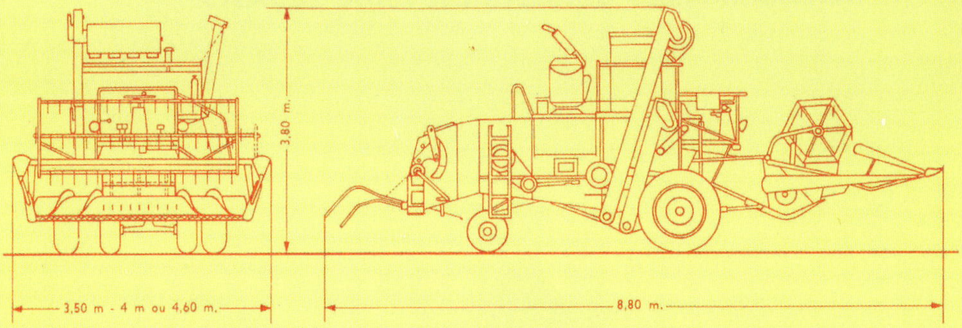

MOTEUR Six cylindres Diesel, 108 ch.

BOITE Trois vitesses AV : 1re : 1,4 - 3,9 km/h.
2e : 3,7 - 8,9 km/h.
3e : 8,5 - 17 km/h.
Une vitesse AR : 3,5 - 7,7 km/h.

La vitesse, dans les différentes vitesses engagées, est réglable hydrauliquement sans à-coups.

PNEUS Essieu moteur : 15-30 — Essieu directeur : 10-18.

COUPE Largeurs : 3 m, 3,60 m, 4,20 m.
Réglable hydrauliquement pour une hauteur de chaume entre 6 et 75 cm.

RABATTEURS Pick-up avec dents à ressorts.
Réglables par commande hydraulique.

BATTEUR Diamètre : 450 mm - Largeur : 1.250 mm - Compte-tours - Vitesse réglable hydrauliquement - Nouveau système d'ébarbage breveté.

SECOUEURS Au nombre de quatre, à très grande surface : 4 m².
Longueur : 3,15 m.
Largeur : 1,25 m.
Deux arbres montés sur roulements à billes protégés.

NETTOYAGE Une grille Graepel.
Une grille réglable.
Quatre grilles interchangeables.
Deuxième nettoyage avec cylindre à quatre grilles interchangeables.

PLATE-FORME d'ensachage à quatre sorties de grains, ou Trémie à grains de grande capacité : 16 qx.

DIMENSIONS Largeur totale : 3,50 m - 4 m ou 4,60 m.
Longueur totale : 8,80 m.
Hauteur totale : 3,80 m.
Poids : 5.000 kg environ.

RENDEMENT En moissonnant, suivant récolte et conditions, jusqu'à 100 qx de grain marchand à l'heure.

Quelques références de la MATADOR

BRUNFAUT Auguste Bieuxy (Aisne)	Je l'ai poussée à 85 qx/heure, elle n'était pas à bout et de très loin, mais désirant un travail impeccable, j'ai freiné volontairement le débit; d'ailleurs 60 qx/heure pendant 14 heures cela fait 840 quintaux qu'il faut évacuer et peu de fermes sont équipées pour livrer une telle quantité de grain par machine. En passant, je tire mon chapeau au service après-vente qui m'a toujours tiré d'affaire dans l'heure...
DEGRAEVE Gilbert Borest (Oise)	Je suis toujours persuadé que c'est une machine exceptionnelle et la meilleure du marché.
BLANQUART Gaston Lambres-les-Aires (P.-d.-C.)	J'ai eu beaucoup de félicitations pour la propreté du grain. J'ai aussi gagné du poids spécifique sur tous les concurrents de moissonnage-battage...
CHATTE Bernard Crisenoy (S.-et-M.)	Une Super machine à grand rendement — pour ma part, j'ai sorti 56 quintaux toutes les 35 minutes pendant 3 heures contrôlées le dimanche 23 juillet, et ce jour-là j'ai battu 19 hectares.
GOUACHE Frères Allaines (Eure-et-Loir)	88 quintaux dans l'heure et après quelques petites modifications apportées, la machine serait capable de fournir le débit que j'envisage pour la saison prochaine : 1.000 quintaux dans une journée de 12 heures.
VIET Pierre Branges (Aisne)	J'ai mis 28 minutes pour faire un hectare. 2 ha 15 dans l'heure. 10.800 kg de grain-heure.

MATADOR-STANDARD

Moissonneuse - Batteuse brevetée „CLAAS"

MATADOR - STANDARD - Automotrice de grande classe

Un équipement technique et de grandes possibilités de rendement caractérisent la MATADOR STANDARD en tant que moissonneuse batteuse de grande classe. Les organes de battage, les secoueurs et le nettoyage correspondent, en construction et dimensions, entièrement à ceux du modèle de pointe, la CLAAS-MATADOR. Comme celle ci la MATADOR-STANDARD a été créée principalement pour les grandes exploitations et les Entrepreneurs ou Coopératives qui sont habitués à exiger beaucoup de leurs machines. Capable de rendement au-dessus de la moyenne et particulièrement bon marché, l'essentiel a été dit sur cette nouvelle moissonneuse-batteuse «CLAAS».

CLAAS - Qualité par principe

CARACTÉRISTIQUES TECHNIQUES

Mécanisme de coupe: $8^1/_2$-10 et 12 pieds. Largeur de coupe: 2,55 m - 3 m et 3,60 m. Adaptation automatique aux accidents du terrain. Réglage par commande hydraulique de la hauteur de coupe de 6 à 70 cm. 17 releveurs d'épis pour la coupe de 2,60 m.

Diviseurs: En 3 éléments réglables articulés s'adaptant aux inégalités du terrain. Au choix, en exécution longue ou courte. 2 en équipemennt standard.

Rabatteur: Rabatteur pick-up à dents flexibles dirigées, réglage hydraulique de la hauteur. Orientation variable des dents.

Batteur: Diamètre 450 mm, largeur 1.250 mm, 6 battes. Vitesse de rotation à réglage continu. Compte-tours.

Ébarbeur: Nouvelle conception efficace même lorsque les produits sont humides et qui en position de travail prolonge le contre-batteur de 3 battes (brevet déposé).

Contre-batteur: 10 contre-battes (13 avec l'ébarbeur) dispositif de retenue des pierres. Réglage instantané.

Secoueurs: A 4 éléments montés sur 2 vilebrequins. Surface de secouage 4 m^2.

Nettoyage: Caisson de nettoyage à grand rendement et à ventilation pulsée sur 2 étages. Tamis à nez pour pré-sélection, grille à lamelles et crible inférieur (4 en équipement standard). Tamis à nez derrière la tôle à balles. Surface totale de criblage 3,15 m^2.

Trémie à grains: Avec vis de répartition pour le remplissage complet. Regards pour le contrôle de remplissage. Capacité 1.700 litres environ.

Couplages de sécurité: Embrayage de sécurité à 2 disques maintenus en contact par ressorts, protégeant de la surcharge, le rabatteur, la vis d'amenée, la vis du retour d'ôtons, ainsi que de nombreux autres organes.

Moteur: Diesel 4 cylindres 62 CV ou moteur à essence 6 cylindres.

Transmission de propulsion: Boîte à 3 vitesses et embrayage monodisque à sec. Vitesses: AV 1,4 à 15 km/h - AR 2,4 à 7 km/h. Toute la gamme des vitesses est couverte sans palier par un variateur hydraulique.

Freins: Frein à main mécanique, frein à pied mécanique pouvant aussi agir indépendamment sur chaque roue motrice.

Pneumatiques: AV 13-26 AS – AR 8,50-12 AM.

Voie: AV 2,20 m – AR 1,28 m.

Empattement: 3,20 m.

Poids: 4.650 kg environ.

Dimensions: (avec trémie, sans presse et en largeur de coupe de 2,55 m). En position de travail: Longueur 9,23 m (avec les diviseurs longs). Largeur environ 4,10 m (suivant la position des diviseurs). Hauteur 3,63 m. Pour le transport: Longueur 8,13 m. Largeur 2,98 m. Hauteur 3,32 m (sans le pot d'échappement).

Presse à paille: Faisant corps avec la machine. Piston oscillant, 2 liens, largeur du canal 100 cm. Longueur des balles à réglage continu. Frein de balles pour le réglage de la densité et la protection contre les surcharges (Brevet CLAAS).

Plate-forme d'ensachage: Cylindre-trieur pour 3 catégories (2 bouches d'ensachage pour la première qualité). Grande surface de la plateforme. Rampe à sacs réglable en hauteur.

Autres dispositifs complémentaires: Ramasseur pick-up; Hache-paille; Dispositif d'ensachage pour trémie. Dispositifs particuliers de battage, peuvent être fournis sur demande.

Le conducteur est assis au centre du poste de conduite très spacieux; placé au-dessus du mécanisme de coupe, il est peu incommodé par la poussière. Tous les principaux organes de commande sont placés à portée de la main, au mieux de leurs fonctions. Le siège en caoutchouc est confortable et suspendu à un parallélogramme articulé réglable qui absorbe les chocs, même les plus violents.

Les conditions d'exploitation de cette machine sont différentes selon que les utilisateurs sont agriculteurs ou entrepreneurs. Les équipements fournis avec cette machine sont donc différents pour des besoins qui le sont également. Sur demande, la CLAAS MATADOR STANDARD est livrée, par exemple, avec ensachage et presse à paille (voir photo), ou avec trémie à grains, tambour pick-up, hacheur de paille et autre équipement spécial.

La machine est actionnée par un moteur DIESEL 4 cylindres d'une puissance de 62 CV. Un moteur à essence est aussi livrable, au choix. Comme pour les autres grandes automotrices CLAAS, le moteur de la MATADOR STANDARD a été placé sur le toit de la machine, il est, de ce fait, facile à surveiller et entièrement accessible pour l'entretien et au-dessus des plus forts dégagements de poussières.

Les indications techniques, dimensions et poids sont donnés sans engagement de notre part. Nous nous réservons tous droits de modification.

Distributeur pour la France:

COMPAGNIE EUROPÉENNE DE MACHINISME AGRICOLE

C. E. D. M. A. 3, Avenue Galliéni, GENTILLY (Seine)
Société anonyme Cap. 6 000 000 NF – R. C. Seine 55 B 13178
Téléphone: ALESIA 91-50 (lignes groupées)

GEBR. CLAAS MASCHINENFABRIK GMBH · HARSEWINKEL/WESTFALEN

BBH. AA. LB. (Schn. franz.) 270

LA MOISSONNEUSE-BATTEUSE BREVETÉE
MATADOR GIGANT

MATADOR GIGANT — La plus puissante des CLAAS

Elle est le résultat de plusieurs dizaines d'années d'expérience dans la construction des moissonneuses-batteuses, expérience obtenue par la plus ancienne et la plus importante usine de moissonneuses-batteuses d'EUROPE.

Etudiée dans les moindres détails pour obtenir l'efficacité maximum de tous ses organes, elle possède toutes les qualités pour assurer les plus fortes récoltes. Avec des largeurs de coupe de 3 à 6 mètres, 4,50 m² de surface de secoueurs, son nouveau double nettoyage à ventilation, ses pneumatiques de dimensions supérieures à l'ordinaire, son moteur Diesel 6 cylindres et son poids total de 5 tonnes, la MATADOR GIGANT représente le sommet de la technique agricole internationale. Elle est faite pour satisfaire les plus grandes exigences des entreprises de battage qualifiées et des grandes exploitations agricoles.

POUR CLAAS — LA QUALITÉ EST UN PRINCIPE

CARACTÉRISTIQUES TECHNIQUES

Mécanisme de Coupe: Largeur de coupe: de 3 m jusqu'à 6 m. Adaptation automatique aux inégalités du sol. Réglage hydraulique de la hauteur de coupe: de 6 à 90 cm. Releveurs d'épis livrés en équipement standard.

Diviseurs: En trois parties, réglables, adaptation mobile (adaptation aux inégalités du sol), courts (ou longs sur demande). Deux diviseurs livrés de série.

Rabatteur: Rabatteur Pick-Up commandé, à dents escamotables, réglable hydrauliquement, réglage du nombre de tours du rabatteur de façon continue.

Batteur: Diamètre de 450 mm, largeur de 1250 mm — 6 battes, vitesse du batteur réglable hydrauliquement de façon continue de 650 à 1400 tours minute, vitesse visible sur compte-tour.

Ebarbage: Dispositif d'ébarbage d'un nouveau modèle, travail parfait, même en cas d'humidité, prolongeant, lors de son enclenchement, le contre-batteur de 3 contre-battes. (Brevet déposé.)

Contre-batteur: 10 contre-battes (13 lors de la mise en service de l'ébarbeur.). Dispositif épierreur, réglage instantané.

Secoueur: Secoueur à claies — quatre parties reposant sur 2 villebrequins. Surface de secouage: 4,50 m².

Nettoyage: Hotte de nettoyage à grand rendement, à deux étages, à air pulsé, 3,15 m² de surface totale de cribles.

Trémie à grains: D'une contenance de 2155 lit. Vis sans fin répartitrice pour le remplissage complet. 2 voyants de contrôle de remplissage.

Accouplements de sécurité: Des limiteurs de couples, à deux disques, à tension de ressort, pour éviter les surcharges, se trouvent sur le rabatteur, le cylindre d'entrée, l'entraînement de la lame de coupe. Le convoyeur incliné, la vis transporteuse de grains, la vis du retour des ôtons. Il existe aussi d'autres dispositifs de sécurité, tels que goujons et vis de cisaillement entre-autres.

Moteur: Diesel, 6 cylindres, refroidi à l'eau, de 5,800 l de cylindrée.

Boîte de Vitesses: à 3 vitesses avec embrayage à sec monodisque. Echelle des vitesses de 1,6 à 17 Km/h.
Marche arrière: 3—6 Km/h.
La vitesse est réglable sur toute la gamme par un variateur de vitesse à réglage continu. Indicateur de vitesse d'avancement.

Freins: Frein à main et frein à pied mécanique (agissant aussi sur roues séparées).

Pneumatiques Avant: 15—30 AS, arrière: 10—18 AM, Voie: avant, 2500 mm; arrière 1280; empattement 3200 mm, direction assistée hydraulique.

Eclairage: De série, équipé de projecteurs, feux de position, clignotants, rétroviseurs, feux arrière et cataphote.

Dimensions:

	T	S
en position de travail		
longueur (avec les diviseurs longs)	9,83 m	10,71 m
largeur (suivant la position des diviseurs)	4,20 m	4,20 m
hauteur	3,53 m	3,95 m
en position de transport		
longueur	8,56 m	8,48 m
largeur	3,35 m	3,35 m
hauteur	3,53 m	3,95 m
Poids:	ca. 5.100 kg	ca. 5.500 kg

T = MATADOR GIGANT avec trémie, sans presse à paille et en largeur de 3,00 m
S = MATADOR GIGANT avec plate-forme d'ensachage, presse à paille et en largeur de coupe de 3,00 m

Equipement spécial:
Presse à paille (la surface de secouage est alors de 4 m².) Chapeau de trémie. Poste d'ensachage. Dispositif d'ensachage à la trémie, avec plate-forme latérale. Hache-paille. Tambour pick-up à dents flexibles — différentes largeurs. Equipements spéciaux pour le battage du maïs et du riz. Etc.

Les données techniques, dimensions et poids sont sans engagement — Modifications de constructions réservées.

L'aspect extérieur de la MATADOR GIGANT lui confère déjà le cachet d'une machine exceptionelle: la largeur remarquable de la coupe, la trémie d'une capacité de 21,55 hl., les pneumatiques de grandes dimensions, le puissant moteur de 6 cylindres DIESEL, le poids total de 5 tonnes, la très grande surface de nettoyage.

Le conducteur est assis au milieu de la machine, au-dessus du tablier de coupe. De sa place, il contrôle toutes les fonctions de la machine. Tous les leviers de commande pour les organes de coupe et de battage, pour le moteur et la propulsion, sont à portée de main et bien visibles. Le conducteur maîtrise aisément la MATADOR GIGANT.

Les grandes entreprises agricoles surtout sont attentives à l'augmentation maximum de la productivité sous toutes ses formes. Le transbordement du grain, tout en moissonnant, économise beaucoup de temps. Les très grands rendements au moissonnage-battage de la MATADOR GIGANT ne sont pleinement exploités que si le travail est rationnellement organisé.

Distributeur pour la France:

COMPAGNIE EUROPÉENNE DE MACHINISME AGRICOLE C.E.D.M.A.

Avenue Galliéni, Gentilly (Seine)
Société anonyme. Cap. 6 000 000 NF. - R.C. Seine 55 B 13 178
Téléphone: Alesia 91—50 (lignes groupées)

GEBR. CLAAS - MASCHINENFABRIK GMBH - 4834 HARSEWINKEL/WESTFALEN

CLAAS MERCUR

Une authentique moissonneuse-batteuse CLAAS

Une véritable CLAAS, telle est l'automotrice MERCUR, moderne dans sa forme et équipée de nombreuses particularités techniques. D'après son rendement, c'est une des plus grandes et elle est cependant d'un prix avantageux. Tous les organes de la machine sont soigneusement adaptés l'un à l'autre. Ils donnent la garantie d'une qualité de travail exemplaire, même dans les conditions de travail les plus défavorables. Le constructeur s'est particulièrement attaché à assurer un grand confort pendant la marche et un maniement facile. Les réglages sont faciles et la conduite aisée, ce sont les deux caractéristiques typiques de la MERCUR. On y remarque l'expérience de dizaines d'années de construction et d'utilisation, mise en valeur ici aussi, dans cette moissonneuse batteuse CLAAS.

CLAAS - QUALITÉ D'ABORD

GEBR. CLAAS MASCHINENFABRIK GMBH · 4834 HARSEWINKEL/WESTFALEN

Voici le secoueur de la CLAAS MERCUR: 2,9 m² réels de surface de secouage! La hauteur des étages de chute dissocie également la paille humide ou encombrée de verdure. Les grains restants seront ici séparés de la paille de façon parfaite. La grandeur du secoueur et sa forme sont importantes, vu le grand débit de la machine.

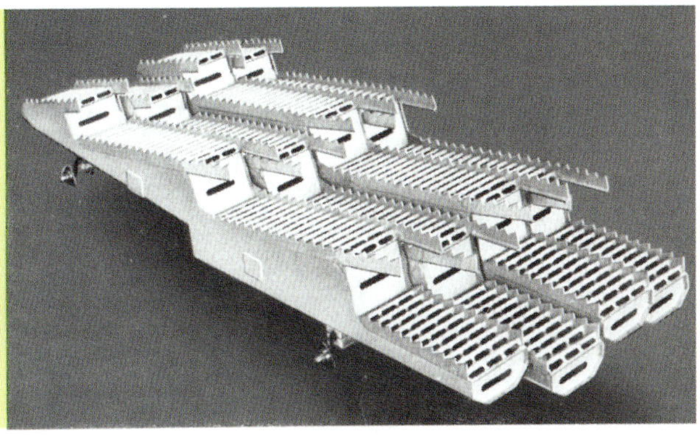

Un moteur Diesel puissant et robuste de 52 CV, 4 cylindres, de 4,4 l de cylindrée, fournit la puissance nécessaire au fonctionnement de cette moissonneuse-batteuse de haut rendement. La position du moteur au-dessus de la route motrice droite, s'est démontrée remarquable sur plusieurs milliers de CLAAS automotrices et elle s'est révélée d'une importance particulière pour l'équilibre de la machine dans le travail sur pente.

L'équipement en pneumatiques est surdimensionné: 13–26 sur l'axe moteur et 8,50–12 sur l'axe de direction. Les récoltes par mauvais temps avec leurs conditions défavorables de terrain seront effectuées sans la moindre difficulté. L'importance de la garde au sol est à remarquer. La MERCUR est manifestement une «Tous terrains».

CARACTÉRISTIQUES TECHNIQUES

Mécanisme de coupe: Largeur de coupe 2,60 m ou 3 m. 8½ et 10 pieds. Adaptation automatique aux accidents du terrain. Réglage par commande hydraulique de la hauteur de coupe de 6 à 75 cm. 17 releveurs d'epis pour la coupe de 2,60 m.

Diviseurs: En 3 éléments articulés s'adaptant aux inégalités du terrain. Au choix, en exécution longue ou courte. 2 en équipement standard.

Rabatteur: Rabatteur pick-up à dents flexibles dirigées, réglage hydraulique de la hauteur. Vitesse de rotation à réglage continu.

Batteur: Diamètre 450 mm, largeur 1.060 mm, 6 battes. Vitesse de rotation à réglage continu. Compte-tours.

Ébarbeur: Nouvelle conception efficace même lorsque les produits sont humides et qui, en position de travail, prolonge le contre-batteur de 3 battes (brevet déposé).

Contre-batteur: 8 contre-batteurs (11 avec l'ébarbeur), dispositif de retenue des pierres. Réglage instantané.

Secouneurs: A 4 éléments montés sur 2 vilebrequins. Surface de secouage: 2,90 m². Surface de separation 3,36 m².

Nettoyage: Caisson de nettoyage à grand rendement et à ventilation pulsée sur 2 étages. Tamis à nez pour présélection, grille à lamelles et crible inférieur (4 en équipement standard). Surface totale de criblage: 2,05 m².

Trémie à grains: Avec vis de répartition pour le remplissage complet. Regards pour le contrôle de remplissage. Capacité environ 1.700 l.

Couplages de sécurité: Embrayages de sécurité à 2 disques maintenus en contact par ressorts, protégeant de la surcharge, le rabatteur, la vis d'amenée, la vis du retour d'ôtons, ainsi que de nombreux autres organes.

Moteur: Diesel à 4 cylindres - 52 CV. Type: Perkins 4-270 D. Embrayage conique pour les organes de battage.

Transmission de propulsion: Boîte à 3 vitesses et embrayage monodisque à sec. Vitesses AV de 1,4 à 17 km/h - Vitesses AR 2,4 à 5,5 km/h. Toute la gamme de vitesses est couverte sans palier par un régulateur hydraulique.

Freins: Frein à main mécanique, frein à pied mécanique (frein à disque pouvant agir indépendamment sur chaque roue motrice).

Pneumatiques: AV 13-26 AS – AR 8,50-12 AM.

Voie: AV 2,09 m – AR 1 m. Empattement 2,90 m.

Dimensions:

	T	S	SA
En positions de travail:			
longueur (avec les diviseurs longs)	8,19 m	9,60 m	9,60 m
largeur (suivant la position des diviseurs)	env. 3,80 m	env. 3,80 m	env. 3,80 m
hauteur	3,17 m	3,74 m	2,95 m
En position de transport:			
longueur	7,09 m	7,51 m	7,51 m
largeur	3,00 m	3,00 m	3,00 m
hauteur	3,35 m	3,74 m	2,95 m
Poids:	ca.3505 kg	ca. 3845 kg	ca. 3810 kg

T = MERCUR avec trémie, sans presse à paille.
S = MERCUR avec plate-forme d'ensachage sur le toit de la machine et presse.
SA = MERCUR avec plate-forme d'ensachage latérale et presse.

Presse à paille: Faisant corps avec la machine. Piston oscillant 2 liens. Largeur du canal 100 cm. Longueur des balles à réglage continu. Frein de balles pour le réglage de la densité et la protection contre les surcharges (Brevet CLAAS).

Plate-forme d'ensachage (au choix latérale ou sur le toit de la machine): Cylindre-trieur pour 3 catégories (2 bouches d'ensachage pour la première qualité). Grande surface de la plate-forme. Rampe à sacs réglable en hauteur.

Autres dispositifs complémentaires: Ramasseur pick-up. Hache-paille. Dispositif d'ensachage à la goulotte. Dispositif d'ensachage à la trèmie avec plate-forme latérale. Direction assistée. Dispositifs particuliers de battage, peuvent être fournis sur demande.

Les indications techniques, dimensions et poids sont donnés sans engagement de notre part. Nous nous réservons tous droits de modification.

Distributeur pour la France:

COMPAGNIE EUROPÉENNE DE MACHINISME AGRICOLE C.E.D.M.A.

3, Avenue Galliéni, GENTILLY (Seine)
Société anonyme Cap. 6 000 000 NF – R. C. Seine 55 B 13178
Téléphone: ALESIA 91-50 (lignes groupées)

BET. I. LL. (Schn.) 410

CLAAS SENATOR

Caractéristiques techniques

Coupe: Largeur de coupe: 4,20 m (avec possibilité de largeur de 3 à 6 m). Adaptation automatique aux dénivellations, relevage hydraulique de –8 à +86 cm, releveurs d'épis livrés de série. Indicateur de hauteur de coupe et embrayage de coupe.
Diviseurs: En trois parties, réglables, fixation articulée permettant l'adaptation aux dénivellations. Deux livrés de série, au choix en version courte ou version longue.
Rabatteur: Rabatteur pick-up à griffes orientables, relevage hydraulique, vitesse réglable par variateur.
Batteur: Largeur 1,25 m, diamètre 450 mm, 6 battes, vitesse réglable, par variateur hydraulique, de 650 à 1400 t/min., repérable à l'aide d'un compte-tours.
Ebarbage: Dispositif d'un genre nouveau à deux degrés. 1er degré: prolonge de 3 éléments le contre-batteur. 2ème degré: tôles d'ébarbage sous ce contre-batteur. Mise en action très facile des deux degrés, de l'extérieur de la machine.
Contre-batteur: 10 contre-battes (13, lorsque l'ébarbeur est enclenché) – réglage instantané à l'aide d'un levier à partir du siège. Epierreur.
Secoueurs: Secoueurs à hottes, à 4 éléments, portés sur 2 vilebrequins. Surface 4,75 m² – surface de séparation 5,50 m².
Nettoyage: Caisson de nettoyage à haut rendement, avec nettoyage sous air pulsé à deux étages, surface totale des grilles: 3,20 m².
Trémie: Capacité 3 200 l, vis de répartition pour un complet remplissage, deux fenêtres de contrôle.
Sécurités: Accouplements à friction à double disque pour rabatteur, cylindre d'amenée, entrainement de lame, convoyeur, vis à grains et vis à otons – nombreux autres dispositifs.
Moteur: 6 cylindres diesel, 126 Ch SAE à refroidissement par eau.
Transmission: Boîte à 3 vitesses, avec embrayage monodisque à sec. gamme de vitesse 1,8 – 19,5 kmh. – marche AR 3,3 à 7,8 kmh. Vitesse réglable sur l'ensemble de la gamme à l'aide d'un variateur hydraulique, et repérable à l'aide d'un compte-tours.
Freins: Freins à main mécaniques, freins à pied hydrauliques (pouvant agir sur roues séparées.).
Pneumatiques: AV 18,4/15 – 30 AS, AR 11,5 – 15 AM – voie AV 2,50 m, AR 1,37 m. Empattement 3,20 m, direction hydrostatique.
Eclairage: L'équipement de série comprend les phares, les feux d'encombrement, les clignotants, les rétroviseurs, les cataphotes et feux AR.

Dimensions:

En position de travail			
	Longueur	9,90 m	(avec diviseurs longs)
	Largeur, env.	5,80 m	(suivant position des diviseurs)
	Hauteur	3,98 m	(grille de radiateur relevée)
En position de transport			
	Longueur	8,60 m	
	Largeur	4,60 m	(2,97 m avec coupe démontée)
	Hauteur	3,44 m	

Poids: env. 6110 Kg.

Equipements supplémentaires, disponibles sur demande: Eparpilleur de paille – Hache-paille – tambour pick-up – Différents dispositifs de battage spécial – remorque pour tablier de coupe.
Afin d'assurer la plus haute qualité à sa production, CLAAS se réserve le droit de modifier sans préavis les caractéristiques techniques de ses matériels.

... Ce conducteur travaille en toute confiance: il sait que sa SENATOR a été construite avec des matériaux de première qualité et qu'elle a subi de nombreux contrôles rigoureux. Il poursuit sa moisson vraiment sûr de lui car en plus de sa SENATOR, il a à sa disposition immédiate, 24 heures sur 24, son concessionnaire CLAAS. ... Il ne l'oublie pas: «AVEC CLAAS IL N'EST JAMAIS SEUL».

CLAAS

Issue de la lignée de ses aînées, la CLAAS MESSIDOR bénéficie d'une expérience incomparable, et se caractérise par l'élégance de ses formes et l'aisance de sa conduite. Destinée aux grandes exploitations et aux entrepreneurs qui recherchent des machines puissantes et sûres, elle est la garantie d'une récolte effectuée sans aucun problème. Son équipement de série, très complet, comprend une barre de coupe de 3,60 m, une surface de secouage de 4,75 m², et une surface de grille de 3,15 m². Avec une trémie de 2900 litres et un moteur de 114 ch SAE, c'est l'assurance d'une très grande autonomie de travail, quelles que soient les difficultés recontrées.

MOISSONNEUSE-BATTEUSE CLAAS MESSIDOR

UNE NOUVELLE CLAAS

Une nouvelle dimension dans la récolte des céréales

CLAAS-DOMINATOR 80
CLAAS-DOMINATOR 100

CARACTERISTIQUES TECHNIQUES

DOMINATOR 100

Coupe: largeur de coupe de 4,50 m, relevage hydraulique de – 20 à + 140 cm. Limite de profondeur de coupe réglable du poste de conduite. Releveurs d'épis en série, attache rapide du tablier au convoyeur. Embrayage hydraulique.

Diviseurs: en 3 parties réglables – fixation articulée permettant l'adaptation aux dénivellations du terrain – Deux livrés en série.

Rabatteur: rabatteur pick-up à griffes orientables – relevage hydraulique, vitesse réglable par variateur mécanique – position horizontale modifiable.

Batteur: largeur 1,58 m – diamètre: 450 mm – 6 battes régime réglable par variateur hydraulique de 460 à 1500 T/Mn repérable

Contre-batteur: 12 contre-battes, réglage instantané à l'aide d'un levier depuis le poste de conduite.

Ebarbage: tôles d'ébarbage – mise en position par un levier. Auget épierreur – vidange vers le bas.

Secoueurs: 6 secoueurs à fond ouvert, portés sur 2 vilebrequins – table de retour à mouvement indépendant, surface de secouage: 7 m². Surface de separation: 7,95 m².

Nettoyage: table de préparation en 2 parties, se retirant par l'arrière. Caisson de nettoyage à haut rendement à 5 cloisons. Surface totale des grilles: 4,20 m² – auget amovible pour vis à grains et de retour.

Contrôle des retours: par trappe à côté du conducteur.

Trémie: repliable de 5 500 litres – goulotte à mouvement hydraulique.

Sécurité: embrayage à double disque et ressorts contre les surchages pour rabatteur – vis d'alimentation, arbre supérieur du convoyeur et la vis de retour – Nombreux autres dispositifs de sécurité.

Moniteur de contrôle: voyants lumineux au tableau de bord permettant contrôle du régime du convoyeur, des secoueurs, des élévateurs à grains et à ôtons, du hache-paille, du frein à main et du filtre à air. Contrôle électronique du débit – appareil de mesure des pertes aux secoueure et aux caissons – connectables séparément.

Moteur: Diesel 6 cylindres Mercédès de 170 ch DIN ou V 8 Perkins de 180 ch DIN – Refroidissement par eau.

Transmission: hydrostatique – variateur continu de 0 à 20 km/h.

Installation hydraulique: unique levier hydraulique pour relevage de coupe, limitation de profondeur de coupe, relevage du rabatteur, régime du batteur. Pédale couplée avec levier hydraulique.
Embrayage hydraulique de coupe – commande hydraulique de la goulotte – direction hydrostatique.

Freins: à pied hydraulique (pouvant agir séparément sur chaque roue) – à main, mécanique.

Pneumatiques: AV: 23,1/18–26
AR: 12,5–18
Voie: AR: 2,05 m
AV: 2,43 m
Empattement: 3,36 m

Eclairage: l'équipement de série comprend les phares, les feux d'encombrement, les clignotants, les feux arrières, les cataphotes.

Dimensions:	**Travail**
Longueur (diviseurs longs)	10,31 m
Largeur	6,20 m
Hauteur (avec cabine)	3,90 m
	Transport
Longueur (tablier de coupe démonté)	7,73 m
Largeur	2,98 m
Hauteur (avec cabine)	3,90 m
sans cabine (trémie replée)	3,12 m
Poids: environ 8 150 kg	

Accessoires supplémentaires:
Tambour pick-up, coupes de 3,90 m – 4,50 m ou 5,70 m, hache-paille, éparpilleur, chariot de coupe céréales, chariot de coupe céréales et cueilleur maïs 4 ou 6 rangs. Broyeur sous cueilleur, pneus 21–26 (largeur 3,52 m).

Cabine: simple et cabine de luxe.

DOMINATOR 80

Coupe: largeur de coupe: 3,90 m, relevage hydraulique de – 20 à + 140 cm. Releveurs d'épis en série, attache rapide du tablier au convoyeur.

Diviseurs: en 3 parties réglables – fixation articulée permettant l'adaptation aux dénivellations du terrain – Deux livrés de série.

Rabatteur: rabatteur pick-up à griffes orientables – relevage hydraulique, vitesse réglable par variateur mécanique. Position horizontale modifiable.

Batteur: largeur 1,32 m – diamètre 450 mm – 6 battes régime réglable par variateur hydraulique de 460 à 1 500 T/Mn repérable à l'aide d'un compte-tours.

Contre-batteur: 10 contre-battes (13 avec bloc ébarbaeur) réglage instantané à l'aide d'un levier depuis le poste de conduite.

Ebarbage: à 2 degrés – le ler degré enclenché prolonge le contre-batteur de 3 contre-battes – le 2ème degré augmente la friction au contre-batteur.
Auget épierreur; vidange vers le bas.

Secoueurs: 5 secoueurs à fond ouvert, portés sur 2 vilebrequins – table de retour à mouvement indépendant – surface de secouage: 5,15 m². Surface de séparation: 5,95 m².

Nettoyage: table de préparation en 2 parties, se retirant par l'arrière. Caisson de nettoyage à haut rendement à 3 cloisons. Surface totale des grilles: 3,50 m².
Auget amovible pour vis à grains et de retour.

Contrôle des retours: par trappe à côté du conducteur.

Trémie: repliable de 3 400 litres.

Sécurité: embrayage à double disque et ressorts contre les surcharges pour rabatteur – vis d'alimentation, arbre supérieur du convoyeur et la vis de retour. Nombreux autres dispositifs.

Moteur: Diesel 6 cylindres Mercédès ou Perkins 120 ch DIN.

Installation hydraulique: unique levier hydraulique pour relevage de coupe, limitation de profondeur de coupe, relevage du rabatteur, régime du batteur. Pédale couplée avec levier hydraulique.
Embrayage hydraulique de coupe – commande hydraulique de la goulotte – Direction hydrostatique.

Freins: à pied hydraulique (pouvant agir séparément sur chaque roue) – à main, mécanique.

Pneumatiques: AV: 18,4/15–30
AR: 12,5–18
Voie AV: 2,34 m
AR: 2,05 m
Empattement: 3,34 m

Eclairage: l'équipement de série comprend les phares, les feux d'encombrement, les clignotants, les feux arrières, les cataphotes.

Dimensions:	**Travail**
Longueur (Diviseurs longs)	9,60 m
Largeur	5,60 m
Hauteur	3,61 m
	Transport
Longueur (tablier de coupe démonté)	6,93 m
Largeur	2,98 m
Hauteur	3,61 m
(trémie repliée)	3,11 m
Poids: environ 6 700 kg	

Accessoires supplémentaires:
Coupe 3,90 m et 5,10 m – Tambour pick-up, hache-paille, éparpilleur, chariot de coupe céréales, chariot de coupe céréales et cueilleur, cueilleur maïs 4 rangs avec ou sans broyeur, pneus 18–26 (largeur 3,00 m).

Transmission: hydrostatique

Cabine: simple ou de luxe

caractéristiques, dimensions et poids sans engagement
Tous droits à modifications réservés.

AGRI-FLANDRES ARTOIS
Avenue Joffre
SAINT-MARTIN-AU-LAERT (P.-de-C.)
Tél. St-Omer 39 - R.C. 65-B-2
1968
CLAAS GARANT
CLAAS

Caractéristiques techniques

Puissance nécessaire: Tracteur à prise de force, à partir de 45 cv.

Barre de coupe: Largeur 2,40 m, adaptation aux dénivellations, réglage hydraulique de la hauteur entre – 80 et + 860 mm, 16 releveurs en série.

Diviseurs: Réglables et mobiles (adaptation aux dénivellations), 2 livrés de série.

Rabatteurs: Rabatteurs pick-up, à griffes commandées, réglage hydraulique de hauteur, rotation réglable à volonté.

Alimentation: Alimentation forcée, par vis et convoyeur à chaînes.

Batteur: Largeur 1,06 m, diamètre 450 mm, 6 battes, régime réglable à volonté de 650 à 1500 T/min. Compte-tours.

Ebarbage: Dispositif efficace, même par humidité; engagé, il prolonge de 3 battes le contre-batteur.

Contre-batteur: 8 barrettes (11, avec l'ébarbeur). Réglage rapide. Epierreur.

Secoueurs: A hottes, à 4 éléments. Portés sur 2 vilebrequins. Surface 2,90 m
Surface de séparation 3,45 m².

Nettoyage: Air pulsé. Caisson à grille à lamelles et grille inférieure
livrées de série). Surface totale 2,05 m².

Trémie: Contenance 1800 l. Vis répartitrice. Voyant de contrôle.

Sécurités à friction: aux rabatteurs, à la vis d'alimentation, à la vis
retour. Autres dispositifs de sécurité.

Pneumatiques: 12,5–18 AM (sur demande 14,5–20 AM)
voie: 2,20 m

Dimensions:	Position de travail	Position de transpc
Longueur	8,40 m	8,40 m
Largeur	3,85 m	2,90 m
hauteur	2,95 m	2,95 m

Poids: 2650 kgs, env. (avec trémie, sans presse)

Caractéristiques, dimensions et poids sans engagement. Tous droits à modifications réservés.

CLAAS
claas
DOMINATOR 105
DOMINATOR 85
76/77

Caracteristiques techniques

CLAAS-DOMINATOR 105

Coupe: largeur de coupe de 4,50 m, largeur de travail 4,80 m, relevage hydraulique de – 20 à + 140 cm. Limite de profondeur de coupe réglable du coste de conduite. Releveurs d'épis en série, attache rapide du tablier au convoyeur. Embrayage hydraulique.

Diviseurs: en 3 parties réglables – fixation articulée permettant l'adaption aux dénivellations du terrain – Deux livrés en série.

Rabatteur: rabatteur pick-up à griffes orientables – relevage hydraulique, vitesse réglable par variateur mécanique – position horizontale modifiable.

Batteur: largeur 1,58 m – diamètre: 450 mm – 6 battes régime réglable par variateur hydraulique de 650 à 1450 T/Mn repérable par compte-tours. Embrayage hydraulique.

Contre-batteur: 12 contre-battes, réglage instantané à l'aide d'un levier depuis le poste de conduite.

Ebarbage: tôles d'ébarbage – mise en position par un levier.

Auget éplerreur – vidange vers l'avant.

Secoueurs: 6 secoueurs à aérateur, portés sur 2 vilebrequins – table de retour à mouvement indépendant surface de secouage: 7 m². Surface de séparation: 7,95 m².

Nettoyage: table de préparation en 2 parties, se retirant par l'arrière. Caisson de nettoyage à haut rendement à 5 cloisons. Surface totale des grilles: 4,20 m² – auget amovible pour vis à grains et de retour. Réglage continu de la quantité de vent.

Contrôle des retours: par trappe à côté du conducteur.

Trémie: de 5 500 litres – goulotte à mouvement hydraulique.

Sécurité: embrayage à double disque et ressorts contre les surchages pour rabatteur – vis d'alimentation, arbre supérieur du convoyeur et la vis de retour – Nombreux autres dispositifs de sécurité.

Moniteur de contrôle: voyants lumineux au tableau de bord permettant contrôle du régime du convoyeur, des aérateurs de secoueurs, des élévateurs à grains et à ôtons, du hache-paille, du frein à main, du filtre à air et de la pression d'huile du moteur.

Moteur: Diesel 6 cylindres de 170 ch DIN (129 kW) – Refroidissement par eau.

Transmission: hydrostatique – variateur continu de 0 à 20 km/h.

Installation hydraulique: unique levier hydraulique pour relevage de coupe, limitation de profondeur de coupe, relevage du rabatteur, régime du batteur. Pédale couplée avec levier hydraulique.
Embrayages hydrauliques de coupe et de battage – commande hydraulique de la goulotte – direction hydrostatique.

Freins: à pied hydraulique (pouvant agir séparément sur chaque roue) – à main, mécanique.

Pneumatiques: AV: 23,1 – 26
AR: 12,50/80 – 18
Voie: AV: 2,47 m
AR: 2,05 m
Empattement: 3,36 m

Eclairage: l'équipement de série comprend les phares, les feux d'encombrement, les clignotants, les feux arrière, les cataphotes.

Dimensions:	**Travail**
Longueur (diviseurs longs)	9,86 m
Largeur	6,20 m
Hauteur (avec et sans cabine)	3,78 m
	Transport
Longueur (sans coupe)	7,73 m
Largeur (sans coupe)	3,00 m
Hauteur (avec ou sans cabine)	3,47 m
Poids, env.	8 840 kg

Sur demande
Coupes de 5,10 m – tambour pick-up – Diviseurs longs – Contre-batteur mixte – réglage automatique de hauteur de coupe – cueilleur 6 ou 5 ou 4 rangs – pour les deux derniers, broyeur sous tablier – hache-paille – contrôle électronique de débit (mesures groupées ou séparées des pertes aux secoueurs et au caisson) – pneumatiques AV 28,1–26, AR 14,5/75–20 Impl. (largeur HT: 3,57 m) – Pneumatiques AV 23,1–26 (largeur HT: 3,11 m) – cabine (deux versions) – Chariot pour coupe céréales – chariot pour coupe ou cueilleur-climatiseur.

CLAAS-DOMINATOR 85

Coupe: largeur de coupe: 3,90 m, largeur de travail 4,20 m, relevage hydraulique de – 20 à + 140 cm. Releveurs d'épis en série, attache rapide du tablier au convoyeur.

Diviseurs: en 3 parties réglables – fixation articulée permettant l'adaptation aux dénivelations du terrain – Deux livrés de série

Rabatteur: rabatteur pick-up à griffes orientables – relevage hydraulique, vitesse réglable par variateur mécanique. Position horizontale modifiable.

Batteur: largeur 1,32 m – diamètre 450 mm – 6 battes – régime réglable par variateur hydraulique de 460 à 1 500 T/Mn repérable à l'aide d'un compte-tours au tableau de bord.

Contre-batteur: 10 contre-battes (13 avec bloc ébarbeur) réglage instantané à l'aide d'un levier depuis le poste de conduite.

Ebarbage: à 2 degrées – le Ier degré enclenché prolonge le contre-batteur de 3 contre-battes – le 2ème degré augmente la friction au contre-batteur.

Auget épierreur: vidange vers l'avant.

Secoueurs: 5 secoueurs à aérateur, portés sur 2 vilebrequins – table de retour à mouvement indépendant – surface de secouage: 5,15 m². Surface de séparation: 5,95 m².

Nettoyage: table de préparation en 2 parties, se retirant par l'arrière. Caisson de nettoyage à haut rendement à 3 cloisons. Surface totale des grilles: 3,50 m².
Auget amovible pour vis à grains et de retour. Réglage continu de la quantité de vent.

Contrôle des retours: par trappe à côté du conducteur.

Trémie: de 4 000 litres. Goulotte à mouvement hydraulique.

Sécurité: embrayage à double disque et ressorts contre les surcharges pour rabatteur – vis d'alimentation, arbre supérieur du convoyeur et la vis de retour. Nombreux autres dispositifs.

Moteur: Diesel 6 cylindres 120 ch DIN (88 kW).

Avancement: Boîte à 3 vitesses, variateur hydraulique, réglage continu de 1,5 à 19,1 km/h – marche AR: 3,0 à 9,0 km/h.

> *IMPORTANT*
> **DOMINATOR 85 :** EN **STANDARD FRANCE,** CETTE MACHINE EST EQUIPEE AVEC MOTEUR DIESEL MERCEDES OM 352 TURBO. PUISSANCE 150 CV = **110 KW**

Installation hydraulique: unique levier hydraulique pour relevage de coupe, limitation de profondeur de coupe, relevage du rabatteur, régime du batteur. Pédale couplée avec levier hydraulique.
Embrayage hydraulique de coupe – commande hydraulique de la goulotte – Direction hydrostatique.

Freins: à pied hydraulique (pouvant agir séparément sur chaque roue) – à main, mécanique.

Pneumatiques: AV: 23,1 – 26
AR: 12,5/80 – 18 Impl.
Voie AV: 2,34 m
AR: 2,05 m
Empattement: 3,34 m

Eclairage: l'équipement de série comprend les phares, les feux d'encombrement, les clignotants, les feux arrières, les cataphotes.

Dimensions:	**Travail**
Longueur (avec diviseurs)	9,42 m
Largeur	5,60 m
Hauteur	3,78 m
	Transport
Longueur (tablier de coupe démonté)	7,13 m
Largeur (tablier de coupe démonté)	3,00 m
Hauteur	3,74 m
Poids: environ	7 410 kg

Sur demande
Coupe de 4,50 ou 5,10 m – Diviseurs longs – Contre-batteur mixte – tambour pick-up – cueilleur 4 et 5 rangs – pour celui-ci, broyeur sous tablier – transmission hydrostatique (av. limitation de profondeur de coupe et distributeur couplé avec pédale) – Boitier automatique CLAAS-Retromat – moteur 6 cyl. 150 ch avec système de tension de courroie en fonction du couple (tension automatique CLAAS) – Contrôle électronique de rendement: indicateur de la quantité de grain sortant derrière secoueur et caisson – aussi avec indication séparée – Contrôle "monitor" – réglage automatique de hauteur de coupe – hache paille – Cabine – Chariot pour coupe céréales – chariot pour coupe ou cueilleur – climatiseur – chauffage.

Caractéristiques, dimensions et poids sans engagement.
Tous droits à modifications réservés.

CLAAS
COMPACT 25

Caractéristiques Techniques

Barre de coupe: largeur de coupe 2,10 m ou 2,40 m – Largeur de travail 2,40 m ou 2,70 m – adaptation automatique aux dénivellations, relevage hydraulique de −80 à +870 mm, releveurs d'épis dans l'équipement standard.

Diviseurs: deux de série, écarteurs intérieurs et extérieurs, à réglage sur grande amplitude.

Rabatteur: à griffes orientables – plusieurs positions horizontales, avec tension de chaine par levier, relevage hydraulique.

Batteur: largeur 0,96 m – diamètre de 450 mm. Poulies à étages pour la modification du régime 715/895/1120/1400 T/Mn.

Contre-batteur: 9 contre-battes, auget épierreur, réglage instantané à l'aide d'un levier à partir du siège.

Ebarbage: par tôles

Secoueurs: 5 secoueurs à claies, montés sur 2 vilebrequins, surface de secouage 2,30 m^2 – surface de séparation: 2,85 m^2.

Nettoyage: sous air pulsé à débit réglable en continu, avec grille à lamelles réglable et grilles inférieures interchangeables (3 dans l'équipement standard) – surface totale des grilles: 1,95 m^2.

Trémie: capacité 1 100 litres. Vis de répartition.

Moteur: diesel 45 ch DIN.

Transmission: boîte 3 vitesses et une marche AR.
Vitesse modifiable à volonté par variateur hydraulique.

Freins: freins à main mécaniques, frein à pied mécanique et à disques.

Pneumatiques: AV 11.5/80−15 Impl., AR 7.00−12 Impl. Voie 1,81 m.

Eclairage: de série, projecteurs, feux d'encombrement, clignotants, de direction et d'arrêt, catadioptres et feux AR.

Dimensions:	Travail	Transport
Longueur	6,80 m	6,04 m
Largeur	2,95 m	2,65 m
Hauteur	2,63 m	2,63 m

Poids: 2 250 kg.

Accessoires supplémentaires:
Coupe de 2,40 m, ensachage à la goulotte, broyeur de paille, pneumatiques d'axe moteur 15,0/55−17 Impl.

Caractéristiques, dimensions et poids sans engagement.
Tous droits à modifications réservés.

CEDMA-CLAAS
Société Anonyme Cap. 25.000.000 F. –
11, rue Paul Bert 92240 MALAKOFF B. P. 41

R. C. Paris 55 B 13178
Téléphone: 655-43-21 (8 lignes groupées)

GEBR. CLAAS · MASCHINENFABRIK GMBH
4834 HARSEWINKEL/RFA · POSTFACH 140

EHL. I. IN. (Flü) franz. 180

100 000 Ramasseuses-Presse
250 000 Moissonneuses-batteuses

Avec CLAAS, vous n'êtes jamais seul

CLAAS-COMET

Voyez comme la CLAAS-COMET passe facilement sous les arbres:
avec ses 2,75 m de haut, c'est la plus petite des grandes automotrices CLAAS.

Caractéristiques techniques

Barre de coupe:
Largeur de 2,10 m avec possibilité de 1,80 m. Réglage hydraulique de la hauteur de coupe de + 7 à + 66 cm. Releveurs en équipement standard.

Diviseurs:
Deux diviseurs en équipement standard, grande amplitude de réglage des écarteurs inférieurs et extérieurs.

Rabatteur:
Rabatteur à griffes réglables, relevage hydraulique.

Batteur:
Largeur: 800 mm.
Diamètre: 450 mm avec 6 battes.
Régime modifiable de 890 à 1380 tr./min. par pignons interchangeables (sur demande 620 à 890 tr./min.).

Erbarbage:
Dispositif nouveau, au fonctionnement sûr, même pour les produits humides. Enclenché, il prolonge le contre-batteur de 3 éléments. Dispositif d'ébarbage complémentaire mis en place de l'extérieur de la machine.

Contre-batteur:
8 contre-battes (11 lorsque l'ébarbeur est enclenché). Réglage instantané à l'aide d'un levier, à partir du siège. Auget épierreur.

Secoueurs:
Secoueurs à hottes à 3 éléments, portés sur deux vilebrequins. Surface de secouage 1,70 m². – Surface de séparation 2,10 m².

Nettoyage:
Nettoyage sous air pulsé, avec grille à lamelles réglable et grille inférieure interchangeable (4 dans l'équipement de série). Surface totale des grilles 1,26 m².

Trémie:
contenance 1350 litres, deux voyants pour contrôle de remplissage.

Sécurités:
A double disque et ressorts, protègent contre les surcharges, rabatteur, vis d'alimentation et de retour. Nombreux autres dispositifs de sécurité.

Moteur:
Moteur industriel VW de 35 à 45 Ch SAE à refroidissement par air, ou moteur Diesel 4 cylindres à refroidissement par eau de 41 Ch SAE.

Transmission:
Boîte à trois vitesses (3 vitesses AV, une marche AR) evec embrayage monodisque à sec. Dans chaque régime, modification à volonté de la vitesse.

Freins:
Freins à pied mécaniques à disque, utilisables indépendamment sur chaque roue. Freins à main mécaniques indépendants.

Pneumatiques:
AV 10–24 AS (10–28 AM).

Eclairage:
L'équipement de série comprend: projecteurs, feux d'encombrement, rétroviseurs, catadioptres et feux AR.

Dimensions:

en position de travail	T	TP
Longueur	7,40 m	8,59 m
Largeur	env. 3,40 m	env. 3,40 m
(suivant position des écarteurs)		
Hauteur	2,75 m	2,78 m
en position de transport		
Longueur	6,05 m	8,12 m
Largeur	2,73 m	2,73 m
Hauteur	2,75 m	2,78 m
Poids	2670 kg	3090 kg

T = trémie, sans presse
TP = trémie avec presse

Sur demande:
accessoires supplémentaires disponibles:
Tambour ramasseur 1,45 m.
Ensachage à la goulotte – ensachage à la trémie avec plate-forme latérale.
Presse à paille, ameneur 1 rang.

Afin d'assurer la plus haute qualité à sa production, CLAAS se réserve le droit de modifier, sans préavis, les caractéristiques techniques de ses machines.

**Le plus ancien et le plus grand constructeur de moissonneuses-batteuses d'Europe.
Le plus important réseau de concessionnaires et d'agents:
plus de 600 pour la FRANCE.**

Distributeur pour la France:
COMPAGNIE EUROPEENNE DE MACHINISME AGRICOLE (C.E.D.M.A)
Société Anonyme au capital de 11.000.000 de F.
3, Avenue Galliéni – 94 – **GENTILLY**

GEBR. CLAAS · MASCHINENFABRIK GMBH · 4834 HARSEWINKEL

CLAAS-COSMOS

Cette nouvelle CLAAS a tout pour vous séduire; sa hauteur n'est que de 2,88 m.

Caractéristiques techniques

Barre de coupe:
Largeur de 2,40 m avec possibilité de 2,10 m. Réglage hydraulique de la hauteur de coupe de + 7 à + 66 cm.
Releveurs en équipement standard.

Diviseurs
Deux diviseurs en équipement standard. Grande amplitude de réglage des écarteurs intérieurs et extérieurs.

Rabatteur:
Rabatteur à griffes réglables, relevage hydraulique.

Batteur:
Largeur 800 mm. Diamètre: 450 mm avec 6 battes.
Régime modifiable de 890 à 1380 tr./mn. par pignons interchangeables.
(sur demande de 620 à 890 tr./mn.)

Ebarbage:
Dispositif nouveau, au fonctionnement sûr, même pour les produits humides. Enclenché, il prolonge le contre-batteur de 3 éléments.
Dispositif d'ébarbage complémentaire mis en place de l'extérieur de la machine.

Contre-batteur:
Huit contre-battes (11 avec le bloc ébarbeur enclenché)/Réglage instantané à l'aide d'un levier, à partir du siège.
Auget épierreur.

Secoueurs:
Secoueurs à hottes à 3 éléments, portés sur deux vilebrequins. Surface de secouage 2,20 m². — Surface de séparation 2,60 m².

Nettoyage:
Nettoyage sous air pulsé avec grilles à lamelles réglables et grille inférieure interchangeable (4 grilles inférieures de série). Surface totale des grilles: 1,44 m².

Trémie:
Contenance 1700 l. — 2 voyants pour contrôler le remplissage.

Sécurités:
Embrayages à double disque et ressorts, protègent contre les surcharges: rabatteur, vis d'alimentation et de retour. Nombreux autres dispositifs de sécurité.

Moteur:
Moteur industriel VW de 45 ch SAE à refroidissement par air ou diesel, Perkins ou Ford, à refroidissement par eau de 54 ch SAE.

Transmission:
Boîte à 3 vitesses avec embrayage monodisque à sec (3 vitesses AV, une marche AR). Dans chaque régime, modification à volonté de la vitesse.

Freins:
Freins à pied mécaniques à disques, utilisables indépendamment sur chaque roue. Freins à main mécaniques indépendants.

Pneumatiques:
AV 11—28 AS — AR 7,00—12 AM
sur demande: pneumatiques AR 8,50—12 AM.
Empattement: 2,90 m.

Eclairage:
L'équipement de série comprend: phares, feux d'encombrement, rétroviseurs, catadioptres et feux AR.

Dimensions:

en position de travail	T	TP
Longueur	7,96 m.	9,22 m
Largeur	env. 3,70 m.	env. 3,70 m
(suivant position des écarteurs)		
Hauteur	2,88 m.	2,88 m
en position de transport		
Longueur	6,67 m.	7,46 m
Largeur	2,73 m.	2,73 m
Hauteur	2,88 m.	2,88 m
Poids	3370 kg	3650 kg

T = Equipement trémie, sans presse
TP = Equipement trémie, avec presse

Sur demande:
accessoires supplémentaires disponibles: Tambour ramasseur 1,60 m. Ensachage à la trémie avec plate-forme latérale, ensachage à la goulotte, presse à paille, hache-paille.
Ameneur deux rangs à maïs.

Afin d'assurer la plus haute qualité à sa production, CLAAS se réserve le droit de modifier, sans préavis, les caractéristiques techniques de ses machines.

Le plus important réseau de concessionnaires et d'agents: plus de 600 pour la FRANCE...
„AVEC CLAAS VOUS N'ETES JAMAIS SEUL"
Le plus ancien et le plus grand constructeur de moissonneuses-batteuses d'Europe

Distributeur pour la France:
COMPAGNIE EUROPEENNE DE MACHINISME AGRICOLE (C.E.D.M.A)
Société Anonyme au capital de 11.000.000 de F.
3, Avenue Galliéni — 94 — **GENTILLY**

GEBR. CLAAS · MASCHINENFABRIK GMBH · 4834 HARSEWINKEL

BIT.I.LC (Fa) franz. 50

MOISSONNEUSE — BATTEUSE

CLAEYS

Pour nos champs.
Pour toutes récoltes.
Récupérant toutes céréales versées.
Avec minimum d'entretien et maximum de sûreté.

pour les plus hauts

RENDEMENTS en GRAIN et en PAILLE

Vous battrez votre record de l'heure !
Le rendement de la moissonneuse-batteuse MZ CLAEYS vous permet de dépasser vos performances actuelles.
932841
CLAEYS
CLAEYS

6 combinaisons

1 Pick-Up largeur de ramassage 2 m, permettant le ramassage en andains.

2 Trémie, capacité de 2000 l, remplissage parfait avec vis sans fin d'égalisation.

3 Epandeur de paille à trois palettes, épandage parfait à environ 3,5 m de largeur.

4 Broyeur de paille "CLAEYS" pour pulvériser la paille pour le bétail, avec ou sans trémie (seulement pour les pays chauds).

5 Hache-paille, avec couteaux radiaux, nécessitant un minimum de puissance, largeur d'épandage réglable jusqu'à environ 3,5 m.

6 Récupérateur de balle, avec alimentation directe par vis sans fin, avec ou sans cyclone.

CARACTERISTIQUES

BARRE DE COUPE
Largeur de coupe : 2,5 m - 3 m
3,6 m - 4 m
Hauteur de coupe : 5 à 70 cm
Relevage : hydraulique
Protection : compensateur à ressorts

RABATTEUR
Type : à griffes
Vitesse : réglable
Relevage : hydraulique

BATTEUR
Diamètre : 600 mm
Largeur : 1030 mm
Nombre de battes : 8
Vitesse réglable : 550 à 1050 tr/min
Avec variateur de vitesse

CONTRE-BATTEUR
Nombre de battes : 14
Capacité de passage : 92 à 95 %

SECOUEURS
Nombre : 5
Arbres : 1
Longueur : 3,25 m
Largeur : 1,02 m
Montage : sur roulements à billes
Récupération des grains : 1 seul plan incliné

NETTOYAGE
Deux grilles réglables
Ventilateur efficace et calibré

SYSTEME DE TRACTION UNIVERSEL
Pneus : 13 x 24
Freins : 2 indépendants
Variateur : réglage hydraulique
Vitesses :
sur pneus 13 x 24
1ère : 1,5 - 3 km/h
2ème : 3,1 - 6,2 km/h
3ème : 5,7 - 11,4 km/h
4ème : 9,6 - 19,2 km/h
Ar. : 1,25 - 2,5 km/h
sur chenilles
1ère : 0,85 - 1,7 km/h
2ème : 1,80 - 3,6 km/h
3ème : 3,3 - 6,6 km/h
4ème : 5,6 - 11,2 km/h
Ar. : 0,7 - 1,4 km/h

DIRECTION
Pneus : 600 x 16
Montage : sur roulement à billes
Rayon de braquage : environ 3 m

MOTEUR
Essence ou diesel : 55 à 75 ch
Tours/Min : 2000
Consommation : diesel 7 à 8 l/h
essence 12 è 15 l/h

Accu : 12 V
60 amp/h - Essence
120 amp/h - Diesel

TREMIE
Capacité : 2000 l
Remplissage : complet par vis sans fin d'égalisation
Vidange : a vis sans fin à escamotage latéral rapide ; vidange à l'arrêt et en marche.

DIMENSIONS ET POIDS
Largeur totale : 2,85 - 3,30 m
3,85 - 4,30 m
Longueur avec presse : 8,65 m
Longueur sans presse : 7,60 m
Hauteur : 3,75 m
Poids avec presse : 4.520 kg
Poids sans presse : 4.200 kg
Voie : 2,25 m
Empattement : 3,35 m

EQUIPEMENT FACULTATIF SUPPLEMENT
— Presse botteleuse : 2 noueurs
— Ramasseur pick-up : largeur de ramassage 2 m
— Trier sur la trémie à grains
— Engreneur automatique (pour travail stationnaire)
— Hache-paille, broyeur de paille
— Eclairage électrique
— Epandeur de paille
— Récupérateur de balle
— Equipement pour la récolte du maïs
— Equipement pour le battage du trèfle
— Chenilles
— Batteur et contre-batteur à dents

Les caractéristiques ci-dessus sont données à titre indicatif et peuvent être modifiées sans préavis par le constructeur.

Ets Mes BETRANCOURT
Machines Agricoles
RAMILLIES

Création et exécution PUBLIRO, Anvers. Tél. (03) 33.34.91

Usines LÉON
CLAEYS
S.P.R.L.
ZEDELGEM-LEZ-BRUGES - Téléphone : Torhout 292.31-32-33
Adresse télégraphique : Leoclaeys - Telex : 050 27

DE MEILLEURS GAINS
pour l'exploitation familiale
avec la
CLAEYS
M80
M-103 - Coupe 3m batteur 1.080 - Ø 600

M80

CARACTERISTIQUES

Les caractéristiques ci-dessous sont données à titre indicatif et peuvent être modifiées par le constructeur, sans préavis.

BARRE DE COUPE
Largeur de coupe : 2,50 m - 3 m (entre les pointes des diviseurs)
Hauteur de coupe : 5 à 60 cm
Relevage : hydraulique
Protection : compensateur à ressorts

RABATTEUR
Type : à griffes
Vitesse réglable : variateur mécanique
Relevage : hydraulique

BATTEUR
Diamètre : 460 mm
Largeur : 1030 mm
Nombre de battes : 6
Vitesse réglable : 750 à 1400 t/min
Variateur de vitesse

CONTRE-BATTEUR
Nombre de battes : 10
Avec cavité ramasse-pierre
Avec réglage instantané

SECOUEURS
Nombre : 4
Arbre : 2
Longueur de récupération : 2,75 m
Largeur : 1,03 m
Montage : sur roulements à billes étanches

NETTOYAGE
Deux grilles réglables
Ventilateur efficace et calibré avec variateur
Trieur avec 4 grilles interchangeables (Ø 3 - 4,5 x 25 - 5,5 x 25 - Ø 16)

SYSTEME DE TRACTION UNIVERSEL
Pneus : 13 x 24
Freins : deux indépendants à disques
Variateur : mécanique
Vitesses :
sur pneus 13 x 24 :
1e : 1,15 - 3,25 km/h
2e : 2,6 - 7,4 km/h
3e : 6,5 - 18,5 km/h
Ar : 2,1 - 6 km/h
sur chenilles
1e : 0,6 - 1,6 km/h
2e : 1,4 - 3,8 km/h
3e : 3,5 - 10 km/h
Ar : 1,5 - 3,3 km/h

DIRECTION
Pneus : 700 x 12
Montage, sur roulements à billes
Rayon de braquage : environ 1,70 m

MOTEUR
Diesel : 51 - 54 CV
Tours/min : ± 2250
Consommation : 5 à 6 l/h
Accu : 12 V - 120 amp/h

TREMIE
Capacité : 1500 l
Remplissage : complet par vis sans fin d'égalisation
Vidange : à vis sans fin à escamotage vertical ; à l'arrêt et en marche

DIMENSIONS ET POIDS
Largeur totale : 3 m - 3,5 m
Longueur avec presse : 7,90 m
sans presse : 6,45 m
Hauteur : 3,40 m (trémie 3,30 m) - 3,70 m hors tout
Poids avec presse : 4.300 kg
sans presse : 3.900 kg
Voie : 1,98 m
Empattement : 3,10 m

CAPACITE DE BATTAGE
Suivant la récolte jusqu'à 4000 kg/h

EQUIPEMENT FACULTATIF SUPPLEMENTAIRE
Presse botteleuse : 2 noueurs
Ramasseur pick-up : largeur de ramassage 2 m
Trieur sur la trémie
Hache-paille
Eclairage électrique
Epandeur de paille
Equipement pour le battage du trèfle
Chenilles
Batteur et contre-batteur à dents

Ets Mce BETRANCOURT
Machines Agricoles
Tél. 7 - RAMILLIES (Nord)

CLAEYS

WERKHUIZEN LEON CLAEYS P.V.B.A.

ZEDELGEM (BELGIQUE) — TÉLÉPHONE TORHOUT 050.29231 - 32 - 33 — TÉLÉGR. : LEOCLAEYS - ZEDELGEM — TÉLEX 050 27

CLAEYS
vous présente...
Ets MARCHAL et Fils
Société Anonyme au Cap. de 1.400.000 N.F.
1, Rue Jean-Jaurès, CHALONS-sur-MARNE
R.C. Châlons 62 B 12 - C.C.P. Châlons 193-32
Téléphone 68-22-65
... la nouvelle
Moissonneuse - Batteuse
M 103

Une vue du hall de montage vous montre la production en série et une partie du contrôle final : facteurs de la qualité et de la sécurité du travail dans les champs.

CARACTÉRISTIQUES

BARRE DE COUPE

Largeur de coupe : 2,50 - 3 - 3,60 - 4,20 m (entre les pointes des diviseurs)
Hauteur de coupe : 5 à 70 cm
Relevage : hydraulique
Protection : compensateur à ressorts

RABATTEUR

Type : à griffes
Vitesse réglable : 4 vitesses
Relevage : hydraulique

BATTEUR

Diamètre : 600 mm
Largeur : 1030 mm
Nombre de battes : 8
Vitesse réglable : 600 à 1100 t/min
Avec variateur de vitesse

CONTRE-BATTEUR

Nombre de battes : 14
Avec cavité ramasse-pierre
Avec réglage instantané

SECOUEURS

Nombre : 4
Arbre : 2
Longueur de récupération : 3,60 m
Largeur : 1,03 m
Montage : sur roulements à billes étanches

NETTOYAGE

Une grille réglable
4 grilles interchangeables (Ø6 - 4,5 x 25 - Ø9 - Ø 16) ; une grille réglable est livrable, sur demande
Ventilateur efficace et calibré
Trieur avec 4 grilles interchangeables (Ø 3 - 4,5 x 25 - 5,5 x 25 - Ø 16)

SYSTEME DE TRACTION UNIVERSEL

Pneus : 13 x 26
Freins : 2 indépendants à disque
Variateur : hydraulique
Vitesses :
sur pneus 13 x 26 :
1e : 1,5 - 3,6 km/h
2e : 3,5 - 8,3 km/h
3e : 8,6 - 21,5 km/h
Ar : 3,1 - 7,3 km/h

sur chenilles :
1e : 0,8 - 1,8 km/h
2e : 1,8 - 4,2 km/h
3e : 4,3 - 11 km/h
Ar. : 1,6 - 3,7 km/h

DIRECTION

Pneus : 8,5 x 12
Montage, sur roulements à billes
Rayon de braquage : environ 1,70 m

MOTEUR

Diesel : 80 CV
Tours/min : ± 2000
Consommation : 7 à 8 l/h
Accu : 12 V - 120 amp/h
Reservoir à combustible : 150 l.

TREMIE

Capacité : 2000 l.
Remplissage : complet par vis sans fin d'égalisation
Vidange : à vis sans fin à escamotage vertical rapide ; vidange à l'arrêt et en marche

DIMENSIONS ET POIDS

Largeur totale : 3 - 3,50 - 4,10 - 4,70 m
Longueur avec presse : 10,50 m
sans presse : 8,80 m
Hauteur : 3,78 m
Poids avec presse : 5000 kg
sans presse : 4470 kg
Voie : 2,20 m (2 m avec barre de coupe de 2,50 m)
Empattement : 3,40 m

CAPACITE DE BATTAGE

suivant la récolte jusqu'à 6000 kg/h

EQUIPEMENT FACULTATIF SUPPLEMENTAIRE

Presse botteleuse : 2 noueurs
Ramasseur pick-up : largeur de ramassage 2 m
Trieur sur la trémie
Hache-paille, broyeur de paille
Eclairage électrique
Epandeur de paille
Recupérateur de balles
Equipement pour la récolte du mais
Equipement pour le battage du trèfle
Chenilles
Batteur et contre-batteur à dents

Les caractéristiques ci-dessus sont données à titre indicatif, et peuvent être modifiées par le constructeur sans préavis.

59.525 f
AUTOCULTURE CHAMPENOISE
Agence de l'Yonne
Route de Clamecy
AUXERRE Tél. 17-42
CLAYSON
Armada
LA PERFECTION TECHNIQUE, AU SERVICE DES PLUS HAUTS RENDEMENTS !

M140

CARACTERISTIQUES GENERALES DE LA MACHINE « ARMADA » - TYPE M140

BARRE DE COUPE.

Largeur de coupe :
standard : 4,20 m.
exécution spéciale : 5,40 m.
Diviseurs réglables.
Hauteur de coupe : 5 cm à 1,20 m.
Relevage : hydraulique.
Adaptation automatique aux inégalités du sol.
Vis sans fin montée sur roulements étanches.
Chaîne du convoyeur du type flottante.

RABATTEUR.

Type : à griffes ; inclinaison réglable mécaniquement.
Vitesse réglable par variateur mécanique commandé du poste de conduite.
Relevage : hydraulique.

BATTEUR.

Diamètre : 600 mm.
Largeur : 1285 mm.
Nombre de battes : 8.
Vitesse réglable : 400 à 1100 t/min.
Avec variateur de vitesse mécanique commandé du poste de conduite.

CONTRE-BATTEUR.

Nombre de battes : 14.
Capacité de passage : ± 92 %.
Réglage instantané du poste de conduite.
Avec cavité ramasse-pierre.
Système d'ébarbage très simple et très efficace.

SECOUEURS.

Nombre : 5, avec une énorme capacité de récupération de grain.
Arbres : 2, montés sur roulements à billes.
Longueur de séparation : 4,075 m.
Longueur maximum des secoueurs : 3,60 m.
Largeur : 1285 mm.

NETTOYAGE.

Grille supérieure réglable.
Grille inférieure réglable.
Ventilateur efficace,
avec variateur de vitesse mécanique,
et à orientation réglables.

SYSTEME DE TRACTION UNIVERSEL.

Pneus : 15 x 30 — type spécial.
Freins : 2 indépendants, à disques.
Variateur : hydraulique.
Frein de parcage : à disques.
Voie variable par retournement des roues.

VITESSES D'AVANCEMENT.

Sur pneus 15 x 30 :	sur chenilles :
1e : 1,5 — 3,6 km/h	1e : 0,70 — 1,70 km/h
2e : 3,5 — 8,0 km/h	2e : 1,65 — 3,80 km/h
3e : 8,5 — 19,0 km/h	3e : 4,00 — 9,00 km/h
Ar : 3,4 — 7,1 km/h	Ar : 1,60 — 3,50 km/h

Tolérance : ± 10 %

MOTEUR.

Diesel : 105 C.-V., filtre à air très efficace
Tours/min : ± 2280, régulateur mécanique.
Consommation : ± 10 à 12 l/h.
Réservoir gasoil — contenance = 180 l.
Batterie : 12 V — 120 A/h.
Pas de bruit pour le chauffeur.
Très accessible et bien protégé.

DIRECTION.

Direction assistée hydrauliquement.
Pneus : 10 x 18 — AM.
Montage : sur roulements à billes.
Rayon de braquage : environ 1,70 m, en utilisant les freins.

TREMIE.

Capacité : 2650 litres.
Remplissage : complet par vis sans fin d'égalisation.
Vidange : à vis sans fin à escamotage horizontal rapide.
hauteur du sol : ± 3,00 m (4,2 m) et 3,30 m (5,40 m).
dégagement latéral : ± 1,65 m.
Vidange à l'arrêt et en marche.
Conception simple.
Vidange rapide : suivant la nature de la récolte ± 1 min.
Répartition uniforme de la charge, à chaque instant.

DIMENSIONS.

Largeur totale avec barre de coupe :
exécution standard : 4,53 m.
exécution spéciale : 5,75 m.
Largeur totale : sans barre de coupe : 3,00 m.
Longueur : 8,80 m (diviseurs réglables toujours demontés sur la route).
Hauteur : 3,20 m.
Voie : exécution standard : 2,45 m.
Empattement : 3,73 m.
Poids : en ordre de marche avec chauffeur :
avec coupe 4,20 m : 5350 kg
avec coupe 5,40 m : 5460 kg

EQUIPEMENTS SPECIAUX.

— Para-soleil : avec dispositif télescopique pour couvrir la trémie.
— Eparpilleur de paille.
— Batteur et contre-batteur à dents.
— Chenilles.
— Pick-up à toile, largeur 3,20 m.
— Pick-up à dents, largeur 2,30 m.
— Equipements pour battage des graminées et du colza.
— Equipement pour la récolte du maïs.
— Horamètre, hectamètre, compte-tours.
— Chariot, pour déplacement sur route suivant le code de la route.

RENDEMENT.

Suivant la récolte, l'étendue du champ et l'organisation du travail jusqu'à 10.000 kg/h.

CONFORT.

— Un tableau de bord central, ultra-moderne, panoramique comprenant un tachymètre qui indique le régime pour l'ensemble de la batteuse ; un indicateur de la position des variateurs.
— Une attache rapide du tablier de coupe permettant de faire la mise en position de route ou en position de travail par le chauffeur en ± 5 min.
— Sécurité totale : équipement électrique, embrayages de sécurité, construction simple, entretien minime.
— Minimum de fatigue : siège réglable et spacieux, habileté du poste de conduite, plus de poussière, visibilité et contrôle parfaits sur le fonctionnement de la machine toute entière.

Les caractéristiques ci-dessus sont données à titre indicatif et peuvent être modifiées par le constructeur, sans préavis.

NEW HOLLAND
CLAYSON

M122

Solide… longtemps !

Caractéristiques techniques

Coupe
- largeur: 2,58 m - 3,05 m - 3,35 m
- hauteur: — 10 à ± 105 cm
- protection: compensateur oléo-pneumatique
- diviseurs réglabes

Rabatteur
- type: rabatteur à griffes
- vitesse: variateur mécanique
- réglage: de la plate-forme de conduite

Batteur
- diamètre: 460 mm
- largeur: 1000 mm
- nombre de battes: 6
- profil: 45/45
- entraînement: courroie (50) variateur mécanique
  vitesse: 790 - 1315 t/min.

Contre-Batteur
- nombre de contre-battes: 10
- réglage: depuis la plate-forme de conduite;
- auge à pierres

Secoueurs
- nombre: 4
- largeur: 1,03 m
- roulements étanches
- surface (avec rallonge): 3,111 m2
- longueur (avec rallonge): 3,02 m
- surface de séparation totale: 3,57 m2

Nettoyage
- ventilateur: vitesse 500-1050 t/min. variateur mécanique - 6 pales
- surface grille supérieure: 0,845 m2
- surface grille inférieure: 0,845 m2
- surface rallonge: 0,402 m2
- surface du peigne à l'arrière de la table
  de récupération: 0,135 m2
- surface des grilles d'extension: 2,227 m2
- surface totale de nettoyage: 4,10 m2

Mécanisme de traction
- pneus de traction 13 x 26 (8 ply) ou 13 x 24
- pneus de direction 8,50 x 12 (6 ply) ou 700 x 16
- vitesses: variateur mécanique
  avant: 3 (1,28 - 12,03 km/h)
  arrière: I (2,57 - 6,38 km/h)

Direction: mécanique
Voie (de centre à centre des pneus)
- roues de traction: 2,078 m
- roues de direction: 0,98 m

Moteur
- Deutz diesel 4 cyl. type F4L912, refroidissement par air
- Ford diesel DORSET 4 cyl. type 270IE, refroidissement par eau
- puissance SAE: 83 CV.
(caractéristiques indiquées par le constructeur)

Réservoir de carburant
- Capacité: 80 litres

Batterie
- 12 volt - 120 amp/h

Trémie
- Capacité: 1.800 litres
- Vis sans fin de répartition.

Dimensions
- longueur: 8.052 mm
- hauteur: 2.995 mm
- poids: (avec barre de coupe 2,58 m) ± 4.685 kg

NEW HOLLAND
CLAYSON
pratique • Fonctionnement sûr

NEW HOLLAND
ision de Sperry Rand France
P. No 8 21, Longvic, France
Tél.: 30.33.62

SPERRY RAND
NEW HOLLAND
Clayson 140

CARACTÉRISTIQUES

Barre de coupe	Largeur de coupe : 3,35 m - 3,60 m - 3,90 m - 4,57 m - 5,18 m - 5,79 m - 6,70 m. Hauteur de coupe : de −10 à +110 cm. Indicateur de hauteur de coupe. Suspension de table oléopneumatique. Vis d'alimentation à 15 doigts ronds rétractables. Montée sur roulements étanches. Entraînement de la lame : par balancier horizontal.
Rabatteur	à 5 barres, à griffes, inclinaison réglable. Vitesse et hauteur réglables du poste de conduite.
Batteur	Diamètre : 600 mm. Largeur : 1255 mm. Nombre de battes : 8. Vitesse réglable à partir du poste de conduite de 450 à 1050 t/mn.
Contre-batteur	Nombre de battes : 14 - angle : 112°. Capacité de séparation : ±95 %. Ecartement réglable à partir du poste de commande. Auge à pierres solidaire du contre-batteur.
Secoueurs	Nombre : 5. Largeur : 128,5 cm. Longueur : 3,80 m. Surface des secoueurs : 4,88 m^2. Surface de séparation : 5,44 m^2. Montés sur roulements étanches.
Nettoyage	Grilles inférieure et supérieure réglables. Ventilateur à 6 pales, vitesse réglable de 550 à 950 t/mn. Surface de nettoyage contrôlée par les vents : 3,332 m^2.
Pneumatiques	Avant : 15 x 30 - 8 ply Arrière : 12 x 18 - 8 ply
Freins	2 freins à pied indépendants. Frein de parking à main, avec témoin lumineux.
Vitesses d'avancement	**Sur pneumatiques : 15 x 30** 1re : 1,62 à 3,86 km/heure 2me : 3,71 à 8,81 km/heure 3me : 9,02 à 21,41 km/heure Arrière : 3,26 à 7,75 km/heure Tolérance : ±10 %. **sur chenilles** 1re : 0,56 à 1,35 km/heure 2me : 1,30 à 3,08 km/heure 3me : 3,16 à 7,50 km/heure Arrière : 1,14 à 2,71 km/heure
Moteur	Ford : 6 cylindres - 2704 E Dorset refroidissement par eau diesel Puissance : 128 CV à 2.300 t/min Perkins : 6 cylindres type 6.354 refroidissement par eau diesel Puissance : 104 CV à 2.300 t/min
Réservoir à carburant	Capacité : 160 l.
Batterie	12 V - 120 ampères/heure.
Trémie	Capacité : 2.615 l. Vis d'égalisation. Vidange par vis escamotable. Couvercle sur trémie.
Sécurité	sur : vis d'alimentation élévateur convoyeur vis à grain vis à otons.
Dimensions	Longueur : 8,75 m. Hauteur : 3,12 m. Largeur (sans table) : 3,04 m. Poids (barre de 5,18 m) : 6.030 kg.

Sperry Rand France

DIVISION NEW HOLLAND

Boîte Postale n° 8 — 21. Longvic
Tél. (80) 30.33.62 — R.C. Paris 55 B 416

NEW HOLLAND
Conception sûre · solide longtemps

Moissonneuses-Batteuses
Clayson S.1540

SPERRY NEW HOLLAND

Caractéristiques

Barre de coupe
Largeurs de coupe : 3,04 m - 3,35 m - 3,65 m - 3,96 m - 4,57 m.
Hauteur de coupe : −21 à +97 cm.
Suspension oléo-pneumatique.

Rabatteur
Type à 6 peignes.
Vitesse réglable par variateur mécanique.
Relevage hydraulique commandé par le conducteur depuis son siège.
Réglage mécanique horizontal du rabatteur.

Batteur
Diamètre : 60 cm.
Largeur : 100 cm.
Nombre de battes : 8.
Vitesse du batteur : 425 à 1100 T/mn.

Contre-batteur
Nombre de contre-battes : 14.
Réglage de l'écartement depuis la plateforme de conduite.
Angle d'enveloppement : 110°.
Superficie du contre-batteur : 0,62 m².

Vis sans fin
Montée sur roulements à billes étanches.
Spires avec renforts.
15 doigts escamotables.
2 vitesses : 192 et 137 T/mn.

Elévateur de paille
Lattes décalées. – Nombre : 42.
Vitesse de rotation : 376 T/mn.

Tire-paille
Vitesse : 400 à 760 T/mn.

Séparateur Rotatif
Largeur : 100 cm.
Diamètre : 59 cm.
Vitesse : 400 ou 760 T/mn.

Surface de séparation
Contre-batteur : 0,62 m².
Séparateur Rotatif : 0,66 m².
Secoueurs : 3,64 m².
Surface totale de séparation : 5,06 m².

Secoueurs
Nombre : 4.
Largeur : 3,50 m.
Surface maximum : 3,64 m².
Vitesse : 220 T/mn.
Nombre de redans : 5.

Nettoyage
Grilles réglables.
Surface grille supérieure : 1,74 m².
Surface grille inférieure : 1,20 m².
Surface totale ventilée : 3,10 m.

Ventilateur
Nombre de pales : 6.
Variateur mécanique.
Vitesse : 500 à 985 T/mn.

Moteur
Ford 6 cyl. - refroidissement par eau 115 CV DIN.
Deutz 6 cyl. - refroidissement par air 106 CV DIN.

Pneumatiques
Avant : 15 x 30, 10 ply.
Arrière : 12 x 18, 6 ply.

Variateur d'avancement
Mécanique à commande hydraulique.
Vitesses avant : 3 de 1,6 à 23,3 km/h.
Marche arrière : de 3,6 à 9,2 km/h.
(En fonction des pneus.)

Direction
Hydrostatique.
Largeur essieu étroit : 1,62 m.
Largeur essieu large : 2,03 m.

Réservoir à carburant
250 l.

Batterie
2 x 12 volts - 144 amp/h.

Trémie
Contenance : 3.200 l.
Avec extension : 3.700 l.

Vis de vidange
A commande hydraulique.
Boîtiers d'entraînement étanche.
Vidange en toutes positions.
Longueur de la vis : 2,84 - 3,50 m.

Freins
A disques.
A commande hydraulique avec système d'équilibrage.

Sécurités audibles : 4.
Sur arbre supérieur élévateur.
Sur vis sans fin de coupe.
Sur élévateur de bon grain.
Sur élévateur retour d'ôtons.

Poids
Avec coupe 3,96 m : 6.730 kg.

Dimensions :

Hauteur (avec filtre replié) :	3,14 m.
Longueur (sans diviseurs) :	8,57 m.
Empattement - minimum :	3,13 m.
maximum :	3,66 m.

La moissonneuse-batteuse S. 1540 peut être livrée avec les équipements suivants :
Chenilles.
Batteur et contre-batteur à dents.
Eléments de battage pour maïs.
Cueilleur maïs 3 et 4 rangs.
Equipement pour graminées.
Equipement pour colza.
Releveurs d'épis.
Avancement hydraulique du rabatteur.
Pignon 63 dents pour vis sans fin.
Tôle de fermeture de bac à pierres.
Tôle de protection de peigne du contre-batteur.
Réhausse du cloisonnement de grilles.
Grille graepel supérieure.
Grilles fixes à trous ronds Ø 3,5 mm, 6 mm, 9 mm, 12 mm, 14 mm, 16 mm, 18 mm.
Compteur d'heures pour moteur.
Pare soleil.
Crochet d'attelage.
Cabine, essuies-glace avant et arrière.
Appareil de pressurisation.
Appareil de chauffage.
Controleur de performances.

Toutes les données et caractéristiques spécifiées ou contenues dans ce prospectus, sont celles correspondant au modèle figurant au catalogue édité en mars 1976. Chaque modèle peut éventuellement comporter des variantes aux fins de satsifaire tant aux prescriptions légales des pays dans lesquels il est appelé à être utilisé, qu'aux désirs de chaque utilisateur.

New Holland et Sperry New Holland sont des marques déposées de la Sperry Rand Corporation.

Moissonneuses-Batteuses
Modèle 8080

SPERRY NEW HOLLAND

Caractéristiques de la "8080".

Barre de coupe
Largeur de travail* : 3,96 m
: 4,57 m
: 5,18 m
: 5,79 m
: 6,70 m
*Pour obtenir la largeur hors tout, ajouter 33 cm.
Hauteur de coupe : – 11 cm à + 120 cm.
Mise au point automatique par compensateur à boules d'azote, manomètre de pression au poste de conduite.
Deux lames de coupe sont livrées avec la « 8080 ».
Vitesse de lame, 530 tours-minute (1060 coups).
Patins, sur toute la largeur de la coupe.

Vis sans fin
Equipée de 15 doigts escamotables et circulaires.
Montée sur roulement étanches.
Vitesse de rotation avec pignon 45 dents : 192 t/mn
Vitesse de rotation avec pignon 63 dents : 137 t/mn

Rabatteur
Type : tube central de forte section, 6 tubes avec dents à ressort dont l'angle est réglable par levier.
Diamètre : 1,07 m.
Entrainement : courroie trapézoïdale.
Variateur électrique, à commande depuis le poste de conduite.

Elévateur-convoyeur
Nombre de lattes : 44 (décalées)
Distance entre les lattes : 16,5 cm
Largeur des lattes : 0,75 m
Vitesse de rotation de l'arbre supérieur : 376 t/mn
Standard pour céréales et maïs.

Batteur
Diamètre : 0,60 m
Largeur : 1,56 m
Vitesse de rotation 425 - 1150 t/mn
Nombre de battes : 8

Contre-batteur
Nombre de contre-battes : 14
Angle d'enveloppement : 110°
Surface de frottement 0,95 m²
Réglage instantané depuis le poste de conduite.
Le contre-batteur est équipé d'un bac à pierres à vidange instantanée.

Tire-paille derrière le batteur
Type rond
Vitesse de rotation : 875 t/mn
Surface de séparation du peigne : 0,194 m²

Séparateur rotatif
Largeur : 1,56 m
Diamètre : 0,59 m
Vitesse de rotation : 400 ou 760 t/mn
Nombre de battes : 10
Surface de frottement du contre-batteur : 0,99 m²

Secoueurs
Nombre : 6
Longueur : 3,30 m
Course : 11 cm
Surface : 5,214 m²
Nombre de redans : 5
Vitesse de rotation : 220 t/mn

Surface de nettoyage
Grille supérieure (avec extension) : 2,67 m²
Grille inférieure : 2,06 m²
Peigne de table de préparation : 0,24 m²
Surface totale sous contrôle des vents : 4,97 m²
Surface totale de séparation 7,348 m²

Recyclage des otons
Par un second batteur
Vitesse de rotation : 800 t/mn

Pneus
Pneus de traction : 23.1 x 30 - 10 ply
Pneus de direction : 13.0/65 x 18 - 8 ply

Ventilateur
Double ventilateur avec 3 entrées d'air.
Nombre de pales : 6
Entrainement, courroie trapézoïdale.
Vitesse de rotation : 500 à 985 t/mn.

Transmission
Hydrostatique - circuit fermé avec : pompe, moteur et refroidisseur d'huile.
Boîte 4 vitesses.
Réduction finale en bout de transmission.
Vitesses d'avancement avec pneus 23.1 x 30
1re vitesse 0-3,5 km/h
2e vitesse 0-8,5 km/h
3e vitesse 0-14 km/h
4e vitesse 0-25 km/h
Les vitesses de recul sont réduites de moitié dans chaque rapport.
Les vitesses d'avancement et de recul sont fonction de la dimension des pneus de traction.

Direction
Hydrostatique.
Voie avec essieu étroit : 2,49 m.
Voie avec essieu réglable : 2,22 m à 2,84 m.

Moteur
Mercédès 6 cylindres en V — Type OM 401.
Puissance 175 CV DIN.

Réservoir à carburant
Capacité : 350 l.

Batterie
Deux de 12 V - 72 Amp/h.

Trémie
Capacité : 6.340 l.
Remplissage par tube central.

Goulotte de vidange
A pivotement hydraulique depuis le poste de conduite, avec pivot étanche, vidange en toutes positions.
Vitesse de vidange : 53 l/sec.
Longueur de goulotte : 4,00 m.

Poids
Avec coupe de 5,18 m : ± 8.800 kg.

Dimensions
Hauteur maximum, avec cabine : 3,92 m
Longueur avec coupe (sans diviseur) : 8,82 m
Voie : 3,50 m - 3,75 m

Toutes les données et caractéristiques spécifiées ou contenues dans ce prospectus, sont celles correspondant au modèle figurant au catalogue édité en décembre, 1976. Chaque modèle peut éventuellement comporter des variantes aux fins de satisfaire tant aux prescriptions légales des pays dans lesquels il est appelé à être utilisé, qu'aux désirs de chaque utilisateur.

Moissonneuse-batteuse
Modèle 8070

SPERRY NEW HOLLAND

Caractéristiques de la "8070".

Barre de coupe
Largeur de travail* : 3,96 m
: 4,57 m
: 5,18 m
: 6,16 m
: 6,70 m
*Pour obtenir la largeur hors tout, ajouter 33 cm
Hauteur de coupe : – 17 cm à + 114 cm.
Mise au point automatique par compensateur à boules d'azote, manomètre de pression au poste de conduite.
Deux lames de coupe sont livrées avec la « 8070 ».
Vitesse de lame, 530 tours-minute (1060 coups).
Patins, sur toute la largeur de la coupe.

Vis sans fin
Equipée de 15 doigts escamotables et circulaires.
Montée sur roulement étanches.
Vitesse de rotation avec pignon 45 dents : 192 t/mn
Vitesse de rotation avec pignon 58 dents : 149 t/mn

Rabatteur
Type : tube central de forte section. 6 tubes avec dents à ressort dont l'angle est réglable par levier.
Diamètre : 1,07 m.
Entraînement : courroie trapézoïdale.
Variateur électrique, à commande depuis le poste de conduite.
Avancement horizontal du rabatteur :
commande hydraulique standard (France).

Elévateur-convoyeur
Nombre de lattes : 44 (décalées)
Distance entre les lattes : 16,5 cm
Largeur des lattes : 0,73 m
Vitesse de rotation
de l'arbre supérieur : 376 t/mn
Standard pour céréales et maïs.

Batteur
Diamètre : 0,60 m
Largeur : 1,30 m
Vitesse de rotation : 425-1150 t/mn
Nombre de battes : 8

Contre-batteur
Nombre de contre-battes : 14
Angle d'enveloppement : 110°
Surface de frottement : 0,79 m²
Réglage instantané depuis le poste de conduite.
Le contre-batteur est équipé d'un bac à pièrres à vidange instantanée.

Tire-paille derrière le batteur
Type rond
Vitesse de rotation : 875 t/mn
Surface de séparation du peigne : 0,162 m²

Séparateur Rotatif
Largeur : 1,30 m
Diamètre : 0,59 m
Vitesse de rotation : 400 ou 760 t/mn
Nombre de battes : 10
Surface de frottement
du contre-batteur : 0,83 m²

Secoueurs
Nombre : 5
Longueur : 3,30 m
Course : 11 cm
Surface : 4,36 m²
Nombre de redans : 5
Vitesse de rotation : 220 t/mn

Surface totale de séparation : 6,14 m²

Surface de nettoyage
Grille supérieure (avec extension) : 2,22 m²
Grille inférieure : 1,72 m²
Peigne de table de préparation : 0,19 m²
Surface totale sous contrôle des vents : 4,13 m²

Recyclage des otons
Par un second batteur
Vitesse de rotation : 800 t/mn

Pneus
Pneus de traction : 23.1 × 30 – 10 ply
Pneus de direction : 13.0/65 × 18 – 8 ply

Ventilateur
Nombre de pales : 6
Entraînement, courroie trapézoïdale.
Vitesse de rotation : 450 à 1.050 t/mn.

Transmission
Variateur mécanique
Boîte 4 vitesses.
Vitesses d'avancement avec pneus 23.1 × 30

1re vitesse	1 - 2,9 km/h
2e vitesse	2,7 - 6,9 km/h
3e vitesse	4,4 - 11,7 km/h
4e vitesse	9,4 - 25 km/h
Marche arrière	3,1 - 8 km/h

Les vitesses d'avancement et de recul sont fonction de la dimension des pneus de traction.

Direction
Hydrostatique.

Moteur
Mercédès — Type OM 352 A ou Ford 2704 ET
Puissance 104 kW (140 CV DIN 70020)

Réservoir à carburant
Capacité : 300 l.

Batterie
Deux de 12 V - 72 Amp/h.

Trémie
Capacité : 5.640 l.
Remplissage par tube central.

Goulotte de vidange
A pivotement hydraulique depuis le poste de conduite, avec pivot étanche, vidange en toutes positions.
Vitesse de vidange : 53 l/sec.
Longueurs de goulotte : 3,50 m ou 4,00 m.

Poids
Avec coupe de 5,18 m : ± 8.240 kg.

Dimensions
Hauteur maximum, sans cabine : 3,80 m
Longueur avec coupe (sans diviseur) : 8,82 m
Empattement : 3,52 m
Largeur unité de base : 3,14 m
3,39 m
Voie : 2,51 m
2,76 m

Toutes les caractéristiques et indications mentionnées ou auxquelles il est fait allusion dans cette brochure sont valables sous réserve de confirmation dans le plus récent catalogue de prix publié par Sperry New Holland pour le pays considéré. Les dimensions et poids sont approximatifs. Les illustrations ne représentent pas nécessairement les matériels en version standard.

NEW HOLLAND

Moissonneuses-batteuses TX
Modèles TX30, TX32, TX34, TX36

FORD
NEW HOLLAND

Caractéristiques

TX30

Barre de coupe
Largeur de coupe : 3,66 m - 3,96 m.
Double fond sous toute la largeur.
Réglage automatique de la pression de la coupe au sol ou de la hauteur de coupe (option).
Lame de rechange logée dans le châssis du tablier.
Vis d'alimentation
Doigts escamotables sur toute la largeur (option).
Inverseur de rotation de la vis sans fin à commande mécanique.
Rabatteur
Diamètre: 1,07 m.
Réglage instantané de la position des dents.
Vitesse de rotation commandée électriquement depuis le poste de conduite.
Réglage hydraulique de l'avancement horizontal (standard).
Convoyeur-élévateur de paille
Convoyeur universel.
Nombre de chaines : 3.
Nombre de lattes : 52.
Construction des lattes : acier haute résistance.
Batteur
Diamètre : 0,60 m.
Largeur : 1,04 m.
Nombre de barres : 8.
Vitesse de rotation : 385 - 1140 tr/min.
Réducteur de vitesse pour récoltes délicates en option: 190 - 560 tr/min.
Réglage de vitesse : commande électrique depuis le poste de conduite.
Affichage de vitesse : lecture digitale au poste de conduite.
Contre-batteur
Nombre de barres : 13.
Angle d'enveloppement : 101 degrés.
Largeur : 1,057 m.
Surface de frottement : 0,5773 m².
Réglage mécanique précis sur 12 positions depuis le poste de conduite. Possibilité de blocage pour le maïs.
Réglage de précision : aux points de suspension, avec des tiges filetées et des écrous.
Tôles d'ébarbage : 2, fixées au contre-batteur, réglage individuel de l'extérieur (opération en 2 étapes).
Bac à pierres articulé démontable sans outil pour accéder à la table de préparation et au contre-batteur.
Tire-paille
A palettes et à plaques réglables.
Vitesse : 2/3 de la vitesse du batteur, de 256 à 760 tr/min.
Diamètre : 0,61 m.
Surface de séparation contre tire-paille : 0,4012 m².
Séparateur rotatif
Largeur : 1,057 m.
Diamètre : 0,605 m.
Nombre de dents : 5 x 5 et 5 x 6.
Vitesse : 760 ou 400 tr/min.
Surface de séparation : 0,5225 m².
Surface du peigne derrière la surface de séparation : 0,1438 m².
Secoueurs
Nombre : 4.
Surface de séparation : 3,41 m².
Vitesse de rotation : 220 tr/min.
Recyclage des ôtons
Vis inférieure, mini-batteur à dents sur le côté gauche, vis élévatrice, expulseur à palettes.
Vitesse de rotation du batteur à ôtons : 600 tr/min.
Protection : embrayage de sécurité à ressort.
Elévateur de grains
Elévateur à palettes de caoutchouc et remplissage par tube central.
Trémie
Capacité : 4930 litres.
Porte d'accès pour prise d'échantillon
Avertisseur sonore de fin de remplissage (option).

TX30

Nettoyage
Caisson de nettoyage à mise à niveau automatique : mise à niveau automatique sur dévers atteignant 17 %.
Système de pré-nettoyage exclusif.
Grilles à mouvement alterné.
Surface du peigne de la table de préparation : 0,169 m².
Surface de pré-nettoyage sur la table de préparation : 0,169 m².
Surface de la grille supérieure : 1,54 m².
Surface de la grille inférieure : 1,54 m².
Surface de l'extension de grille supérieure : 0,159 m².
Surface de rallonge Graëpel : 0,159 m².
Surface totale sous contrôle de la soufflerie : 3,736 m².
Ventilateur
Nombre de pales : 6.
Vitesse de rotation : variable de 500 à 950 tr/min.
Sortie d'air double avec entrée d'air supplémentaire sur le dessus.
Réglage de la vitesse électrique depuis le poste de conduite.
Vis de déchargement
Vis à embase étanche et prise directe dans la trémie ; pivotement hydraulique, vidange dans toutes les positions.
Vitesse de vidange : 72 l/s.
Moteur
Ford 666 HT, 4 temps, diesel, 103 kW (140 CH DIN) à 2500 tr/min.
Réservoir à carburant
Capacité : 350 litres.
Transmission
Mécanique.
Boîte de vitesses
Boîte 4 vitesses.
Pneus
Pneus de traction : 23.1 x 30-14 PR-R1.
23.1 x 26-12 PR-R1.
Pneus de direction : 13.0/65 x 18-10 PR-F3.
Dimensions (avec pneus de traction 23.1 x 26).
Hauteur maximum : 3,74 m.
Largeur maximum : 3,218 m.
Longueur maximum avec barre de coupe : 8,823m.
Poids
TX30 avec caisson de nettoyage à mise à niveau automatique : 9285 kg.
Version standard avec :
barre de coupe de 3,66 m.
pneus de traction: 23.1 x 26 ou 23.1 x 30.
pneus de direction 13.0/65 x 18.
30 kg de carburant.
essieu de direction fixe.
cabine.

Cabine confort en standard avec
Contrôleur de performances.
Contrôleur de variation de vitesse des arbres: contrôle de la vitesse de rotation : du tire-paille, des secoueurs, de l'élévateur à grains propres, de l'élévateur à ôtons, de l'excentrique du caisson autonivelant, du séparateur rotatif et du broyeur de paille, si monté.
Affichage à lecture digitale de la position d'avancement du variateur, de la vitesse de rotation du batteur et du ventilateur.
Option air conditionné.
Option chauffage.

TX 32

Barre de coupe
Largeur de coupe : 3,96 m et 5,18 m
Double fond sous toute la largeur.
Lame de rechange logée dans le châssis du tablier.
Vis d'alimentation
Doigts escamotables sur toute la largeur.
Inverseur de rotation de vis sans fin à commande mécanique.
Rabatteur
Diamètre : 1,07 m.
Réglage instantané de la position des dents.
Vitesse de rotation commandée électriquement depuis le poste de conduite.
Réglage hydraulique de l'avancement horizontal.
Convoyeur-élévateur de paille
Convoyeur universel.
Nombre de chaines : 3.
Nombre de lattes : 52.
Construction des lattes : acier haute résistance.
Batteur
Diamètre : 0,60 m.
Largeur : 1,30 m.
Nombre de barres : 8.
Vitesse de rotation 385 - 1140 tr/min.
Réducteur de vitesse pour récoltes délicates en option : 190 - 560 tr/min.
Réglage de vitesse : commande électrique depuis le poste de conduite.
Affichage de vitesse : lecture digitale au poste de conduite.
Contre-batteur
Nombre de barres : 13.
Angle d'enveloppement : 101 degrés.
Largeur : 1,317 m.
Surface de frottement : 0,72 m².
Réglage mécanique précis sur 12 positions depuis le poste de conduite. Possibilité de blocage pour le maïs.
Réglage de précision aux points de suspension, avec vis filetées et écrous.
Tôles d'ébarbage : 2, ajustées au contre-batteur, réglage séparé de l'extérieur (opération en 2 étapes).
Bac à pierres articulé démontable sans outil pour accéder à la table de préparation et au contre-batteur.
Tire-paille
5 pales réglables.
Vitesse : 2/3 de la vitesse du batteur, de 256 à 760 tr/min.
Diamètre : 0,61 m.
Surface de séparation contre tire-paille : 0,5 m².
Séparateur rotatif
Largeur : 1,317 mm.
Diamètre : 0,605 m.
Nombre de dents : 10 x 7.
Vitesse : 760 ou 400 tr/min.
Surface de séparation : 0,657 m².
Surface du peigne derrière la surface de séparation : 0,1998 m².
Secoueurs
Nombre : 5.
Nombre de redans : 5.
Surface de séparation : 4,36 m².
Vitesse de rotation : 220 tr/min.
Surface totale de séparation : 6,43m²
Recyclage des ôtons
Vis inférieure avec 1 batteur à ôtons ; une vis à dents sur le côté gauche et mini-batteur à dents.
Vitesse de rotation du batteur à ôtons : 600 tr/min.
Protection : embrayage de sécurité à ressort.
Elévateur de grains
Elévateur à palettes de caoutchouc et remplissage par tube central.
Trémie
Capacité : 5600 litres.
Porte d'accès pour prise d'échantillon.
Avertisseur sonore de fin de remplissage (option).

Moissonneuse-Batteuse Twin Rotor™ TR™70

SPERRY NEW HOLLAND

Caractéristiques

Dimensions hors tout

Longueur avec barre de coupe .... 8,50 m
Longueur avec équipement maïs .... 9,10 m
Hauteur maxi
avec rallonge filtre à air .... 4,17 m
avec cabine .... 3,56 m
Empattement .... 3,21 m
Rayon de braquage (machine de base) .... 6,35 m
Largeur de transport
avec roues 28L x 26 .... 3,23 m
sans roues .... 3,00 m

Poids

Poids total (machine de base sans élévateur et avec moteur Diesel Caterpillar) .... 6.851 kg

Grilles de battage (2)

Réglables depuis le poste de conduite.
Longueur ....0,7,11 m
Superficie .... 0,54 m²

Surface de séparation centrifuge

Surface totale de séparation .... 1,45 m²

Extensions des grilles de battage (2)

Longueur ....0,7,11 m
Largeur .... 121 mm
Surface .... 0,17 m²

Grilles de séparation (2)

Longueur .... 787 mm
Surface .... 0,88 m²

Grille de tire de paille

Longueur .... 1.036 mm
Surface .... 0,4 m²

Batteurs jumelés

Diamètre aux battes .... 432 mm
Longueur .... 2.235 mm
Vitesse de rotation .... réglable de 580 à 1.325 tr/min depuis le poste de conduite

Surface de nettoyage

Surface totale de nettoyage .... 2,58 m²
Grilles à mouvements opposés
Vitesse .... 330 tr/min.

Trémie et mécanisme de déchargement

Trémie

Capacité .... 6,340 l
Diamètre de la vis sans fin transversale .... 260 mm

Vis de déchargement

Diamètre .... 260 mm
Longueur .... 4,27 m
Positionnement .... par vérin hydraulique
Débit .... 53 l/s
Hauteur de déchargement .... 3,28 m

Essieu moteur et transmission

Type .... essieu-poutre, réducteurs finaux
Boîte de vitesse .... à pignons en prise constante, graissage sous pression, 4 rapports AV et 1 marche AR
Embrayage .... à disque unique de 305 mm, à commande hydraulique
Transmission .... variateur à courroie

Freins

à tambours, autoréglables, avec compensateur de freinage

Pneus

Dimensions .... 28,1 × 26 R-1
Nombre de plis 10

Voie

Roues en position normale 2.489 mm
Entretoise de 51 mm .... 2.591 mm
Roues en position inversée .... 2.775 mm

Moteur Diesel

Modèle .... Cat. 3208 - V8 OHV
Cylindrée .... 10.400 cm³
Puissance .... 109 kW (148 CV DIN)

Filtre à air .... Préfiltre et élément sec avec élément de sécurité

Equipement électrique ... 12 V, (-) à la masse

Réservoir à carburant .... 302 l

Ensembles de coupe

Barres de coupe, largeur 3,96, 4,57, 5,18 m
Becs maïs .... 5 rangs
6 rangs

Equipements en option selon pays

- Système de chauffage pour cabine
- Ensemble de montage «départ à froid»
- Broyeur de paille
- Eparpilleur de paille
- Ensemble pour augmenter la vitesse des rotors
- Chariot pour barre de coupe et barre d'attelage
- Poids pour roues directrices
- Equipement maïs.

Toutes les données et caractéristiques spécifiées ou contenues dans ce prospectus, sont celles correspondant au modèle figurant au catalogue édité en janvier 1979. Chaque modèle peut éventuellement comporter des variantes aux fins de satisfaire aux prescriptions légales des pays dans lesquels il est appelé à être utilisé.

Moissonneuse-Batteuse Twin Rotor™ TR™85

SPERRY NEW HOLLAND

Caractéristiques

Dimensions hors tout

Longueur avec barre de coupe	8,45 m
Longueur avec équipement maïs	9,14 m
Hauteur maxi	
avec rallonge filtre à air	3,88 m
avec cabine	3,60 m
Empattement	3,25 m
Rayon de braquage (machine de base)	5,84 m
Largeur de transport sans roues de traction	3,00 m

Poids

Poids total (machine de base sans élévateur et avec moteur Diesel Caterpillar)	6.950 kg

Grilles de battage (2)

Réglables depuis le poste de conduite.

Longueur	711 mm
Superficie	0,54 m²

Surface de séparation centrifuge

Surface totale de séparation	1,45 m²

Extensions des grilles de battage (2)

Longueur	711 mm
Largeur	121 mm
Sûrface	0,17 m²

Grilles de séparation (2)

Longueur	787 mm
Surface	0,88 m²

Grille de tire de paille

Longueur	1.036 mm
Surface	0,4 m²

Batteurs jumelés

Diamètre aux battes	432 mm
Longueur	2.235 mm
Vitesse de rotation	réglable de 650 ± 10 tr/min à 1500 ± 20 tr/min depuis le poste de conduite

Surface de nettoyage

Surface totale de nettoyage	2,60 m²
Grilles à mouvements opposés	
Vitesse	330/340 tr/min

Trémie et mécanisme de déchargement

Trémie

Capacité	6,695 l
Diamètre de la vis sans fin transversale	260 mm

Vis de déchargement

Diamètre	260 mm
Positionnement	par vérin hydraulique
Débit	53 l/s
Hauteur de déchargement	3,89 m

Essieu moteur et transmission

Type	essieu-poutre, réducteurs finaux
Boîte de vitesse	à pignons en prise constante, graissage sous pression, 4 rapports AV et 1 marche AR
Embrayage	à disque unique de 305 mm, à commande hydraulique
Transmission	variateur à courroie

Freins

à tambours, autoréglables, avec compensateur de freinage

Pneus

Dimensions	28 L x 26 R-1
Nombre de plis	10

Voie

Roues en position normale	2.518 mm
Entretoise de 51 mm	2.613 mm
Roues en position inversée	2.623 mm

Moteur Diesel

Modèle	Cat. 3208 - V8 OHV
Cylindrée	10.400 cm³
Puissance	109 kW (148 CV DIN)

Filtre à air	Préfiltre et élément sec avec élément de sécurité
Equipement électrique	12 V, (-) à la masse
Réservoir à carburant	302 l

Ensembles de coupe

Barres de coupe, largeur	4,57, 5,18 m
Becs maïs	5 rangs 6 rangs

Toutes les caractéristiques et indications mentionnées ou auxquelles il est fait allusion dans cette brochure sont valables sous réserve de confirmation dans le plus récent catalogue de prix publié par Sperry New Holland pour le pays considéré. Les dimensions et poids sont approximatifs. Les illustrations ne représentent pas nécessairement les matériels en version standard.

NEW HOLLAND

Moissonneuses-batteuses
Modèles TF42, TF44 et TF46

Ford
FORD
NEW HOLLAND

Caractéristiques

TF42

Barre de coupe
Barre de coupe : 4,57 m - 5,18 m - 6,10 m.
Double fond sous la coupe sur toute la largeur.
Réglage automatique de la pression au sol du tablier de coupe ou de la hauteur de coupe
Cadence de la lame : 1150 coups /minute.
Lame de rechange dans le châssis du tablier.
Pivotement latéral.

Vis d'alimentation
Vis avec 17 doigts escamotables à rainure de rupture.
Vis avec doigts escamotables sur toute la largeur.
Inverseur de vis sans fin à commande électrique.

Rabatteur
Diamètre : 1,07 m.
Réglage instantané de la position des dents.
Vitesse de rotation commandée électriquement depuis le poste de conduite.
Réglage hydraulique de l'avancement horizontal depuis le poste de conduite.

Elévateur de paille
Convoyeur universel.
Nombre de lattes : 52.
Construction acier haute résistance.
Largeur : 1,30 m.
Vitesse de rotation de l'arbre supérieur : 376 tr/min.
Inversion d'alimentation.

Batteur
Diamètre : 60,3 cm.
Largeur : 1,30 m.
Nombre de battes : 8.
Vitesse de rotation : 385 - 1140 tr/min.
Lecture digitale au poste de conduite.

Contre-batteur
Nombre de battes : 12.
Angle de recouvrement : 101°.
Surface de frottement : 0,72 m^2.
Tôles d'ébarbage réglables de l'extérieur.
Réglage intantané depuis le poste de conduite.
Bac à pierres à ouverture sans outil et à vidange instantanée.

Tire-paille
Diamètre avec palettes et plaques réglables : 0,61 m.
Vitesse proportionnelle à la vitesse du batteur (2/3 de la vitesse) : 256 -760 tr/min.
Surface de séparation du contre-tire-paille : 0,494 m^2.

Séparateur rotatif
Largeur : 1,30 m.
Diamètre : 0,605 m.
Nombre de barres : 10.
Vitesse de rotation : 760 ou 400 tr/min.
Surface de séparation : 0,862 m^2.

Twin Flow™ rotor
Largeur : 2,36 m.
Diamètre : 0,70 m.
Vitesse de rotation (varie avec celle du séparateur rotatif 6/7) : 651 ou 343 tr/min.
Surface de séparation par force centrifuge : 2,466 m^2.

Surface totale de séparation: 4,537 m^2.

Recyclage des ôtons
Par deux mini-batteurs, un de chaque côté.
Vitesse de rotation : 800 tr/min.
Transport des ôtons par vis élévatrices.
Distribution des ôtons réglable de l'extérieur de la machine.

Elévateur de grains
Par élévateurs à palettes caoutchouc avec entraînement par le haut.
Remplissage de la trémie par tube central.
Vitesse de rotation de l'arbre supérieur : 382 tr/min.

TF42

Trémie
Contenance : 6340 l.
Porte d'accès pour prise d'échantillon.
Avertisseur sonore de fin de remplissage.

Vis de déchargement
Embase étanche et prise directe dans la trémie.
Pivotement hydraulique et vidange à toutes hauteurs.
Vitesse de vidange : 72 l/s.
Longueur de la goulotte : 3,85 m.

Nettoyage
Pré-nettoyage par grille et table exclusif.
Surface du peigne de la table de préparation : 0,211 m^2.
Grilles à mouvement alterné.
Surface de pré-nettoyage : 1,190 m^2.
Surface de la grille supérieure : 2,120 m^2.
Surface de la grille inférieure : 1,908 m^2.
Surface totale sous contrôle des vents : 5,43 m^2.
Caisson de nettoyage à mise à niveau automatique en dévers jusqu'à 17 %.

Ventilateur
Nombre de pales : 6.
Vitesse de rotation : 450 - 950 tr/min.
Sortie d'air additionnelle pour le pré-nettoyage.
Commande électrique de variation de régime avec contrôle digital au poste de conduite.

Moteur
Puissance : 205 CH DIN.
Cylindrée : 7800 cm^3.
Type de moteur : Ford 678 HTA.

Réservoir à carburant : 450 l.

Transmission
Variateur mécanique à commande hydraulique.
Transmission hydrostatique : option.
Sécurité en cas de surcharge : option.
Essieu arrière moteur : option hydrostatique.

Boîte de vitesses
Boîte de vitesses accolée à un essieu porteur pignon toujours en prise.

Blocage de différentiel

Direction
Hydrostatique.
Essieu arrière réglable.
Essieu arrière moteur réglable : option hydrostatique.
Essieu arrière fixe.

Pneus
Pneus de traction standard : 23.1x30-R-1-14 plis.
Pneus de traction option : 30.5 L x32-R-1-12 plis.
Pneus de direction standard : 13.0/65x18-10 plis.
Pneus de direction option : 16.0/70x20-I-3-10 plis.

Dimensions (avec pneus standard)
Hauteur maximum : 4,04 m.
Largeur maximum : 3,361 m.
Longueur maximum avec barre de coupe : 8,72 m.
Empattement : 3,45 m.

Poids - Barre de coupe 4,57 m : 10 331 kg.

Cabine confort standard
avec :
Contrôleur de variation de vitesse des arbres :
- contrôle de la vitesse de rotation du rotor et du tire-paille.
- contrôle de l'entrainement du caisson de nettoyage des élévateurs à ôtons, de l'élévateur de grain propre.
- contrôle de la vitesse des broyeurs de paille si montés.

Contrôleur de performances.
Affichage digital de la vitesse d'avancement, de la vitesse de rotation du batteur et du ventilateur.
Air conditionné et chauffage.

TF44

Barre de coupe
Barre de coupe : 4,57 m - 5,18 m - 6,10 m.
Double fond sous la coupe sur toute la largeur.
Réglage automatique de la pression au sol du tablier de coupe ou de la hauteur de coupe.
Cadence de la lame : 1150 coups/minute.
Lame de rechange dans le châssis du tablier.
Pivotement latéral.

Vis d'alimentation
Vis avec 17 doigts escamotables à rainure de rupture.
Vis avec doigts escamotables sur toute la largeur.
Inverseur de vis sans fin à commande électrique.

Rabatteur
Diamètre : 1,07 m.
Réglage instantané de la position des dents.
Vitesse de rotation commandée électriquement depuis le poste de conduite.
Réglage hydraulique de l'avancement horizontal depuis le poste de conduite.

Elévateur de paille
Convoyeur universel.
Nombre de lattes : 52.
Construction acier haute résistance.
Largeur : 1,30 m.
Vitesse de rotation de l'arbre supérieur : 376 tr/min.
Inversion d'alimentation.

Batteur
Diamètre : 60,3 cm.
Largeur : 1,30 m.
Nombre de battes : 8.
Vitesse de rotation : 385 - 1140 tr/min.
Lecture digitale au poste de conduite.

Contre-batteur
Nombre de battes : 12.
Angle de recouvrement : 101°.
Surface de frottement : 0,72 m^2.
Tôles d'ébarbage réglables de l'extérieur.
Réglage intantané depuis le poste de conduite.
Bac à pierres à ouverture sans outil et à vidange instantanée.

Tire-paille
Diamètre avec palettes et plaques réglables : 0,61 m.
Vitesse proportionnelle à la vitesse du batteur (2/3 de la vitesse) : 256 -760 tr/min.
Surface de séparation du contre-tire-paille : 0,494 m^2.

Séparateur rotatif
Largeur : 1,30 m.
Diamètre : 0,605 m.
Nombre de barres : 10.
Vitesse de rotation : 760 ou 400 tr/min.
Surface de séparation : 0,862 m^2.

Twin Flow™ rotor
Largeur : 2,36 m.
Diamètre : 0,70 m.
Vitesse de rotation (varie avec celle du séparateur rotatif 6/7) : 651 ou 343 tr/min.
Surface de séparation par force centrifuge : 2,466 m^2.

Surface totale de séparation : 4,537 m^2.

Recyclage des ôtons
Par deux mini-batteurs, un de chaque côté.
Vitesse de rotation : 800 tr/min.
Transport des ôtons par vis élévatrices.
Distribution des ôtons réglable de l'extérieur de la machine.

Elévateur de grains
Par élévateurs à palettes caoutchouc avec entraînement par le haut.
Remplissage de la trémie par tube central.
Vitesse de rotation de l'arbre supérieur : 382 tr/min.

TF44

Trémie
Contenance : 7050 l.
Porte d'accès pour prise d'échantillon.
Avertisseur sonore de fin de remplissage.

Vis de déchargement
Embase étanche et prise directe dans la trémie.
Pivotement hydraulique et vidange à toutes hauteurs.
Vitesse de vidange : 72 l/s.
Longueur de la goulotte : 3,85 m.

Nettoyage
Pré-nettoyage par grille et table exclusif.
Surface du peigne de la table de préparation : 0,211 m^2.
Grilles à mouvement alterné.
Surface de pré-nettoyage : 1,190 m^2.
Surface de la grille supérieure : 2,120 m^2.
Surface de la grille inférieure : 1,908 m^2.
Surface totale sous contrôle des vents : 5,43 m^2.
Caisson de nettoyage à mise à niveau automatique en dévers jusqu'à 17 %.

Ventilateur
Nombre de pales : 6.
Vitesse de rotation : 450 - 950 tr/min.
Sortie d'air additionnelle pour le pré-nettoyage.
Commande électrique de variation de régime avec contrôle digital au poste de conduite.

Moteur
Puissance : 250 CH DIN.
Cylindrée : 10 964 cm^3.
Type de moteur : Mercedes OM 421A.

Réservoir à carburant : 450 l.

Transmission
Transmission hydrostatique.
Sécurité en cas de surcharge.
Essieu arrière moteur : option.

Boîte de vitesses
Boîte de vitesses accolée à un essieu porteur pignon toujours en prise.

Blocage de différentiel

Direction
Hydrostatique.
Essieu arrière réglable.
Essieu arrière moteur réglable : option.
Essieu arrière fixe.

Pneus
Pneus de traction standard : 23.1x30-R-1-14 plis.
Pneus de traction option : 30.5 L x32-R-1-12 plis.
Pneus de direction standard : 13.0/65x18-10 plis.
Pneus de direction option : 16.0/70x20-I-3-10 plis.

Dimensions (avec pneus standard)
Hauteur maximum : 4,04 m.
Largeur maximum : 3,361 m.
Longueur maximum avec barre de coupe : 8,72 m.
Empattement : 3,45 m.

Poids - Barre de coupe 5,18 m : 10 489 kg.

Cabine confort standard
avec :
Contrôleur de variation de vitesse des arbres :
- contrôle de la vitesse de rotation du rotor et du tire-paille.
- contrôle de l'entrainement du caisson de nettoyage des élévateurs à ôtons, de l'élévateur de grain propre.
- contrôle de la vitesse des broyeurs de paille si montés.

Contrôleur de performances.
Affichage digital de la vitesse d'avancement, de la vitesse de rotation du batteur et du ventilateur.
Air conditionné et chauffage.

TF46

Barre de coupe
Barre de coupe : 6,10 m - 7,32 m.
Double fond sous la coupe sur toute la largeur.
Réglage automatique de la pression au sol du tablier de coupe ou de la hauteur de coupe.
Cadence de la lame : 1150 coups /minute.
Lame de rechange dans le châssis du tablier.
Pivotement latéral.

Vis d'alimentation
Vis avec 20 doigts escamotables à rainure de rupture.
Vis avec doigts escamotables sur toute la largeur.
Inverseur de vis sans fin à commande électrique.

Rabatteur
Diamètre : 1,07 m.
Réglage instantané de la position des dents.
Vitesse de rotation commandée électriquement depuis le poste de conduite.
Réglage hydraulique de l'avancement horizontal depuis le poste de conduite.

Elévateur de paille
Convoyeur universel.
Nombre de lattes : 52.
Construction acier haute résistance.
Largeur : 1,56 m.
Vitesse de rotation de l'arbre supérieur : 376 tr/min.
Inversion d'alimentation.

Batteur
Diamètre : 60,3 cm.
Largeur : 1,56 m.
Nombre de battes : 8.
Vitesse de rotation : 385 - 1140 tr/min.
Lecture digitale au poste de conduite.

Contre-batteur
Nombre de battes : 13.
Angle de recouvrement : 101°.
Surface de frottement : 0,86 m^2.
Tôles d'ébarbage réglables de l'extérieur.
Réglage intantané depuis le poste de conduite.
Bac à pierres à ouverture sans outil et à vidange instantanée.

Tire-paille
Diamètre avec palettes et plaques réglables : 0,61 m.
Vitesse proportionnelle à la vitesse du batteur (2/3 de la vitesse) : 256 -760 tr/min.
Surface de separation du contre-tire-paille : 0,599 m^2.

Séparateur rotatif
Largeur : 1,56 m.
Diamètre : 0.605 m.
Nombre de barres : 10.
Vitesse de rotation : 760 ou 400 tr/min.
Surface de séparation : 1,018 m^2.

Twin Flow™ rotor
Largeur : 2,84 m.
Diamètre : 0.70 m.
Vitesse de rotation (varie avec celle du séparateur rotatif 6/7) : 651 ou 343 tr/min.
Surface de séparation par force centrifuge : 2,980 m^2.

Surface totale de séparation : 5,459 m^2.

Recyclage des ôtons
Par deux mini-batteurs, un de chaque côté.
Vitesse de rotation : 800 tr/min.
Transport des ôtons par vis élévatrices.
Distribution des ôtons réglable de l'extérieur de la machine.

Elévateur de grains
Par élévateurs à palettes caoutchouc avec entraînement par le haut.
Remplissage de la trémie par tube central.
Vitesse de rotation de l'arbre supérieur : 382 tr/min.

TF46

Trémie
Contenance : 9150 l.
Porte d'accès pour prise d'échantillon.
Avertisseur sonore de fin de remplissage.

Vis de déchargement
Embase étanche et prise directe dans la trémie.
Pivotement hydraulique et vidange à toutes hauteurs.
Vitesse de vidange : 72 l/s.
Longueur de la goulotte : 4,65 m.

Nettoyage
Pré-nettoyage par grille et table exclusif.
Surface du peigne de la table de préparation : 0,252 m^2.
Grilles à mouvement alterné.
Surface de pré-nettoyage : 1,424 m^2.
Surface de la grille supérieure : 2,533 m^2.
Surface de la grille inférieure : 2,293 m^2.
Surface totale sous contrôle des vents : 6,50 m^2.
Caisson de nettoyage à mise à niveau automatique en dévers jusqu'à 17 %.

Ventilateur
Nombre de pales : 6.
Vitesse de rotation : 450 - 950 tr/min.
Sortie d'air additionnelle pour le pré-nettoyage.
Commande électrique de variation de régime avec contrôle digital au poste de conduite.

Moteur
Puissance : 280 CH DIN .
Cylindrée : 14 620 cm^3.
Type de moteur : Mercedes OM 422.

Réservoir à carburant : 600 l.

Transmission
Transmission hydrostatique.
Sécurité en cas de surcharge.
Essieu arrière moteur : option.

Boîte de vitesses
Boîte de vitesses accolée à un essieu porteur pignon toujours en prise.

Blocage de différentiel

Direction
Hydrostatique.
Essieu arrière réglable.
Essieu arrière moteur réglable : option.
Essieu arrière fixe.

Pneus
Pneus de traction standard : 30.5 L x32-R-1-16 plis.
Pneus de direction standard : 16.0/70x20-I-3-10 plis.
Pneus essieu arrière moteur : 16.9x24-R-1-12 plis.

Dimensions (avec pneus standard)
Hauteur maximum : 4,04 m.
Largeur maximum : 3,886 m.
Longueur maximum avec barre de coupe : 8,72 m.
Empattement : 3,52 m.

Poids - Barre de coupe 6,10 m : 12 820 kg.

Cabine confort standard
avec :
Contrôleur de variation de vitesse des arbres :
- contrôle de la vitesse de rotation du rotor et du tire-paille.
- contrôle de l'entraînement du caisson de nettoyage des élévateurs à ôtons, de l'élévateur de grain propre.
- contrôle de la vitesse des broyeurs de paille si montés.

Contrôleur de performances.
Affichage digital de la vitesse d'avancement, de la vitesse de rotation du batteur et du ventilateur.
Air conditionné et chauffage.

La nature permettra - t - elle au fermier de récolter ce qu'il a semé?
La Moissonneuse-Batteuse ne l'abandonnera pas!
ORIGINAL JD
JD 4240

On peut nourrir de grandes espérances avec la moissonneusse-batteuse Dechentreiter.

La moissonneuse-batteuse du système „Original-JD" est le fruit d'une expérience inégalée dans la construction de batteuses de grande valeur. De longs essais – datant jusqu'en 1936 – sont à l'origine de la forme pratique, de la conception et de la construction, exempte de vibrations, de cette moissonneuse-batteuse moderne. C'est ainsi que Dechentreiter peut offrir aujourd'hui aux cultivateurf une moissonneuse-batteuse qui promet un grand rendement tout en n'absorbant que le stricte nécessaire de la force requise. Le rendement est de l'ordre de 0,3 à 0,8 ha/h suivant le cru et la densité de la culture. Grâce à la construction équilibrée il n'y a pas de pertes de graines. La mobilité de la moissonneuse-batteuse est surprenante par suite de son poids faible, la distribution judicieuse des charges et la position favorable de son centre de gravité. La vitesse à la récolte est de 1,8 à 3,5 km/h, elle peut être augmentée sur la route jusqu' à 25 km/h. La moissonneuse-batteuse Dechentreiter peut donc être utilisée à grandes distances sans être transformée.

Caractéristiques techniques:

Le rendement à la récolte dépend du cru et de la densité de la culture	0.3–0.8 ha/h
Vitesse à la récolte	1.8–3.5 km/h
Vitesse sur la route . . . . max.	25 km/h
Poids en état de marche	2.100 kgs
Force requise pour l'entrainement de la moissonneuse-batteuse	10–15 CV
Puissance du moteur auxiliaire	15 CV
Puissance min. du tracteur	12 CV
Longueur hors tout	8.850 mm
Longueur au transport	7.850 mm
Largeur hors tout	3.200 mm
Largeur au transport	2.400 mm
Hauteur hors tout	2.250 mm
Diamètre du tambour	500 mm
Largeur du tambour	1.400 mm
Vitesse du tambour	1.200 t/m
Nombre de battes	8
Largeur utile de la barre de coupe	1.750 mm
Largeur du canal de la presse à paille incorporée à la machine	1.200 mm
Nombre de noueurs de la presse	2

Tout cultivateur désireux de travailler économiquement voudrait avoir une moissonneuse-batteuse avec commande individuelle. Il évite ainsi l'achat d'un tracteur lourd et jouit, en même temps, de l'avantage d'être indépendant de la vitesse du tracteur et d'obtenir un travail uniforme de la moissonneuse-batteuse.

Coupe parfaite de la récolte - graines bien triées et propres - balles de paille impeccablement pressées grâces à la

Moissonneuse-Batteuse JD 4240

Etablissements J. Dechentreiter
Bäumenheim/Bavière

ORIGINAL
JD
Dechentreiter
JD 4000 – JD 4110 – JD 4210

Caractéristiques techniques

Modèle RECORD JD 4000 **Coupe 1220 m/m (4')**

			Poids
JD 4000	Prise de force	sans presse	1600 kgs
JD 4001	Prise de force	avec presse à paille	1900 kgs
JD 4003	Moteur Volkswagen	sans presse	1660 kgs
JD 4004	Moteur Volkswagen	sans presse à paille	1960 kgs

Modèle RECORD JD 4110 **Coupe 1520 m/m (5')**

JD 4110	Prise de force	sans presse	1770 kgs
JD 4111	Prise de force	avec presse à paille	2100 kgs
JD 4113	Moteur Volkswagen 27CV	sans presse	1900 kgs
JD 4114	Moteur Volkswagen 27CV	avec presse à paille	2230 kgs

Modèle RECORD JD 4210 **Coupe 1830 m/m (6')**

JD 4210	Prise de force	sans presse	2020 kgs
JD 4211	Prise de force	avec presse à paille	2370 kgs
JD 4213	Moteur Volkswagen 27CV	sans presse	2200 kgs
JD 4214	Moteur Volkswagen 27CV	avec presse à paille	2550 kgs
JD 4216	Moteur Mercédes Diesel 33CV	sans presse	2300 kgs
JD 4217	Moteur Mercédes Diesel 33CV	avec presse à paille	2650 kgs

	JD 4000 Record	***JD 4110 Record***	***JD 4210 Record***
Largeur de coupe	1220 m/m	1520 m/m	1830 m/m
Presse à paille largeur du canal	600 m/m	900 m/m	1200 m/m
Nombre de noueurs	1	1 ou 2	2
Batteur ∅ 500 m/m 8 battes	800 m/m	1100 m/m	1400 m/m
Secouage	1,98 m²	2,80 m²	3,60 m²
1er nettoyage	0,30 m²	0,55 m²	0,73 m²
2ème nettoyage	0,67 m²	0,90 m²	0,90 m²
Voie	1390 m/m	1690 m/m	1990 m/m
Pneumatiques	10.00-15	10.00-15	13.00-14 AM
Puissance nécessaire au tracteur : Prise de force	22 CV	28 CV	35 CV
Moteur auxiliaire	12—15 CV	15—18 CV	20 CV
Longueur	6750 m/m	6750 m/m	6750 m/m
Largeur en transport	2080 m/m	2380 m/m	2680 m/m
Largeur en travail	2860 m/m	3160 m/m	3460 m/m
Hauteur	2450 m/m	2450 m/m	2450 m/m

Pour tous les types :

Hauteur de la récolte illimitée. Coupe maximum 400 m/m ; Coupe minimum 70 m/m. Vitesse route 25 Km/h ; Vitesse champ 1,5 à 6 Km/h. Le rendement horaire est fonction de la densité et de l'état de maturité de la récolte.

Equipement normal

Les machines avec prise de force ou moteur sont livrées avec toutes grilles a céréales, double nettoyage, ébarbeur, roulette de manœuvre, chaînes à godets, toutes courroies, deux lames complètes, sections et pièces de rechange, trousses à outils, pompes à graisse, cales etc.

Les machines et leurs accessoires sont brevetés tous pays. Les caractéristiques, dimensions, poids, et toutes données techniques de la présente notice ne sont pas impératives, des modifications restant à tout moment possibles.

ORIGINAL JD

COGEAI

Comptoir Général pour l'Equipement Agricole et Industriel

26, Rue La Fayette **PARIS 9e** Tel. Provence 3778

J·Dechentreiter Maschinenfabrik GmbH. - Bäumenheim/Bayern

Telefon Donauwörth 951 - 955

De grandes quantités de paille exigent de larges ouvertures et passages

La «Goldhamster 240» attire particulièrement l'attention par sa large ouverture d'entrée. Les connaisseurs, mais aussi les novices en matière de moissonnage-battage se rendent immédiatement compte que cette machine automotrice doit avoir des rendements supérieurs, même en cas d'abondance de paille, étant donné qu'elle «digère» apparemment n'importe quelle quantité. C'est là une propriété bien réconfortante, car le problème du moissonnage-battage n'est non pas un problème du grain, mais bien davantage un problème de la paille, surtout si l'on désire, ce qui est sans doute toujours le cas, une coupe basse.

Ce qui est vrai pour l'entrée et le batteur, l'est également pour le secoueur et la presse dont la largeur est en moyenne de 110 cm. Nous avons là une surface de secouage de près de 50% supérieure à celle d'autres machines de la même catégorie de prix. Or, seul le robuste chassis en tubes d'acier permet de pareilles largeurs, car plus une machine est large plus est grand le danger de gauchissement, supprimé dans le cas présent par le dit chassis en tubes d'acier.

Les exploitations agricoles qui recherchent des rendements élevés en même temps que de fortes quantités de paille choisissent la «Goldhamster 240» aux larges passages.

Le moteur Diesel-Perkins de 39 CV est le complément parfait des larges passages de la «Goldhamster 240» et ces deux caractéristiques constituent les garants parfaits de rendements élevés et d'une rentrée sûre et rapide de la moisson, même dans des conditions difficiles. Disposant du relevage hydraulique intégral pour le réglage de la hauteur de coupe et du rabatteur, le conducteur est à même de procéder sans peine et rapidement au meilleur réglage pour chaque cas individuel. Le siège commode avec sa parfaite visibilité, la colonne de direction moderne à vis-sans-fin sur billes et la position adéquate de tous les leviers de commande assurent au conducteur tous les avantages d'une marche sans fatigue. Des pneus larges et hauts, 12–18 AM aux roues motrices et 7.00–16 AM aux roues de direction, la large voie et la robuste boîte à 3 vitesses à réglage progressif de la vitesse permettent une marche sûre même sur des terrains difficiles. Un double nettoyage par grilles et ventilations produit un grain marchand propre presqu' entièrement exempt de matières vertes. Les graines des plantes adventices sont séparées du grain et ensachées séparément. La machine possède un poste d'ensachage spacieux et élevé permettant le déchargement facile des sacs ou un réservoir à grain avec dispositif d'ensachage, un secoueur long, sûr et efficace, une presse à paille à double commande par engrenages et une protection automatique contre les surcharges et les ruptures. Les acheteurs trouvent en outre à leur disposition les suppléments suivants: un dispositif de pick-up pour battage sur andains, le réservoir à grains combiné avec une plateforme d'ensachage et dispositif d'ensachage; un réducteur de pailles; un expulseur-récupérateur de bales; des grilles pour légumineux et graines. Tous les arbres sont montés sur roulements à billes de précision de haute qualité.

Données techniques et dimensions

Largeur de travail	240 cm
Moteur Perkins-Diesel	39 CV
Relevage hydraulique intégral pour le treuil et le mécanisme de coupe	
Largeur de la barre de coupe	235 cm
Largeur du batteur	110 cm
Diamètre du batteur	45 cm
Nombre de battes	8 pièces
Régime du batteur, réglable . . . 1000 et	1350 t/mn
Secoueur horizontal à grilles à nez original brevet J. D. et 4 secoueurs à fourches . . . surface utile	2,4 m²
1. Nettoyage par ventilateur réglable depuis le poste d'ensachage	
2. Nettoyage par aspiration réglable depuis le poste d'ensachage et grilles de triage pour la séparation du grain des graines adventices	
Elévateur à godets pour le retour du trop plein du grain et des otons.	
Boîte de vitesses à 3 vitesses et réglage progressif de la vitesse	
1. vitesse . . . 1,5 – 3,2 km/h	
2. vitesse . . . 3,2 – 7,0 km/h	
3. vitesse . . . 8,5 – 18,0 km/h	
Marche arrière de . . . 2,9 – 5,8 km/h	
Frein sur roues de direction et frein sur boîte de vitesse indépendant.	
Pneus sur roues motrices	12–18 AM
Pneus sur roues de direction	7.00–12 AM
Largeur de voie	190 cm
Presse à paille (deux nouages) largeur du canal	110 cm
Trémie à balles pour le réglage automatique de la force de compression	
Longueur de la machine	740 cm
Largeur de la machine au transport	270 cm
Largeur de la machine au travail	330 cm
Hauteur de la machine	270 cm
Poids sans presse	2500 kg
Poids avec presse	2900 kg

Accessoires

Toutes les courroies, 2 lames de scie, diverses pièces de rechange, outils, grilles à perforations de 3/3,5/4/4,5/5/6/7/8/9/10/11/13/15/17; extincteur d'incendies; liste des pièces de rechange, éclairage réglementaire; feux clignotants; dispositifs de protection et 7 releveurs d'épis.

J. Dechentreiter
MASCHINENFABRIK · BÄUMENHEIM/BAYERN
TELEFON DONAUWÖRTH 951-955

ORIGINAL JD

Importateur-Concessionnaire exclusif pour la France
COGEAI - PARIS - NOISY-le-GRAND
Bureaux: 82 Rue Saint-Lazare-PARIS 9° - Tél.: TRInité 54-62, PIGalle 83-45

Les cotes, figures, rendements et poids ne sont qu'approximatifs et donnés sans engagement. Nous nous réservons des modifications de construction.

ORIGINAL
JD
Dechentreiter

Battage stationnaire

Cette machine permet le battage stationnaire, le battage en andains et chevalets. Pour le battage en andains, le ramasseur pick-up est d'adaptation courante, alors que pour le battage stationnaire, l'on peut faire appel à l'engreneur automatique.

Rendement assuré

Avec la moissonneuse-batteuse Dechentreiter longuement éprouvée, vous dominerez toutes les situations possibles et vous récolterez toujours et sans perte. Le travail est exécuté avec rapidité et sans difficultés.

Récolteur rapide et sans perte

Cette moissonneuse-batteuse répond à vos désirs et exigeances à tout point de vue. Vous commencerez votre récolte avec joie et vous constaterez bientôt qu'une moissonneuse-batteuse Dechentreiter rapporte effectivement un bénéfice complémentaire.

DONNEES TECHNIQUES

	JD 270	JD 300
Largeur de coupe:	270 cm	300 cm
Commande: environ	62 CV - Moteur Perkins Diesel avec radiateur anti-poussière, 2000 t/m.	
Boite à vitesses:	Boite à 3 vitesses Hurt avec marche arrière. 1e vit. de 1,6 à 3,4 km – 2e vit. de 3,5 à 7,5 km – 3e vit. de 8,5 à 19 km – Marche arrière de 2,8 à 5,8 km. – Dans chaque vitesse l'avancement est réglable par variateur hydraulique.	
Système hydraulique:	pour le réglage de la hauteur de coupe, la hauteur du rabatteur et de la variation de vitesse.	
Table de coupe:	avec releveurs d'épis, longs diviseurs et vice d'amenage. Hydrauliquement réglable en hauteur pour une hauteur de coupe de 5 à 75 cm.	
Rabatteur:	à 5 éléments, dents réglables, hauteur réglable hydrauliquement depuis le siège du conducteur.	
Batteur:	Largeur 1100 mm Diam. 500 mm Régime normal de 1200 t/m, équilibrage statique et dynamique, fonctionnement sans vibration, 8 lattes interchangeable.	1400 mm 500 mm
Contre-batteur:	à 16 rails, réglage instantané, bac à pierres.	
Secoueur:	Longueur 2.300 mm Largeur 1.100 mm Surface 2,55 m2	2.300 mm 1.400 mm 3,25 m2
Nettoyage:	**Premier nettoyage:** par tamis et soufflerie réglable, ainsi que vice d'amenage vers l'élévateur pour le transport des grains vers le second nettoyage. **Second nettoyage et triage:** par soufflerie réglable et tamis interchangeables.	
Récolte du grain:	par trémie à grains à remplissage et vidange automatique. Contenance: 1100 kg Plate-forme de mise en sacs latérale ou supérieure. La plate-forme supérieure remplace la trémie à grains. Déchargement facile par glissière à sacs.	 1300 kg
Récolte des pailles:	avec presse à paille incorporée à 2 liages automatiques, densité et longueur des ballots réglable, déclenchement instantané, rampe à ballots automatique. Largeur de canal : 110 cm Sortie directe (sans presse) pour mise en andains. Hacheur de paille (suppl. de prix) pour montage sur sortie directe ou sur presse à paille.	 120 cm.
Pneus:	Roues motrices: 13-26 AS Roues de direction: 10-15 AM	13-26 AS 10-15 AM
Freins:	Frein de braquage, permettant de freiner individuellement chacune des roues motrices. Frein à main avec système de blocage.	
Voie:	1970 mm	2270 mm
Empattement:	3560 mm	3560 mm
Eclairage:	Phares - feu arrière - clignoteurs - katadiodes.	
Dimensions:	**Longueur:** 830 cm **Largeur:** 300 cm **Hauteur:** 340 cm	830 cm 330 cm 340 cm
Poids:	sans presse: environ 3.930 kg avec presse: environ 4,230 kg	environ 4.000 kg environ 4.300 kg
Rendement:	environ 0,8 ha à l'heure Les rendements de surface et horaires dépendent des circonstances de récolte individuelles.	environ 1 ha à l'heure
Construction:	Châssis en tubes aciérés. Equipement suivant les prescriptions légales.	

Accessoires normaux:

Double courroie, 2 lames de coupe, quelques pièces de rechange, outillage, tamis de 3, 3,5, 4, 7, 9, 11, 13, 15 et 17 mm, extincteur, notice d'entretien, liste de pièces de rechange, équipement d'éclairage complet, clignoteurs, tôle de protection et 8 ou 9 releveurs d'épis.

Equipement complémentaire:
(supplément de prix)

Presse à paille à 2 liens, largeur de canal de 1100 ou de 1200 mm, ramasseur pick-up, hacheur de pailles sur presse ou sur sortie directe, engreneur automatique pour battage stationnaire, y compris système de levage hydraulique, calage pour battage stationnaire, compteur horaire ou compteur de surface, trémie à grains de 1000 à 1100 kg pour JD 270 ou de 1200 à 1300 kg pour JD 300, plate-forme d'ensachage supérieure, tamis spéciaux pour le battage de semences.

Toutes les dimensions et poids et autres renseignements de ce prospectus sont approximatifs et sans engagement. Nous nous réservons tout changement de construction au service du progrès technique.

J. Dechentreiter
MASCHINENFABRIK - 8854 BAUMENHEIM / BAYERN
Telefon Donauwörth 9351 - 9354 – Fernschreiber 05 1847

Firme COGEAI
82, rue Saint Lazare, PARIS - IXe

ORIGINAL
Dechentreiter

Rendement assuré

Avec la moissonneuse-batteuse Dechentreiter longuement éprouvée, vous dominerez toutes les situations possibles et vous récolterez toujours et sans perte. Le travail est exécuté avec rapidité et sans difficultés.

Confort et visibilité

sont les caractéristiques du siège du conducteur. Vous avez la vue sur le tout, même sur les appareils accessoires, tel que ramasseur pick-up ou engreneur automatique pour le battage stationnaire.

Récolteur rapide et sans perte

Cette moissonneuse-batteuse répond à vos désirs et exigeances à tout point de vue. Vous commencerez votre récolte avec joie et vous constaterez bientôt qu'une moissonneuse-batteuse Dechentreiter rapporte effectivement un bénéfice complémentaire.

DONNEES TECHNIQUES

	JD 180	JD 210	JD 240
Largeur de coupe:	**180 cm**	**210 cm**	**240 cm**
Commande: environ	40 CV Perkins Diesel 3000 t/m avec radiateur anti-poussière	40 CV Perkins Diesel 3000 t/m avec radiateur anti-poussière	50 CV Perkins Diesel 2000 t/m avec radiateur anti-poussière
Boite à vitesses:	Hurth à 3 vitesses et une marche arrière. 1e vit. de 1,8 à 3,6 km — 2e vit. de 3,8 à 7,6 km — 3e vit. de 10 à 20 km. — Marche arrière de 2,9 à 5,8 km — Dans chaque vitesse il y a variation possible par le variateur mécanique.		
Système hydraulique:	pour manœuvrer la table de coupe et le rabatteur.		
Table de coupe:	avec releveurs d'épis, longs diviseurs et vice d'amenage. Hydrauliquement réglable en hauteur pour une hauteur de coupe de 5 à 75 cm.		
Rabatteur:	à 5 éléments, dents réglables, hauteur réglable hydrauliquement depuis le siège du conducteur.		
Batteur:	Largeur 600 mm Diam. 450 mm	800 mm 450 mm	1100 mm 450 mm
	Régime normal de 1350 t/m, équilibrage statique et dynamique, exemption de vibration, 8 lattes interchangeables.		
Contre-batteur:	à 10 lattes, réglage instantané, bac à pierres.		
Secoueur:	Longueur 2.100 mm Largeur 600 mm Surface 1,3 m2	2.100 mm 800 mm 1,7 m2	2.100 mm 1.100 mm 2,3 m2
Nettoyage:	**Premier nettoyage:** réglable par tamisage et soufflerie, avec collecteurs, vice sans fin et élévateur pour transport du grain vers le second nettoyage. **Second nettoyage et triage:** par vent d'aspiration et tamis interchangeable pour toute récolte.		
Récolte du grain:	avec trémie à grain d'une contenance d'environ 600 kg, à remplissage et vidange automatique. Plate-forme de mise en sacs latérale en hauteur de chariot (pour machine sans trémie à grain).		
Récolte des pailles:	avec presse à paille à densité et longueur de ballots réglable. Déclenchement instantané et rampe à ballots automatique.		
	Nombre de lieurs: 1 Largeur du canal: 600 mm	2 800 mm	2 1100 mm
	Sortie directe (sans presse) pour mise en andains. Hacheur de paille (suppl. de prix) pour montage sur sortie directe ou sur presse à paille.		
Pneus:	Roues motrices: 12-18 AM Roues de direction: 700-12 AM	12-18 AM 700-12 AM	12-18 AM 700-12 AM
Freins:	Frein de braquage, permettant de freiner individuellement chacune des roues motrices. Frein à main avec système de blocage.		
Voie:	1400 mm	1600 mm	1900 mm
Empattement:	2870 mm	2870 mm	2870 mm
Eclairage:	Phares - feu arrière - clignoteurs - katadiodes.		
Dimensions:	**Longueur:** 7400 mm **Largeur:** 2150 mm **Hauteur:** 2650 mm	7400 mm 2450 mm 2650 mm	7400 mm 2750 mm 2770 mm
Poids:	sans presse: environ 2900 kg avec presse: environ 3100 kg	3000 kg 3200 kg	3250 kg 3500 kg
Rendement:	Les rendements en surface et horaires dépendent de la vitesse de déplacement et des circonstances individuelles de la récolte.		
Construction:	Châssis en tubes aciérés. Equipement suivant les prescriptions légales.		

Accessoires normaux:

Toutes les courroies, 2 lames de coupe, quelques pièces de rechange, outillage, tamis de 3, 3,5, 4, 6, 7, 8, 9, 11, 13, 15 et 17 mm, coussin de siège, extincteur, notice d'entretien, liste de pièces de rechange, équipement électrique complet, clignoteurs, tôle de protection et suivant type de machine 5, 6, ou 7 releveurs d'épis.

Accessoires spéciaux:
(supplément de prix)

Presse à paille, ramasseur pick-up, trémie à grain, hacheur de paille sur presse ou sur sortie directe, calage pour battage stationnaire, compteur de surface, compteur horaire.

Toutes les dimensions et poids et autres renseignements de ce prospectus sont approximatifs et sans engagement. Nous nous réservons tout changement de construction au service du progrès technique.

LELY
LELY-DECHENTREITER
Moissonneuses-Batteuses
de très grande classe.
LELY DECHENTREITER

Les récoltes difficiles, le manque de temps et de main-d'œuvre, peuvent être combattus, aujourd'hui avec du matériel moderne, comme par exemple, nos moissonneuses-batteuses.

Au premier coup d'œil, vous remarquerez sa construction esthétique : le poste du conducteur est spacieux, les instruments de contrôle se trouvent à portée de la main, la grande contenance de sa trémie, la table de coupe mobile et diviseur réglable, commande entièrement hydraulique pour la table de commande et le rabatteur, et sa grande largeur de canal.

Si nous regardons en dessous de la carrosserie, de cette machine, nous remarquerons l'importante dimension du batteur et de son contrebatteur avec les 14 battes, ainsi que le rendement du secoueur géant. En ce qui concerne le nettoyage, nous nous apercevrons immédiatement, qu'il est exécuté par un double tamis et soufflante.

Pourquoi les trous conçus dans le double tamis sont en forme de lamelles et le cyclone ?

Parce que vous pouvez immédiatement commercialiser le grain, sans prénettoyage.

Vous avez le choix dans ces Moissonneuses-Batteuses :

— la JD 270 S avec une coupe de 2,70 mètres,
— la JD 300 S avec une coupe de 3,00 mètres,
— la JD 360 S avec une coupe de 3,60 mètres,
— la JD 420 A avec une coupe de 4,20 mètres.

Toutes ces machines, évidemment, sont équipées du moteur PERKINS. La pratique par des milliers d'heures de travail a prouvé que le fonctionnement et la construction de nos Moissonneuses-Batteuses est actuellement l'idéal, et qu'elles sont maîtres de n'importe qu'elle situation, des terrains et récolte.

Caractéristiques techniques

Largeur de coupe	270 cm	300 cm	360 cm	420 cm
Puissance du moteur	87 cv	87/96 cv	87/96 cv	105 cv
Rendement approximatif	80 qx/h	100 qx/h	120 qx/h	140 qx/h
Mesurages (en position de transport longueur x largeur x hauteur)	8,7 x 3 x 3,3 m	8,7 x 3,3 x 3,3 m	8,7 x 3,9 x 3,3 m	8,7 x 4,5 x 3,3 m
Poids	4400 kg	4600 kg	4800 kg	4980 kg
Batteur	60 x 100 cm	60 x 110 cm	60 x 110 cm	60 x 110 cm
Surface totale des secoueurs	4,0 qm	4,0 qm	4,0 qm	4,0 qm
Voie	2,25 m	2,25 m	2,25 m	2,25 m
Pneus roues motrices	13-26 AS	13-26 AS	13-26 AS	15-30 AS
roues directrices	10.00-15 AM	10.00-15 AM	10.00-15 AM	10.00-15 AM

Boîte de vitesses :
Boîte Hurth à 3 rapports et une marche arrière avec frein sur la boîte. Vitesse à variation hydraulique dans les différents rapports : 1ère de 1,4 à 3 km/h — 2ème de 3 à 7 km/h — 3ème de 8 à 18 km/h — marche arrière de 2,5 à 6 km/h.

Système hydraulique :
Pour la descente et la montée des rabatteurs, ainsi que pour le variateur de la vitesse de déplacement.

Table de coupe :
Réglable par système hydraulique, diviseurs mobiles releveurs d'épis, à montage élastique. Coupe réglable de 6 à 75 cm.

Rabatteurs :
Equipés avec des dents contrôlées. Réglage entièrement automatique. Vitesse réglable de 15 à 30 t/mn.

Contre-batteur :
Equipé avec 14 battes et auge d'interception de pierre, réglage instantané du contre-batteur.

Batteur :
Vitesse réglable par variateur. Largeur 0,80 m. Diamètre 600 mm équipé avec 10 battes rapportées interchangeables.

Nettoyage :
A double effet, réglable par tamis et soufflante.

Trémie :
Forme idéale en selle, vidange automatique, capacité 1 200 kg environ, vitesse de vidange 1 500 kg/mn.

Récupération de la paille :
Livrées en série avec sortie directe de la paille. Possibilités d'équipement avec presse à paille à double liage, de 800 mm de largeur de canal, ou bien avec broyeur de paille (Biso).

Freins :
1o) frein individuel sur chaque roue motrice
2o) frein à main avec cran d'arrêt

Eclairage :
Phares, codes, feu rouge, clignotants, catadioptres.

Construction :
Châssis en cadre d'acier, principe l'écoulement longitudinal carénage de tous les éléments en mouvement sur les côtés.

Accessoires :

6 ou 7 releveurs d'épis, toutes les courroies, phares clignotants, rétroviseur, extincteur, 2 barres de coupe, lames et doigts de remplacement, 1 jeu d'outils, pompe à graisse, burette d'huile, mode d'emploi et liste des pièces de rechange.

Accessoires supplémentaires facultatifs (avec facturation) :

Dispositif pick-up, broyeur de paille (Biso), compteur horaire, compteur d'ares et grilles supplémentaires pour cultures spéciales.

Les croquis, photos et caractéristiques techniques ainsi que les cotes, sont donnés à titre d'information et sans engagement. Ils peuvent être modifiés à tous les moments dans l'intérêt du progrès.

Imp. Nouvelle - Chaumont

LELY-DECHENTREITER

JD 420: la première moissonneuse-batteuse au monde avec barre de coupe rabattable hydrauliquement

Caractéristiques techniques

Largeur de travail . . . . 4,20 m
Moteur . . . . 104 CV – 6 cylindres
Rendement . . . . 150 quintaux-heure

Dimensions (longueur x largeur x hauteur)
En position de transport 9,20 x 3,20 x 3,25 m.
En position de travail 9,90 x 4,50 x 3,35 m.
Poids . . . . 5.600 Kgs
Diamètre batteur . . . . 600 mm.
Largeur batteur . . . . 1,37 m.
Surface secouage . . . . 5,20 m²
Voie . . . . 2,50 m
Pneumatiques, roues motrices . . 15 x 30 AS
Pneumatiques, roues directrices . 10 x 15 AM
Boie de vitesses ZF à 4 rapports avec marche arrière et frein de stationnement à sabots
1 ère vitesse de 1,2 Km à 2,8 Km
2ème vitesse de 2,6 Km à 6,1 Km
3 ème vitesse de 6 kms à 14 kms
4 ème vitesse de 9 kms à 20 kms
Marche arrière de 2,6 Kms à 7 Kms

La vitesse d'avancement étant réglable progressivement par système hydraulique pour chaque rapport.

Equipement entièrement hydraulique:
Direction hydraulique
Avancement hydraulique
Mise en place avec relevage de la coupe hydraulique
Rabatteur hydraulique
Table de coupe entièrement hydraulique, permettant de faucher de 6 à 75 cm du sol, diviseurs d'andains mobiles, livrée avec releveurs d'épis.

Rabatteurs: entièrement hydrauliques réglables depuis le siège du conducteur, griffes contrôlées.

Batteur: 13 battes plus 6 supplémentaires pour l'orge, auge d'interception de pierres, réglage hydrostatique instantané depuis le siège du conducteur.

Nettoyage: nettoyage réglable par tamis et tarares (air soufflé), 2 tamis réglables à lamelles, noria pour le transport des grains, réglage de la ventilation depuis le siège du conducteur.

Récupération des grains: trémie, remplissage et vidange automatiques depuis le siège du conducteur, contenance environ 2.000 Kgs.

Récupération de la paille: sortie directe de la paille d'une façon régulière (possibilité d'adapter un hache paille).

Freins: frein sur chaque roue motrice, frein à main très efficace avec dispositif de stationnement.

Eclairage: phares, feu rouge, catadioptre, clignotant, feu d'encombrement.
Le véhicule répond au code de la route européen.

Accessoires normaux livrés avec la machine: toutes les courroies, tout l'équipement électrique, extincteur, 4 barres de coupe, un jeu d'outils, pompe à graisse, burette, mode d'emploi et liste des pièces de rechange.

Accessoires spéciaux, contre supplément: dispositif pick-up, hache paille (Biso) rabattable, compteur d'ares, compteur électrique horaire, appareil à maïs à 3 rangs et conduit 100% hydrostatique.

Les cotes et les données techniques sont données sans engagement de notre part et nous nous réservons le droit de les modifier à tous moments, dans l'intérêt du progrès technique.

La patrie des machines agricoles DECHENTREITER

La fabrique DECHENTREITER a été fondée en 1894 à Bäumenheim, à 5 km au sud de la vielle ville de Donauwörth. Son implantation en région de pleine culture a permis une étroite collaboration entre le cultivateur et le technicien de la machine agricole. Aujourd'hui DECHENTREITER produit une vaste gamme de matériel, parfaitement adapté à la culture moderne, et mis ou point selon les techniques les plus récentes.

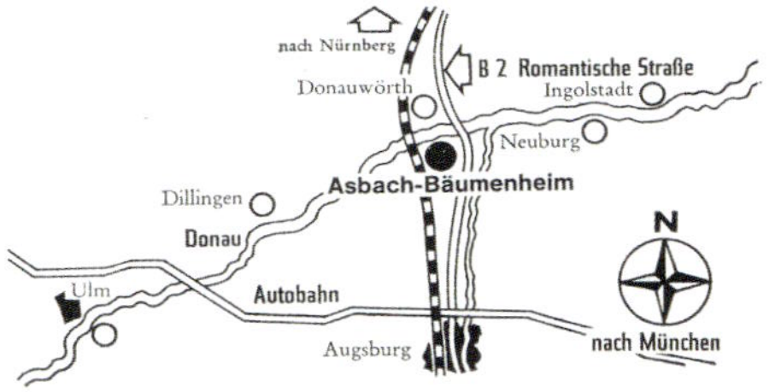

Nous construisons également des moissonneuses-batteuses en plusieurs capacités et largeurs de coupe: 2,10 m – 2,40 m – 2,70 m – 3,00 m – 3,60 m, des remorques auto-chargeuses polyvalentes: LW 1 – LW 2 – LW 2 S – LW 3 – LW 3 S – LW 3 L – LW 4, des épandeurs de fumier, Doseurmaster etc.

Importateur exclusif pour la France entière.
DECHENTREITER-FRANCE S.A.R.L.
35, rue Mgr-Desprez - 52 - CHAUMONT · Tél. 08-60 · (Privé 12.87)
Adresse Télégraphique: DECHENFRANCE
6.66 b Stu

Moissonneuses-batteuses M 980 M 1080

DEUTZ FAHR

Une efficacité accrue.

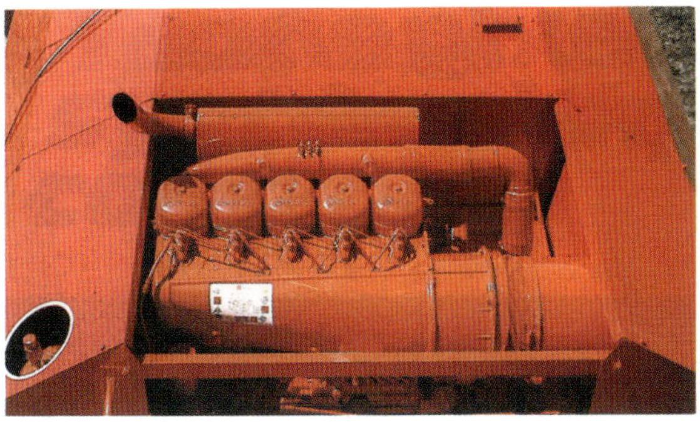

Economisez du fuel: utilisez DEUTZ

Les puissants moteurs Diesel DEUTZ à refroidissement à air, robustes, disposant de grandes réserves de puissance économes en carburant.

Une assurance de longue durée pour chaque moissonneuse-batteuse DEUTZ-FAHR: Le bain de peinture électrolytique par électrophorèse.

Ce procédé assure une protection contre la corrosion bien meilleure que les procédés courants. D'importants tests de dureté et l'expérience aquise dans le monde entier l'ont prouvé.

Caractéristiques techniques M 980 / M 1080

Barre de coupe
Largeurs de coupe: M 980: 2,70 m / 3,00 m
M 1080: 2,70 m / 3,00 m / 3,60 m
Réglable hydrauliquement pour des hauteurs de coupe de –170 à +1240 mm.
Compensateur hydropneumatique, sur demande ressorts réglables.
Lame commandée par un engrenage planétaire.
Lame de réserve logée dans un support spécial.
Diviseur long à droite et court à gauche, avec verrouillages rapides.
8 à 11 releveurs d'épis, selon la largeur de coupe.

Rabatteurs
Rabatteurs pick-up à 6 pales, hydrauliquement réglables en hauteur.
Réglage horizontal mécanique, hydraulique sur demande. Réglage mécanique continu du régime de 16 à 45 T/min., à partir du poste de conduite.

Batteur
565 mm de diamètre. 1030 mm de largeur. 8 battes striées. Commande par chaîne duplex pour des régimes de 410 à 1270 T/min. Sur demande variateur mécanique.

Contre-batteur
12 contre-battes, grand angle d'enveloppement. Bac à pierres latéralement rabattable. Ebarbage par deux tôles pouvant être insérées. Le contre-batteur est réglable indépendamment à l'avant et à l'arrière, à partir du siège du conducteur.

Secoueurs
Secoueurs à 4 cascades, en 4 parties, avec rallonges de récupération de grains. Montés sur des roulements à billes ne nécessitant aucun entretien.
Surface de secouage: 3,57 m^2
Surface de séparation: 3,90 m^2

Nettoyage
Nettoyage par air sous pression réglable sans graduations par variateur.
Grille supérieure: grille à lamelles réglable.
Grille inférieure: 3 grilles interchangeables, à trous ronds, à haut rendement, diamètre des trous 9, 11, 13 mm.
Surface totale de grilles 2,66 m^2

Système de retour d'ôtons
Elévateur à ôtons avec garniture de frottement.

Trémie
Capacité de 2300 ltrs.
Goulotte étanche aux grains, orientable à l'aide d'un ressort, sur demande orientation hydraulique.
Tôle de recouvrement.

Moteur
M 980: Moteur Diesel DEUTZ – 4 cylindres à 54 kW (74 CV DIN)
M 1080: Moteur Diesel DEUTZ – 5 cylindres à 64 kW (87 CV DIN)
Capacité du réservoir de carburant: 140 ltrs.

Boîte de vitesses
Boîte à 3 vitesses avec embrayage sec monodisque.

1ère vitesse:	1,3– 3,5 km/h
2ème vitesse:	2,5– 7,0 km/h
3ème vitesse:	7,3–20,0 km/h
marche arrière:	2,1– 5,6 km/h

Chaque vitesse est réglable progressivement par variateur.
Indicateur électronique en km/h de la vitesse d'avancement.

Freins
Frein à pied hydraulique, pouvant agir sur une seule roue.
Frein d'arrêt indépendant.

Direction
Hydrostatique. Volant réglable sans graduations.

Pneumatiques
A l'avant: 18,4–26 AS, 8 PR
A l'arrière: 10,0/75–15 Impl. 8 PR

Eclairage
Selon les normes.

Dimensions

Longueur sans plateforme	6,47 m
Longueur avec plateforme (sans diviseurs)	8,16 m
Longueur en position de transport avec chariot de transport	12,20 m
Largeur sans plateforme	2,86 m
Hauteur sans cabine	3,48 m
Hauteur avec cabine	3,58 m
Voie avant	2,20 m
Voie arrière	1,71 m
Empattement	2,86 m
Poids approximatif sans cabine	
M 980 avec plateforme de coupe de 2,70 m	5100 kg
M 1080 avec plateforme de coupe de 3,00 m	5200 kg

Dispositifs de sécurité
Embrayages à friction à ressort sur l'arbre supérieur du convoyeur à chaînes, sur la vis d'alimentation, les rabatteurs et la vis à grains.

Equipements complémentaires
Cabine tout confort à vue panoramique avec deux ventilateurs
Cabine tout confort à vue panoramique avec système de climatisation
Chauffage de la cabine tout confort
Contrôle de perte de grains
Contrôle électronique du régime des secoueurs, de l'élévateur à grains, de l'élévateur à ôtons et du broyeur de paille. De plus, dispositif d'alarme pour le remplissage de la trémie et des surcharges dans la chambre de secoueurs
Parasol
Réglage horizontal des rabatteurs hydraulique au lieu du réglage mécanique
Double fond pour plateforme
Sabots additionnels pour plateforme
Compensation de la plateforme par ressorts réglables
Diviseur long, au lieu du diviseur court
Barre de séparation pour diviseur long
Chariot de transport avec crochet d'attelage
Variateur de vitesse du batteur mécaniquement réglable, avec indicateur du nombre de tours
Pignons pour d'autres régimes du batteur
Grilles à trous ronds pour toute sorte de grain spécial
Grille à lamelles réglable comme grille inférieure au lieu de la grille à trous ronds
Grille à lamelles réglable Z 23 comme grille supérieure
Goulotte de décharge hydrauliquement orientable
Dispositif d'ensachage sur la goulotte
Phares supplémentaires
Dispositifs de battage pour maïs
Bec cueilleur de maïs à trois rangs, avec broyeur de tiges
Mécanisme de coupe pour colza, à droite ou des deux côtés
Plateforme de coupe pour colza, avec mécanismes de coupe latéraux, des deux côtés, largeur de coupe de 3,00 m et 3,60 m
Dispositif pick-up (dents à ressort), largeur de ramassage de 2,60 m
Auge d'andains avec dispositif pick-up, largeur de ramassage de 2,60 m

Illustrations, dimensions et poids sans engagement de notre part.

Klöckner-Humboldt-Deutz AG
Zweigniederlassung Fahr

KHD DEUTZ FAHR

91 434 20 Imprimé en République Fédérale Allemande Druckerei Am Fischmarkt, Konstanz 822

DEUTZ-FAHR
M 35/36
Grandes moissonneuses-batteuses
DEUTZ-FAHR
Le Génie Agricole
DEUTZ FAHR

Type		M 35.70	M 35.80	M 35.80 Hydromat	M 36.10 Hydromat	M 36.30 Hydromat	M 36.40
Plate-forme de coupe							
Largeurs de coupe	m	3,00–5,40	3,00–7,20	3,00–7,20	3,60–7,20	3,60–7,20	3,60–7,20
Réglage hydraulique de la hauteur de coupe de –300 mm à +1370		●	●	●	●	●	●
Compensation de la plate-forme par accumulateur à pression		●					
ressorts réglables			●	●	●	●	●
Commande de la lame par engrenage planétaire, (fréquence de coupe 610 tr/min)		●	●	●	●	●	●
Diviseur long à droite et à gauche		●	●	●	●	●	●
9–23 releveurs d'épis, suivant la largeur de coupe		●	●	●	●	●	●
Rabatteurs							
Rabatteurs Pickup en six parties, avec réglage hydr. en hauteur		●	●	●	●	●	●
Réglage horizontal hydraulique		●	●	●	●	●	●
Réglage électrique continu du régime de 16 à 45 tr/min		●	●	●	●	●	●
Batteur							
Diamètre	mm	600	600	600	600	600	600
Largeur	mm	1270	1270	1270	1521	1521	1521
Nombre de battes		8	8	8	8	8	8
Commande par variateur mécanique réglable électriquement de 410 à 1220 tr/min à partir du poste de conduite		●	●	●	●	●	●
Contrebatteur							
Nombre de contrebattes		14	14	14	14	14	14
Angle d'enveloppement	°	119	119	119	119	119	119
Surface de séparation	m²	0,82	0,82	0,82	0,98	0,98	0,98
Bac à pierres rabattable d'en bas		●	●	●	●	●	●
Tôles d'ébarbage manœuvrables de côté		●	●	●	●	●	●
Réglage indépendant de l'avant et de l'arrière du contrebatteur depuis le poste de conduite		●	●	●	●	●	●
Secoueurs							
Nombre d'éléments		5	5	5	6	6	6
Nombre de cascades		5	5	5	5	5	5
Roulements à billes ne nécessitant aucun entretien		●	●	●	●	●	●
Surface de secouage	m²	5,25	5,25	5,25	6,27	7,10	7,10
Surface de séparation	m²	6,07	6,07	6,07	7,25	8,08	8,08
Bac récupérateur de grains indépendant des secoueurs		●	●	●	●	●	●
Nettoyage							
Ventilateur à air sous pression, type axial		●	●	●	●	●	●
Quantité d'air réglable à partir du poste de conduite		●	●	●	●	●	●
Grille supérieure: grilles à lamelles		●	●	●	●	●	●
Grille inférieure: grilles à trous ronds (⌀ 7, 11, 13 mm)		●	●	●	●	●	●
Surface totale des grilles	m²	3,84	3,84	3,84	4,64	4,64	4,64
Système de retour d'otons							
Élévateurs à gauche et à droite, avec garnitures de frottement		●	●	●	●	●	●
Trémie							
Capacité	l	4400	5200	5200	5200	6300	6300
Goulotte étanche aux grains, à déploiement hydraulique		●					
Vidange possible dans n'importe quelle position de 0° à 110°			●	●	●	●	●
Indicateur visuel et acoustique de niveau grains dans la trémie		●	●	●	●	●	●
Recouvrement de la trémie		●	●	●	●	●	●

Type			M 35.70	M 35.80	M 35.80 Hydromat	M 36.10 Hydromat	M 36.30 Hydromat	M 36.40
Moteur DEUTZ diesel refroidi par air		Type	F6L913	BF6L913	BF6L913	BF6L913	BF6L913C	F8L413
Nombre de cylindres/cylindrée		–/cm³	6/6128	6/6128	6/6128	6/6128	6/6128	8/12763
Puissance		kW/(ch)	89 (121)	110 (150)	110 (150)	125 (170)	144 (195)	166 (225)
Capacité du réservoir de carburant		l	300	300	345	345	345	345
Transmission								
Boîte à trois vitesses avec embrayage sec monodisque			●	●				
Variateur à réglage hydraulique			●	●				
Transmission hydrostatique avec présélecteur de vitesse permettant un réglage continue de la vitesse d'avancement					●	●	●	●
Vitesse d'avancement		1ère vit. km/h	1.3– 3.5	1.3– 3.5	0– 3.5	0– 2.9	0– 2.9	0– 2.9
		2ème vit. km/h	3.1– 8.4	3.1– 8.4	0– 8.4	0– 8.4	0– 8.4	0– 8.4
		3ème vit. km/h	7.4–23.0	7.4–23.0	0–23.0	0–23.0	0–23.0	0–23.0
		Marche arrière km/h	2.0– 5.3	2.0– 5.3	0–14.0	0–14.0	0–14.0	0–14.0
Embrayage								
A commande hydraulique, à réglage automatique			●	●				
Freins					●	●	●	●
Frein à pied hydraulique, utilisable comme frein de direction			●	●	●	●	●	●
Direction hydrostatique, avec position du volant réglable			●	●	●	●	●	●
Pneumatiques								
A l'avant	18.4–30 AS 10 PR		●					
	18.4–30 AS 12 PR (jusqu'à largeur de coupe de 4,20 m)			●	●	●	●	
	23.1–26 AS 14 PR (jusqu'à largeur de coupe de 4,80 m)			●	●	●	●	●
A l'arrière	10.5/80–18 Impl., 10 PR		●	●	●			
	12.5/80–18 Impl., 10 PR					●	●	●
Dispositifs de sécurité								
Embrayage à friction à ressort sur l'arbre supérieur du convoyeur à chaîne, la vis sans fin d'alimentation, les rabatteurs, la commande des secoueurs* et la vis sans fin à grains* (*= sauf pour M 35.70)			●	●	●	●	●	●
Système agrotronic DEUTZ-FAHR avec informateur central, permettant de surveiller de façon visuelle et acoustique plusieurs fonctions importantes		Nombre	17	18	18	18	18	18
Dimensions et poids								
Longueur	sans coupe	m	7,65	7,65	7,65	7,65	8,30	8,30
	avec coupe sans diviseurs	m	9,30	9,30	9,30	9,30	9,80	9,80
	en position de transport avec chariot jusqu'à 4,20 m	m	14,10	14,10	14,10	14,10	14,10	14,10
	en position de transport avec chariot à partir de 4,80 m	m	15,10	15,10	15,10	15,10	15,10	15,10
Largeur	sans coupe, pneumatiques 18.4–30	m	2,95	2,95	2,95	2,95		
	sans coupe, pneumatiques 23.1–26	m	3,00	3,00	3,00	3,00	3,00	3,00
Hauteur	avec pneumatiques standards	m	3,40	3,60	3,60	3,60	3,90	3,90
	avec cabine	m	3,60	3,60	3,60	3,60	3,90	3,90
Voie	avant	m	2,45	2,45	2,45	2,45	2,45	2,45
	arrière	m	2,05	2,05	2,05	2,05	2,05	2,05
Empattement		m	3,80	3,80	3,80	3,80	3,80	3,80
Poids	sans coupe	± kg	6800	7065	7180	7650	7850	7850
	avec coupe de 4,20 m	± kg	7920	8185	8385	8730	8970	8920
	avec coupe de 4,80 m	± kg	8120	8385	8585	8930	9170	9170
	cabine	± kg	225	225	225	225	225	225

MOISSONNEUSE BATTEUSE ROTATIVE GLEANER R 70

LE GENIE AGRICOLE KHD DEUTZ FAHR

CARACTÉRISTIQUES DE LA NOUVELLE MOISSONNEUSE-BATTEUSE ROTATIVE GLEANER SÉRIE R 70

Dimensions
Hauteur en transport .... 3,40 m
Longueur hors-tout
avec plate-forme .... 8,90 m
sans plate-forme .... 6,90 m
Largeur hors-tout
Pneus standard .... 3,70 m
Largeur plate-forme .... plus 0,45 m
Empattement .... 3,50 m
Poids-Machine de base .... 9605 kg
Voie des roues motrices Standard .... 3048 mm
Inversées .... 3683 mm
Voie des roues directrices .... 3,00 m
Type de direction .... hydrostatique - Double vérin
Rayon de braquage .... 6,70 m
Rayon de dégagement sans plate-forme .... 8,40 m

Battage
Type de batteur .... battes striées
Dimensions - Diamètre .... 635 mm
Longueur .... 2286 mm
Entraînement .... boîtier à deux vitesses avec courroie de variateur
Commande du régime .... variateur électro-hydraulique
Régime - Gamme basse .... 198 - 498 tr/mn
Gamme haute .... 415-1 026 tr/mn
Longueur de la cage .... 2286 mm
Contre-batteur .... ouverture réglable
Trappe de contre-batteur
Protection contre les pierre .... verrouillage à ressorts
Surface totale de la cage .... 4,36 m²

Hotte de nettoyage et ventilateur
Surface de nettoyage pneumatique .... 0,21 m²
Surface de nettoyage totale .... 4,09 m²
Ventilateur
Type .... transversal - double sortie
Largeur .... 1613 mm
Diamètre .... 279 mm
Commande de débit .... volet obturateur commandé depuis la cabine

Trémie
Capacité - Standard .... 10,90 m³
Temps de vidange .... 84 litres/seconde
Type du tube de vidange .... pivotement hydraulique
Longueur du tube
Goulotte standard .... 6,20 m*
Goulotte en option .... 6,60 m*
Diamètre du tube .... 305 mm
*Depuis l'axe de la machine

Moteur
Type : Diesel à refroidissement par air DEUTZ BF 8L513 V-8 Double turbocompresseur
Puissance au régime nominal .... 270 ch à 2300 tr/mn
Nombre de cylindres 8
Cylindrée .... 12,8 l
Contenance du réservoir à combustible .... 568 litres

Transmission
Type .... Hydro-traction à 4 rapports
Type de réductions finales .... pignon droit
Frein de stationnement .... Tambour mécanique Diamètre 254 mm
Freins de direction .... disque à étrier, actionnés hydrauliquement

Pneumatiques
Roues motrices - standard 30.5-32
Roues directrices - standard 14.9-24
D'autres dimensions de pneumatiques sont disponibles sur demande.

Les renseignements contenus dans cette notice sont d'ordre général et ne concernent pas des applications spécifiques. DEUTZ-FAHR réserve le droit d'effectuer des modifications dans les caractéristiques données ci-dessus ou d'apporter des améliorations à tout moment sans préavis ni obligation d'aucune sorte.

Votre concessionnaire est un professionnel, il est prêt à vous renseigner. Alors n'hésitez pas à lui rendre visite.

LE GENIE AGRICOLE KHD DEUTZ FAHR

CACHET DU CONCESSIONNAIRE

KHD FRANCE S.A.
3-5, avenue Ampère
77220 GRETZ ARMAINVILLIERS
Téléphone (1) 64 07 90 11

Moissonneuses-batteuses

DEUTZ-FAHR

AXIAL A.50 - A.70

au cœur du futur

UN SEUL ROTOR POUR LE BATTEUR ET LA SÉPARATION

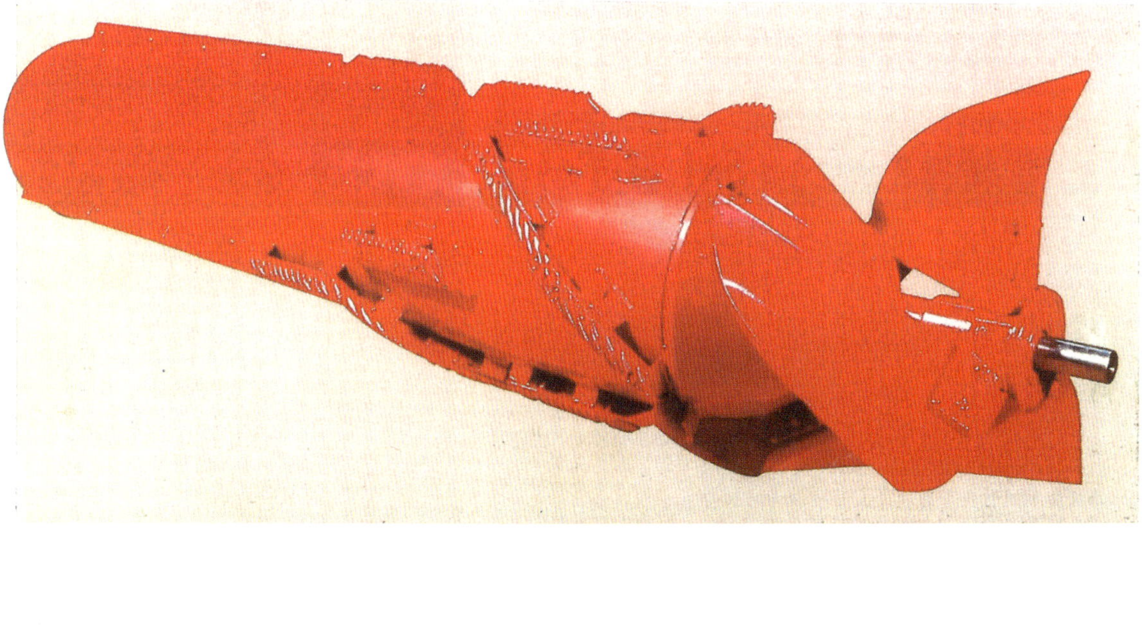

le confort super luxe

Cabine panoramique intégrée.
Fauteuil très confortable.
Groupe de pressurisation à 3 vitesses.
Direction hydrostatique.
Nombreuses commandes électriques ou électrohydrauliques.
Détecteur de variation de régime des principaux organes.

AXIAL A.50 - A.70 et le maïs

un rendement exceptionnel sans rafles, sans casser les grains

Les Axial A.50 - A.70 sont tout spécialement adaptées à la récolte du maïs. Elles peuvent être équipées d'un cueilleurs à 4,5 ou 6 rangs. Ils s'adaptent en lieu et place de la barre de coupe grâce à leur système d'attache rapide, sans aucun outillage.
Leur profil général effilé, à très faible pente (26°), favorise un bon ramassage, même en récolte versée.

KHD
FRANCE S.A.
3-5, AVENUE AMPÈRE
Z.I. DE GRETZ-ARMAINVILLIERS
77220 TOURNAN-EN-BRIE

ATION D.B. Marketing / DOUBLE-FACE

MANUFACTURE DE MACHINES DE MOTOCULTURE
S. A. R. L. AU CAP. DE 1.200.000 FRS
MATÉRIELS SPÉCIALEMENT ADAPTÉS AU SYSTÈME
Ferguson
MMM
INSTRUMENTS DE MOTOCULTURE
CONSTRUCTION FRANÇAISE
112 TER, RUE CARDINET - PARIS-XVIIe
La Moissonneuse-Batteuse F. D.
Automotrice à Coupe Frontale
à tracteur Ferguson intégré et récupérable
Union Départementale des
Coopératives Agricoles du Gers
«La Gasconne»
Maison de l'Agriculture
Tél. 512
AUCH
AGENT GENERAL DE DISTRIBUTION
C.O.G.E.M.A.
COMPAGNIE GÉNÉRALE DU MACHINISME AGRICOLE
Société Anonyme au Capital de 151.700.000 Frs
DISTRIBUTEUR EXCLUSIF POUR LA FRANCE DE HARRY FERGUSON Ltd - COVENTRY
112 TER, RUE CARDINET - PARIS (17e)
The FERGUSON SYSTEM

Moissonneuse-Batteuse F.D.

- Coupe frontale de 2 m. de large, réglable en hauteur par le système Hydraulique FERGUSON.
- Rabatteurs réglables instantanément en hauteur du siège du conducteur.
- Alimentation du tablier par vis.
- Elévateur par chaînes et éléments interchangeables de toiles munies de barrettes métalliques.
- Batteur de 550 x 700 à battes cannelées.
- Quatre secoueurs de 2 m. perpendiculaires au sens de l'avancement.
- Surface de secouage 2,60 m^2.
- Grilles de nettoyage de 1,00x0,80 m. Elévateur à palettes.

Plateforme à sacs et dispositif d'ensachage.

- Mécanismes de transmission sous carters. dans bain d'huile.
- Quatre vitesses d'avancement de 2,5 à 10 km. heure.

Châssis monobloc, d'une rigidité parfaite.

Encombrement réduit :
Longueur hors tout 5,75 m.
Largeur hors tout 2,85 m. (en travail).

Poids total : 2.500 kgs environ.

Maniabilité exceptionnelle.

Virage sur place.

Tracteur récupérable après moisson.

Une petite Moissonneuse-Batteuse révolutionnaire et de grande classe

CONCEPTION NOUVELLE
Brevetée DHOTEL-M.M.M.

Consultez notre Agent :

Union Départementale des Coopératives Agricoles du Gers
«La Gasconne»
Maison de l'Agriculture
Tél. 512 AUCH

SPÉCIALEMENT ADAPTÉE AU TRACTEUR FERGUSON

DHOTEL
D 47 R
Semi-portée, coupe AV de 2 m. 40
Ets DHOTEL-MONTARLOT
Châtillon (Côte d'Or)

Journée Internationale de Moissonnage-Battage à Lissay-Lochy.

Caractéristiques D 47 R

TABLIER

Type à toile, profondeur 1 m 80.
Largeur de coupe : 2 m 40.
Hauteur de coupe : 8 à 70 cm.
Réglage de la hauteur à main ou électrique.

BATTEUSE

Alimentation avec tapis convoyeur et chaines.

Un engreneur à l'entrée du couloir.

Un engreneur à l'entrée du batteur.

Batteur à battes striées.
Longueur 700 ; diamètre 550.
Nombre de battes : 8.
Variateur de vitesse à courroies trapézoïdales.

SECOUEURS

Nombre 4.
Longueur 2 m ; largeur 1 m 30.
Surface 2 m 60.

NETTOYAGE A DOUBLE EFFET

Grilles supérieures GRAEPEL, grilles inférieures interchangeables. Ventilateur avec volets d'air à débit réglable. Retour au batteur ou à la vis sans fin par gravité. Ensachage ou réservoir à grain.

ROUES directrices 230 × 20 ou 100 × 16, connectées aux roues directrices du tracteur.

DIMENSIONS

Longueur 7 m 60 sans diviseur ; largeur 2 m 95, hauteur 2 m 65.

POIDS : 2.000 Kgs

Adaptable tous tracteurs de 30 CV.

Moins de 30 CV avec moteur auxiliaire.

ÉQUIPEMENTS SPÉCIAUX :

BOTTELEUSE ou PRESSE, Récupérateur de Bales, Epandeur de paille, Ramasseur d'andains, Rabatteurs à griffes

Fonctionnement et Utilisation

La Moissonneuse-Batteuse " DHOTEL 47 " peut être équipée de tous tracteurs usuels et actionnée, soit directement par la prise de force du tracteur, si celui-ci a une puissance minimum de 30 CV, soit, dans le cas contraire, par adjonction d'un moteur auxiliaire. L'incorporation du tracteur dans la machine ou sa libération ne requérant que quelques minutes, le tracteur peut donc être utilisé en dehors des heures de moissonnage.

En outre, l'encombrement réduit en largeur et les facilités d'évolution de la machine permettent son déplacement sur les terrains difficiles, dans les chemins encaissés, et un remisage aisé sans démontage d'organe. Quatre roues directrices lui confèrent une grande facilité d'évolution en marche avant et arrière. La disposition du tablier frontal assure un travail similaire à une automotrice ; les rabatteurs à diamètre et nombre de pales variables sont relevables par le conducteur du tracteur. Un débrayage assure l'indépendance des organes moissonneuse et batteuse. L'enraillage du tapis élévateur depuis la barre de coupe jusqu'au batteur évite les pertes de grain ; la position du dispositif de nettoyage à la partie supérieure de la batteuse supprime les points bas sous la machine.

L'utilisation de la moissonneuse-batteuse DHOTEL 47 n'exige que DEUX HOMMES, l'un à la conduite du tracteur, l'autre à l'ensachage, et un seul homme dans le cas où la machine est équipée d'un réservoir à grain.

Le RENDEMENT de la machine, variable suivant la nature des récoltes, s'établit entre 25 et 35 quintaux/heure en moissonnage-battage, et 15 à 18 quintaux/heure en battage au point fixe.

Moins de dix minutes pour atteler ou libérer le tracteur.

DHOTEL
SEULE MOISSONNEUSE-BATTEUSE
A TRACTEUR INCORPORÉ
ROBUSTE
ECONOMIQUE
ET 100% FRANÇAISE

100 ans d'expérience batteuses !...

La Moisonneuse-Batteuse automotrice S.E. DHOTEL marque un progrès important dans le domaine de la machine agricole. Outre ses qualités incontestables de travail, qui en font la machine la plus perfectionnée existant actuellement sur le marché, sa conception permet à l'utilisateur d'avoir à sa disposition une machine qui travaille non seulement pendant la moisson, mais toute l'année.

La caractéristique essentielle de la **Moissonneuse-Batteuse automotrice S.E. DHOTEL** est, en effet, de pouvoir dissocier le tracteur **" incorporé "** des éléments coupe et batteuse :

L'adaptation de l'essieu directeur de la batteuse et la transformation du poste de conduite permettent d'**obtenir un tracteur apte à tous travaux agricoles.**

La transformation de la **Moissonneuse-Batteuse S.E. DHOTEL** en tracteur s'opère en moins d'une journée par deux hommes non spécialistes. Le remontage en moissonneuse-batteuse s'accomplit dans le même temps et aussi facilement.

CARACTÉRISTIQUES

TABLIER DE COUPE

Type : à vis.
Largeur de coupe : 3 m. — 3 m. 60. et 4 m. 20 sur demande.
Hauteur de coupe : 0 à 1 m.
Réglage de la hauteur : Cde hydraulique.
Rabatteurs à griffes : réglables hydrauliquement en hauteur et d'AV en AR par levier à main.

BATTAGE

Alimentation : Convoyeur flottant à 3 chaînes à rouleaux.
Engreneur : rotatif à 4 pales.
Batteur { à battes striées. / largeur : 800. / diamètre : 550.
Nombre de battes : 8.
Régime : 550 à 1.200 tours.
Contrebatteur : à écartement réglable contrôlable de l'extérieur, avec ébarbeur instantané.

SECOUAGE

Nombre de secoueurs : 3.
Surface de secouage : 2 m²/800.
Largeur : 1 mètre.

NETTOYAGE

Grille supérieure : à ouverture réglable.
Grille inférieure : interchangeable.
Ventilateur : réglable en débit d'air et en direction.
Débit : 50 quintaux/heure.

DIMENSIONS

Longueur hors tout : 6 m. 80.
Largeur hors tout { Coupe 3 m. = 3 m. 55. / Coupe 3 m. 60 = 4 m. 10.
Hauteur { Type ensachoir : 2 m. 70. / Type réservoir : 2 m. 85.
Poids environ : 4.100 kg.

CONTENANCES

Réservoir à fuel : 90 litres.
Radiateur : 25 litres.
Réservoir à grains : 18 h°.

TRIAGE

Plateforme : avec trieur.
Type : rotatif cylindrique à grilles interchangeables et 3 sorties de sacs.

VITESSES D'AVANCEMENT

11 vitesses de 1 km. 300 à 26 km/heure, au régime moteur de 1.650 tours.

EQUIPEMENTS SUPPLÉMENTAIRES

(sur demande)
Presse à paille : Canal 1 mètre, 2 noueurs.
Epandeur de paille.
Broyeur.

LE BATTAGE AUX MOISSONS

Une nouvelle

MOISSONNEUSE-LIEUSE-BATTEUSE

Nécessité de battre en moissonnant, pour :

Suppléer au manque de main-d'œuvre,
Diminuer les pertes de grains,
Abaisser le prix de revient,
Avancer les travaux de préparation du sol,
Augmenter le rendement de la récolte suivante.

Plus de battages,
Plus d'épis égrenés
ou perdus dans le champ,
Plus de grains laissés
dans les épis battus.

....

ALBERT DOUILHET
INGÉNIEUR DES ARTS ET MANUFACTURES
CAUDÉRAN - BORDEAUX
Téléphone 84.025

BATTEZ, EN MOISSONNANT AVEC UN HOMME ET UNE ALDO,

La MOISSONNEUSE - BATTEUSE
la plus originale du monde,
la seule fabriquée en FRANCE,
et conçue pour la culture FRANÇAISE
par un Agriculteur FRANÇAIS,
la première ayant travaillé en
FRANCE,...

MOISSONNEUSE-BATTEUSE

« ALDO »

Système Albert DOUILHET

Ingénieur des Arts et Manufactures, Agriculteur

FONTENELLE par ARCHIAC

(Charente-Maritime)

TÉLÉPH. **2** SAINT-EUGÈNE

Constructeurs : Éts ALBARET

RANTIGNY (Oise)

ALDO

(Marque Déposée)

MOISSONNEUSE-BATTEUSE « ALDO »

Système Albert DOUILHET

Brevetée S.G.D.G.

Le créateur de cette machine, étant à la fois Agriculteur, fils et petit-fils d'Agriculteurs, et Ingénieur des Arts et Manufactures, l'a conçue en Agriculteur et l'a réalisée en Mécanicien, et il est parti de ce principe indiscuté qu'il qu'il faut **éviter de semer grains et mauvaises graines** en moissonnant, et **rentrer à la ferme toutes les courtes-pailles et les balles** qui sont une excellente nourriture pour le bétail l'hiver, en mélange avec les betteraves passées au coupe-racines. De plus dans nos régions de moyenne culture, il faut absolument **botteler la paille,** ce qui **exige un battage en travers.**

Il n'a donc pas admis le battage en bout, et le nettoyage dans le champ parce qu'il est impossible de maintenir les cribles horizontaux et de régler le vent à chaque instant suivant l'épaisseur de la récolte et la vitesse du tracteur, et que la perte des grains et des mauvaises graines est inévitable avec les balles et les courtes-pailles.

Enfin il faut une **machine légère** et **ne passer qu'une fois** en utilisant le **tracteur habituel,** sans faire la dépense inutile d'une machine automotrice, dont le moteur puissant ne servira que quelques jours par an, et le **déchaumage fait en même temps** a une valeur inestimable.

Partant de ces principes, il a conçu, réalisé et longuement mis au point sur ses propres terres et dans diverses régions de FRANCE, une machine présentée sous sa marque déposée **ALDO,** qui est actuellement la plus originale du monde, et la seule à satisfaire les exigences de la culture française.

Tirée par un tracteur normal, **sans prise de force** (25 cv suffisent) et remorquant un **pulvériseur à disques** de même largeur, **avec un seul homme** et en **un seul passage,** elle **coupe, bat, lie** et **déchaume un hectare à l'heure.** Elle **met en sacs grains, mauvaises graines, balles** et **quelques courtes-pailles,** que l'on passe au tarare, et le personnel habituel a tout son temps pour rentrer les bottes, qui ne craignent pas la pluie parce que **la paille n'est pas du tout brisée.**

On se trouve avoir **nettoyé son sol, avancé ses travaux, amélioré les cultures suivantes** avec une machine à peine plus grande qu'une lieuse de même coupe (1 m. 80), qui ne pèse pas deux tonnes, et qui, montée sur deux pneus,, porte à l'avant sur le crochet du tracteur et ne tasse pas le sol.

Il n'y a **pas de pertes de grains,** parce qu'il n'y a pas de ventilation, que le battage en travers avec un batteur de 1 m. 25, commandé par un moteur BERNARD de 14 cv avec régulateur, est parfait, et que le **tablier métallique blindé** ne peut pas semer par-dessous, comme les toiles de lieuses, les grains et les graines qui sont nombreux parce qu'il sont très secs et très mûrs.

Enfin **les bottes ressemblent à des gerbes,** tous les épis qui ne paraissent pas avoir été battus, se trouvant au même bout, parce que la paille n'a pas été retournée par des secteurs, et leur conservation est d'autant meilleure.

Et c'est un **matériel entièrement FRANÇAIS** construit par les Ets ALBARET.

Imp. Centrale, Bordeaux

D/7000 S
HYDROSTATIC

D/7000 S: Puissante, économique et fonctionelle.

Comme les autres modèles de la nouvelle génération DRONNINGBORG, la D/7000 S résulte de la combinaison d'une technologie de pointe et d'une vaste expérience en matière de matériel de récolte.

Un moteur puissant (120 CV DIN) et économique (diesel, 6 cyl. turbo) permet d'obtenir des rendements réguliers en toutes conditions, sans gaspillage d'énergie.

La D/7000 S est une machine de hautes performances. Robuste et efficace, elle est dotée d'équipements fiables tels que la transmission hydrostatique, le vanneur-ébarbeur de finition, les commandes électro-magnétiques et le présélecteur électro-hydraulique de la barre de coupe.

La D/7000 S: Un investissement rentable, fait pour durer.

DRONNINGBORG D/7000 S HYDROSTATIC

DIMENSIONS

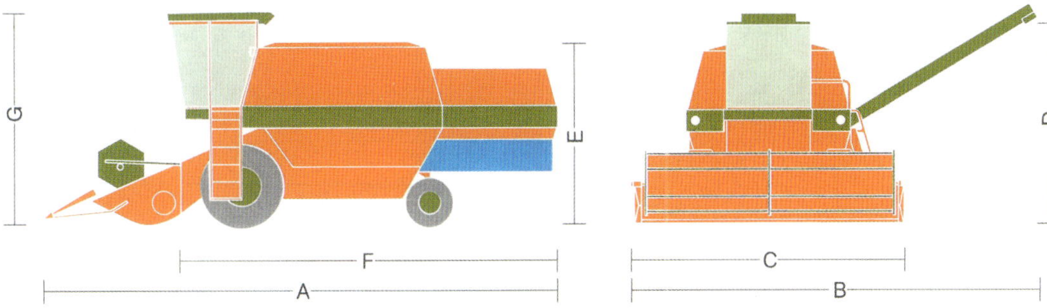

	Barre de coupe de	**372 cm.**	**434 cm.**
LONGUEUR			
Avec diviseurs (A)		917 cm.	917 cm.
Sans diviseurs		795 cm.	795 cm.
Le broyeur de paille augmente la longueur de		50 cm.	50 cm.
Machine de base sans barre de coupe (F)		647 cm.	647 cm.
Machine de base plus barre de coupe sur remorque		1180 cm.	1210 cm.
LARGEUR			
En position travail, vis de vidange pliée (C)		427 cm.	488 cm.
En position travail, vis de vidange dépliée (B)		673 cm.	695 cm.
Sans barre de coupe, escalier devant la roue		320 cm.	320 cm.
HAUTEUR			
Avec cabine et pré-filtre (G)		353 cm.	353 cm.
Sans cabine, avec pré-filtre (démontable)		344 cm.	344 cm.
Sans cabine, sans filtre (E)		303 cm.	303 cm.
VIS DE VIDANGE			
Hauteur disponible (D)		341 cm.	341 cm.
Distance entre barre de coupe et flot de déversement		228 cm.	198 cm.
BARRE DE COUPE			
Distance entre les diviseurs		372 cm.	434 cm.
Largeur de coupe		372 cm.	434 cm.
POIDS			
Prête à l'emploi		6.880 kg.	7.040 kg.
Remorque pour barre de coupe		220 kg.	220 kg.
Broyeur de paille. Ajouter:		274 kg.	274 kg.
Cabine. Ajouter:		244 kg.	244 kg.
Machine de base (sans barre de coupe, etc.)		5.800 kg.	5.800 kg.

TRÉMIE
Trémie fermée, placée entre le conducteur et le moteur. Capacité: 34 hl. Tôle de recouvrement ajustable sur la vis dans la trémie. Trappe de nettoyage. Vis de vidange orientable hydrauliquement, système fermé d'embrayage toutes positions. L'inclinaison de la vis peut varier pendant la vidange. Temps de vidange: 1,5 mn. avec du grain sec.

MOTEUR
Diésel, turbo, refroidissement à eau, 4 temps, 120 CV (DIN) à 2250 tours/mn. Pré-filtre et filtre de type cyclone avec élément sec interchangeable. Tamis rotatif avec aspirateur à poussières. Batterie: 12 V. Réservoir à combustible: 250 l.

TRANSMISSION
Transmission hydrostatique, variation continue de la vitesse sur deux plages:
Travail: AV 0- 9 km/h - AR 0- 5 km/h
Route: AV 0-20 km/h - AR 0-10 km/h

DIRECTION
Direction hydrostatique, colonne de direction réglable.

FREINS
Freins mécaniques indépendants, possibilité d'accouplement et de verrouillage. En général freinage au moyen de la transmission hydrostatique.

PNEUS
Voie AV: 23.1/18-26. Voie AR: 12.5/80-18.

CARACTERISTIQUES TECHNIQUES

COUPE
Réglage hydraulique de la hauteur de COUPE de ÷13 cm à +134 cm par rapport au plan de la machine. Hauteur de coupe min. (sabot reposant sur le sol): 6 cm.
Hauteur disponible sous tablier de coupe: max. 96 cm.
Présélecteur électro-hydraul. de la hauteur de coupe entre 6 et 28 cm. Suspension par compensateurs oléopneumatiques.
LAME à sections surfaucillées, doigts en acier. Cadence de lame, 600 coups/mn., sur un doigt (77 mm).
RABATTEURS à peignes réglables, entraînement, hydrostatique, variation continue de la vitesse de 0 à 50 tours/mn. Réglage de haut en bas et d'avant en arrière hydraulique.

BATTAGE ET SÉPARATION
BATTEUR à 6 battes, 140 cm de large, 45 cm de diamètre, vitesse à réglage continue de 750 à 1550 tours/mn. (vitesse périphérique: 17,5-36,5 m/s.), tachymètre au tableau de bord.
CONTRE-BATTEUR: surface 6700 cm^2, avec prolongement 10500 cm^2, 9 contre-battes, enveloppement de 114°. Bac à pierres devant le batteur à vidage rapide par un levier extérieur placé sur le côté droit. Réglage central de l'écartement par un levier du poste de conduite.
SECOUEURS: 5 secoueurs de 370 cm de long, 5 redans, trappe de nettoyage. Surface de secouage 5,2 m^2.

NETTOYAGE
CAISSON DE NETTOYAGE: 290 va et vients par mn., sur une longueur de 4 cm.
VENTILATEUR à vitesse variable entre 750 et 1250 tours/mn. Orientation des vents réglable par deux volets déflecteurs. Grille sup. réglable de 1,4 m^2, grille inf. interchangeable de 1,4 m^2, rallonge de la grille sup. ajustable de 0,4 m^2.
Surface totale de nettoyage de 3,2 m^2.
VANNEUR-EBARBEUR de finition intégré à la machine. Ebarbeur-trieur avec crible interchangeable. Degré d'ébarbage réglable. Vannage par ventilation ascendante et réglable. Un moulin broyeur (accessoire) pour la destruction des mauvaises graines peut être monté.
Possibilité de diriger la récolte directement vers la trémie.

LE MODÈLE STANDARD COMPREND

2 lames, 12 ou 14 releveurs d'épis, grille sup. réglable, 2 grilles inf., 2 cribles d'ébarbage, 2 diviseurs cintrés, 2 diviseurs de type torpille, boîte avec outils, burette à huile, pompe à graisse, extincteur, déflecteur de paille (machine livrée sans broyeur), livre d'entretien, catalogue pièces détachées, équipement d'éclairage

EQUIPEMENTS ACCESSOIRES
Cabine avec système de ventilation, phares de travail et 2 rétroviseurs, phares de travail, pick-up, broyeur de paille, compteur d'heures, remorque pour barre de coupe, D-CONTROL avec contrôle des 3 élévateurs, du broyeur, indicateur de vitesse et compteur d'hectares, contrôle électronique des élévateurs grilles et cribles d'ébarbage pour récoltes spéciales, broyeur de mauvaises graines, plaques d'ébarbage, plaques d'obturation du ventilateur, etc.

Dans le souci constant d'assurer la meilleure qualité à sa production, Dronningborg se réserve le droit de modifier sans préavis les caractéristiques de ses fabrications.

D/3000 S
HYDROSTATIC

Vue panoramique de la cabine (option)

Un confort nouveau, condition d'efficacite

Plus de pertes de temps pour embrayer, débrayer et changer de vitesse. Un seul levier suffit pour instantanément faire avancer, reculer ou stopper la machine. Le conducteur en appréciera la simplicité et la précision. Il travaillera longtemps et sans fatigue, pouvant ainsi se concentrer pleinement sur le produit à récolter.

Efficace et sûre, la D/3000 S est dotée d'equipements de qualité tels que le vanneur-ébarbeur de finition Dronningborg, la transmission hydrostatique, le préselecteur électro-hydraulique de la hauteur de coupe, le contrôle à 100% hydraulique des rabatteurs, le contrôle des otons du poste de conduite, etc. Il en résulte des performances, un confort et une facilité de conduite exceptionnels.

La D/3000 S hydrostatic: Une machine aux caractéristiques remarquables, faite pour durer.

dronningborg

DRONNINGBORG MASKINFABRIK A/S · DK-8900 RANDERS · DANEMARK · TEL. (06) 42 58 55 · TELEX 65158 dborg dk

DRONNINGBORG D/3000 S HYDROSTATIC

DIMENSIONS

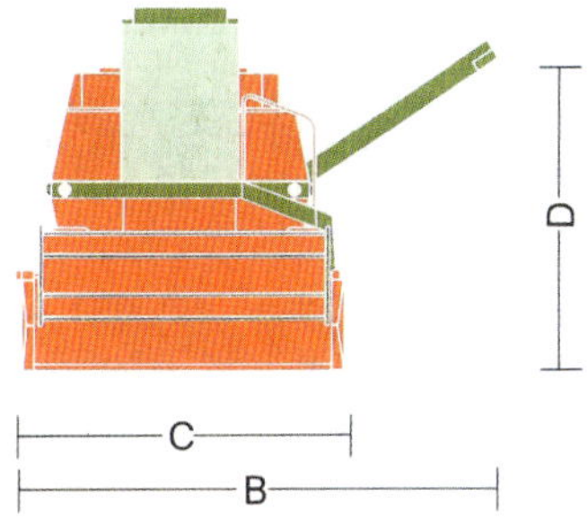

	Barre de coupe de	287 cm.	333 cm.
LONGUEUR			
Avec diviseurs (A)		773 cm.	773 cm.
Sans diviseurs (F)		716 cm.	716 cm.
Machine de base sans barre de coupe		575 cm.	575 cm.
Le broyeur de paille augmente la longueur de		50 cm.	50 cm.
LARGEUR			
En position travail, vis de vidange pliée (C)		328 cm.	374 cm.
En position travail, vis de vidange dépliée (B)		475 cm.	498 cm.
Barre de coupe démontée		283 cm.	283 cm.
HAUTEUR			
Avec cabine et pré-filtre (G)		333 cm.	333 cm.
Sans cabine, avec pré-filtre (démontable)		323 cm.	323 cm.
Sans cabine, sans filtre (E)		293 cm.	293 cm.
VIS DE VIDANGE			
Hauteur disponible (D)		300 cm.	300 cm.
Distance entre barre de coupe et flot de déversement		120 cm.	100 cm.
BARRE DE COUPE			
Distance entre les diviseurs		287 cm.	333 cm.
Largeur de coupe		280 cm.	326 cm.
POIDS			
Prête à l'emploi		5000 kg.	5150 kg.
Broyeur de paille. Ajouter:		170 kg.	170 kg.
Cabine. Ajouter:		240 kg.	240 kg.

TREMIE
Trémie fermée, placée entre le conducteur et le moteur. Capacité: 20 hl. Tôle de recouvrement ajustable sur la vis dans la trémie. Trappe de nettoyage. Vis de vidange orientable hydrauliquement. Temps de vidange: 1,5 mn. avec du grain sec. Vidange possible sans embrayage des organes de battage.

MOTEUR
Diésel, refroidissement à eau, 4 temps, 74 CV (DIN) à 2200 tours/mn. Pré-filtre et filtre de type cyclone avec élément sec interchangeable. Tamis pour l'air de refroidissement démontable et avec trappe de nettoyage. Batterie: 12 V. Réservoir à combustible: 150 L.

TRANSMISSION
Transmission hydrostatique, 35 cm^3 de volume de déplacement pompe/moteur, variation continue de la vitesse sur deux plages:
Travail: AV 0-10 km/h, AR 0- 5 km/h
Route: AV 0-22 km/h, AR 0-11 km/h

DIRECTION
Direction hydrostatique, colonne de direction réglable.

FREINS
Freins à disques mécaniques et indépendants. Accouplement sur route. Possibilité de verrouillage.

PNEUS
Voie AV: 14.9/13-26 ou 16.9/14-26
Voie AR: 10/75-15

CARACTERISTIQUES TECHNIQUES

BARRE DE COUPE
Réglage hydraulique de la hauteur de **coupe** de ÷ 13 cm. à + 70 cm. par rapport au plan de la machine. Hauteur de coupe min. (sabot reposant sur le sol): 5 cm. Hauteur disponible sous tablier de coupe: max. 47 cm. Présélecteur électro-hydraul. de la hauteur de coupe entre 5 et 30 cm. Suspension par compensateurs oléopneumatiques. **Lame** à sections surfaucillées, doigts en acier. Cadence de lame, 530 coups/mn., sur un doigt (77 mm). **Rabatteurs** à peignes réglables, entraînement hydrostatique, variation continue de la vitesse de 0 à 50 tours/mn. Réglage de haut en bas et d'avant en arrière hydraulique.

BATTAGE ET SEPARATION
Batteur à 6 battes, 112 cm. de large, 45 cm. de diamètre, vitesse variable de 750 à 1450 tours/mn. (vitesse périphérique: 17,5-34 m/s.), tachymètre au tableau de bord.

Contre-batteur: Surface 4655 cm^2, avec prolongement 7695 cm^2, 8 contre-battes, enveloppement de 100°. Bac à pierres devant le batteur à vidage rapide par un levier extérieur placé sur le côté droit. Réglage central de 1' écartement par un levier du poste de conduite. **Secoueurs:** 4 secoueurs de 270 cm. de long, trappe de nettoyage. Surface de secouage de 3,0 m^2.

NETTOYAGE
Caisson de nettoyage: 290 va et vient par mn., sur une longueur de 4,2 cm. **Ventilateur** à vitesse variable entre 620 et 1200 tours:mn. Orientation des vents réglable par deux volets déflecteurs. Grille sup. réglable de 1 m^2, grille inf. interchangeable de 1 m^2, rallonge de la grille sup. ajustable de 0,3 m^2. Surface totale de nettoyage de 2,3 m^2.
Vanneur-erbarbeur de finition intégré à la machine. Ebarbeur-trieur avec crible interchangeable. Degré d'ébarbage réglable. Vannage par ventilation ascendante et réglable. Les déchets de l'ébarbage peuvent être rassemblés dans un réservoir intégré à l'ébarbeur. Possibilité de diriger la récolte directement vers la trémie.

LE MODELE STANDARD COMPREND

2 lames, 9 ou 10 releveurs d'épis, 1 grille sup., 2 grilles inf., 2 diviseurs cintrés, 1 diviseur type torpille, 2 cribles d'ébarbage, boîte avec outils, burette à huile, pompe à graisse, extincteur déflecteur de paille (machine livrée sans broyeur), livre d'entretien, catalogue pièces détachées, équipement d'éclairage.

EQUIPEMENTS ACCESSOIRES
Phares de travail mobiles, cabine avec système de ventilation, phares de travail et rétroviseurs, pick-up, broyeur de paille, compteur d'heures, diviseurs de type torpille, plaques d'ébarbage, plaques d'obturation du ventilateur, grilles et cribles pour récoltes spéciales, etc.

Dans le souci constant d'assurer la meilleure qualité à sa production, Dronningborg se réserve le droit de modifier sans préavis les caractéristiques de ses fabrications.

Une récolte plus abondante avec

la fameuse moissonneuse-batteuse automotrice à 2 tambours-batteurs de construction extrêmement robuste, à grand rendement et nettoyage inégalable.
Pour toutes les sortes de graines

EPPLE-BUXBAUM-WERKE A.G.
WELS, OBERÖSTERREICH

TELEX: 025.571. TÉL. 4455 TÉLÉGR. Buxbaum Wels.

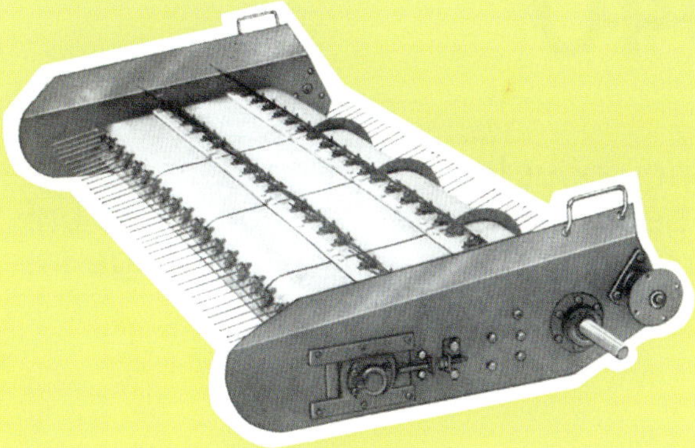

Pick-up pour ramassage des andains **EQUIPEMENTS SPÉCIAUX** Presse à paille portée à 2 noueu

CARACTERISTIQUES

Construction	Barre de coupe avec élévateur à vis sans fin.
Largeur de coupe	210 mm.
Hauteur de coupe	de 5 à 60 cm.
Moteur	Perkins Diesel, 4 cylindres, 4 temps, 39 cv.
Vitesse d'avancement	de 1,3 à 20 km/h, réglable sans discontinuité dans chaque gamme de vitesse au moyen d'un variateur à courroie trapézoïdale.
Boîte de vitesses	3 marches avant, 1 marche arrière, blocage du différentiel, freins de direction.
Poids	sans presse 2400 Kg.
Dimensions	Longueur: 6900 mm Largeur: 2300 mm Hauteur: 2650 mm
Système de battage	à 2 tambours-batteurs 1er tambour: ouvert, à battes 2ème tambour: fermé à dents flexibles en acier, disposées en forme de flèche.
Diamètre des tambours-batteurs	1er tambour 500 mm 2ème tambour 450 mm
Largeur des tambours-batteurs	800 mm
Nombre de tours du 1er tambour-batteur	règlable de 1000 à 1200 t/m.
Hydraulique	commande du tablier de coupe et du rabatteur.
Rendement en grain	jusqu' à 30 quintaux/h. (rapport grain : paille = 1 : 1,35).
Presse portée	largeur de canal: 800 mm, 2 noueurs.
Pneus	roues motrices 9,00—24 AL, roues directrices 5,50—24 AL.
Rabatteur	à dents dirigées, commandé hydrauliquement.
Ensachage	sur le côté de la machine, 4 bouches, 3 qualités.
Ebarbage	ébarbeur spécial, accouplé au second nettoyage.
	Brevets autrichiens et étrangers.

Agent exclusif pour la France

Sté ACTIF PARIS 19°

39, rue de Tanger, Tél. BOTzaris 58—60

Service EPPLE inégalable!

Epple-Mobil 940

Une moissonneuse-batteuse moderne pour assurer vos récoltes. De la Barre de coupe à la Trémie tout est conçu pour le rendement. Grand confort de conduite et d'utilisation - Ligne séduisante - Nouvelle batteuse universelle à grand rendement, pour Céréales et pour màis - Nettoyage impeccable - Sans perte par table de récupèration.

Distribué par :

SAF FARGE 42110 FEURS - Tél. 77 et 677

epple

CARACTERISTIQUES TECHNIQUES

Barre de coupe:
Largeur de coupe: 3,00
Largeur de coupe: 3,60
Largeur de coupe: 2,60
Commande de lame par basculeur à la vitesse de 524 coups/minute.

Table de Coupe:
Adaption automatique de la hauteur de coupe sur le terrain par 2 ressorts spirale – Réglage en hauteur hydraulique de −6 jusqu'à +80 cm.
Débrayage instantané du dispositif de coupe. Accouplement rapide entre tablier de coupe et convoyeur.

Rabatteur:
Réglage de hauteur hydraulique – Variateur de vitesses de rotation de 10 à 30 t/minute commandé du poste de conduite – Griffes réglables –

Système d'alimentation:
Vis d'alimentation fermée réglable en hauteur – large pas des spires pour un acheminement transversal rapide – Doigts escamotables ronds sur excentrique pour une alimentation régulière du convoyeur – Convoyeur de 900 mm à chaînes sans entretien – Arbre avant sur ressorts.

Système de battage universel:
Batteur à grande inertie (8 battes équerre) avec contre-batteur spécial pour céréales et maïs.
Batteur principal ∅ = 600 } largeur: 900 mm.
Batteur arrière ∅ = 460 }
Variateur mécanique à courroie trapézoidale de 450 à 1130 t/min. Réglage instantané du contre-batteur à partir du siège du conducteur – Epierreur facile à vider.

Secoueurs:
3 Secoueurs ouverts, longueur 3,37 m
Surface des secoueurs: 3,03 m² –
Surface de séparation: 3,50 m².

Table de récupération supprimant toute perte de grains entre les secoueurs – Mouvement du récupérateur inverse de celui de la table d'alimentation des grilles, qui garantit une marche exempte de vibration.

Premier Nettoyage:
Deux Grilles à lamelles réglables

Grille supérieur:	1200 x 835 mm	= 1,00 m²
Grille inférieur:	1200 x 835 mm	= 1,00 m²
		2,00 m²
Grille de retour à otons 240 x 835		= 0,20 m²
Surface totale de criblage		= 2,20 m²

Les Grilles fournies en équipement standard conviennent pour toutes les céréales. Pour le Maïs, il faut utiliser des cribles spéciaux.

Ventilation:
Largement dimensionnée – Réglage rapide de la direction des vents sur les grilles – Réglage du volume par clapets –

Elévateurs:
Exempts d'entretien – Elévateurs à chaînes pour l'acheminement du grain et le retour des otons.

Trémie:
Capacité 2700 l. – Goulotte de vidange horizontale articulée – Durée de vidange: 70 secondes.

Moteur:
Perkins Diesel 4 Cylindres – Refroidissement à eau – Puissance maximum – 80 cv. – Capacité du réservoir: 170 l.

Boîte de vitesses:
Type ZP – 3 vitesses avant – 1 marche arrière –
Vitesse réglable entre 1,2 et 20 Km/h par variateur hydraulique.

Direction:
Hydrostatique – Rayon de braquage: 7,5 m.

Poste de conduite:
Spacieux – Répond aux exigences de confort les plus modernes:
siège anti-vibration installé au centre de la plate-forme, réglable en tous sens – Tableau de bord bien en vue – Toutes les commandes à bonne portée, la fonction de chaque levier est signalée par un schéma – Grâce à des déflecteurs, le poste de conduite est dépoussiéré – Le bruit du moteur est amorti par le montage de ce dernier sur amortisseurs –
Contrôle du contenu de la trémie par hublots –

Pneus:
Roues motrices: 14–26 AS
Roues directrices: 10–15 AM
Largeur de voie: 2100 mm.

Poids de l'EM 940: 4 600 Kg.

Equipements spéciaux:
Voir description à l'intérieur du dépliant.

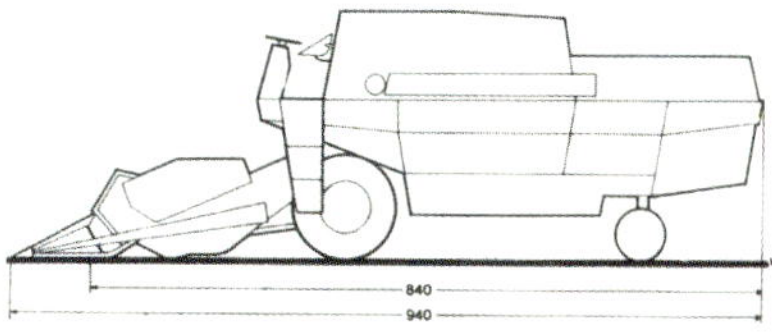

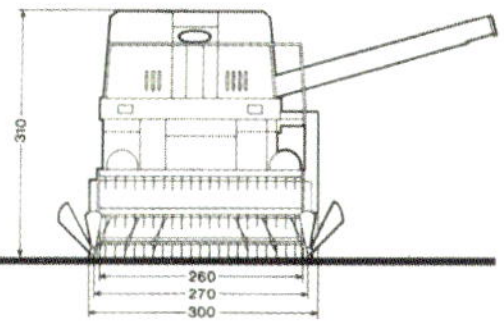

Epple-Buxbaum-Werke AG, A-4600 Wels
Téléphone: (0 72 42) 73 91, Télégramme: epple-wels, Télex: 025 571

MOISSONNEUSE-BATTEUSE
automotrice MD 5
FAHR
avec FAHR on va de l'avant!

En 1870 fut fondée, après de modestes débuts, l'Usine FAHR. Depuis lors, cette Usine s'est transformée en une entreprise de renommée mondiale. Le nom FAHR est devenu synonyme de qualité dans l'industrie des machines agricoles.

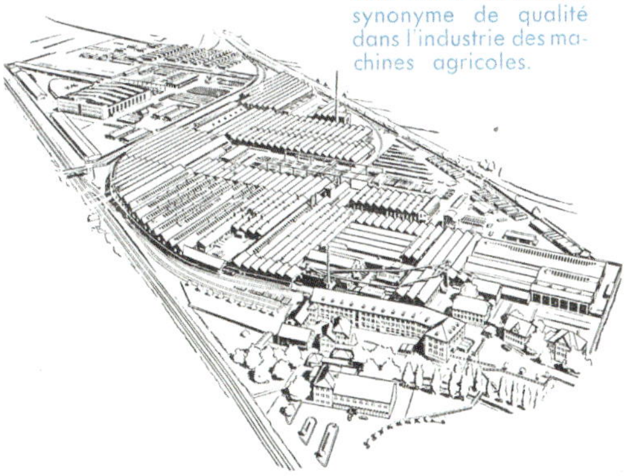

Caractéristiques techniques

Moteur:
Diesel, 4 cylindres, env. 48 CV, cylindrée 2,8 Lt., régime normal 2500 t/m, moteur monté très bas et accessible de tous côtés.

Boîte de vitesse:
réglables sans intervalles entre 1,5 et 6 km/h et entre 3,5 et 15 km/h, marche arrière 0,75—3 km/h.

Pneumatiques:
12—18 M et S et 5.50—16 AS Front; avec presse 8.50—12 AM T 9

Empattement:
MD 4 St sans presse 2 m. 98, MD 4 St avec presse 3 m. 10

Rayon de braquage:
de la roue intérieur avec utilisation du frein indépendant, MD 4 St sans presse 2 m. 50, MD 4 St avec presse 3 m. 00

Equipement électrique:
12 volts, 2 phares avant, 2 phares siège du conducteur, 1 phare plateforme d'ensachage, 2 feux arrière

Batteur:
8 battes, largeur 1 m. 50, ∅ 410 mm. Régime indépendant de la vitesse de la machine et réglable de 700 à 1600 t/m.

Contre-batteur:
à grille avec 9 barres transversales, réglage instantané à l'avant et à l'arrière

Débourreur: à 3 pales

Secoueur:
oscillant avec grilles Graepel, longueur 2 m. 10, avec 3 râteaux oscillants

Nettoyage:
1. Par grille et ventilation avec grille à menue paille réglable, largeur 1 m. 00
2. Par cylindre trieur avec palettes rotatives, cylindre interchangeable, pouvant être remplacé par un cylindre ébarbeur

Récupération des balles:
Par ventilation dans un grand sac spécial

Largeur de coupe:
2 m. 25 entre la pointe de diviseur et le sabot intérieur

Hauteur de coupe:
réglable de 5 à 55 cm par le relevage hydraulique, plateforme reposant sur des ressorts amortisseurs

Rabatteurs: parallèles à 3 bras, réglables en tous sens

Refroidissement: par eau avec cheminée d'aération

Coussinets:
104 roulements équipant tous les points fournissant des efforts importants

Embrayages à friction:
entraineurs trempés pour la barre de coupe, le nettoyage et les élévateurs

Presse à paille: largeur du canal 1 m. 20, 2 noueurs

Cotes hors tout:
MD 4 St sans presse: Longueur 6 m. 85, largeur 2 m. 80, hauteur 3 m. 45
MD 4 St avec presse: Longueur 8 m. 10, largeur 2 m. 80, hauteur 3 m. 45,
Longueur du porte-balles 1 m. 60

Poids:
MD 4 St 3735 kg, MD 4 St avec presse 4120 kg

Charge utile de la plate-forme:
500 kg et 2 hommes

Rendement:
environ 1700 à 2200 kg de blé/h } dans des conditions normales
environ 0.5 hectare/h

Consommation de combustible: env. 6 à 8 kg/h

Accessibilité en terrain accidenté:
En travaillant en montée ou en descente: pentes de 15% environ
En travaillant en travers: . . . . pentes de 10% environ

avec FAHR on va de l'avant!

Toutes ces données et gravures sont sans engagements de notre part.

MASCHINENFABRIK FAHR AG.

Gottmadingen (Kreis Konstanz – Allemagne)

Machines de récolte **Tracteurs Diesel**

Télégrammes: – Telex 0793823 – fahrwerke Gottmadingen
Téléphone: Singen (Hohentwiel) 3571 · Télétype: 0793823

AGENCE GENERALE:

L. BONNET & FILS

9, Rue Danton

KREMLIN BICETRE (Seine)

Téléphone: ITALIE 55-09
Adresse télégraphique: LOBONNETOL-PARIS
RC. SEINE 254053 B

3222 a fr. / 5512

FAHR

Moissonneuses-batteuses M 88/M 88 S

Cueilleur maïs à 3 rangs

Avec FAHR vous augmentez la rentabilité!

Les types M 88 et M 88 S sont de vraies moissonneuses-batteuses universelles. Les possibilités d'emploi supplémentaires signifient pour vous une augmentation de la rentabilité. Des équipements spéciaux livrables sur demande permettent en plus du battage de céréales également le battage du trèfle, du colza, des haricots, du maïs, etc...
Pour une récolte économique du maïs, des cueilleurs à 2 ou 3 rangs ou un bec ameneur à 2 rangs peuvent être fournis.
Autres accessoires spéciaux livrables: hache-paille, presse portée et dispositif Pick-up.

Caractéristiques techniques

Barre de coupe
Largeurs de coupe: 2,70 m, 3,00 m ou 3,60 m. Réglage hydraulique de la hauteur de coupe de 6 à 115 cm avec compensateur hydro-pneumatique de la plateforme.
Embrayage et débrayage individuels du mécanisme de coupe et du mécanisme de battage. Lame de réserve dans un étui sur la plateforme de coupe. Diviseurs réglables en 3 parties, droit et gauche. 7, 8 ou 10 releveurs d'épis. Vis sans fin avec dents éclipsables, réglable en hauteur.

Rabatteurs
Rabatteurs Pick-up à 5 peignes, à réglage vertical hydraulique, avec dents à ressorts. Réglage de vitesse par variateur, de 13 à 33 T/M.

Batteur
460 mm ⌀, 1030 mm de large, 6 battes striées. Réglage de vitesse échelonné de 455 à 1595 T/M, sur roulements à billes autolubrifiants.

Contre-batteur
à 10 barrettes, réglage depuis le siège du conducteur, avec bac de récupération des pierres et 1 tôle d'ébarbage.

Secoueurs
à 4 éléments, sur 2 vilebrequins.
Surface:
M 88: 1,03 m x 2,92 m = 3,00 m²
M 88 S: 1,03 m x 3,47 m = 3,57 m²

Nettoyage
Par ventilateur à air forcé à réglage par variateur avec grille réglable à menue-paille (1300 x 995 mm) et 4 grilles à grain interchangeables à grand rendement avec perforations de 7, 9, 11 et 13 ⌀ /1150 x 995 mm.

Trémie
Capacité de la trémie M 88:
1800 litres = environ 1400 kg
Capacité de la trémie M 88 S:
2100 litres = environ 1600 kg
Manchon en toile pour l'ensachage du grain, fixé à l'extrémité de la goulotte de vidange de la trémie.

Embrayages de sécurité
Embrayages à friction, acoustiques et à ressort sur l'arbre supérieur de l'élévateur à chaînes et l'arbre de vis sans fin de l'élévateur à grain contre surcharge et casse du mécanisme de coupe, des rabatteurs, de l'élévateur à chaînes, de l'élévateur de grain et de la vis sans fin d'alimentation de la trémie.

Moteur
M 88: Moteur DEUTZ Diesel à 4 cylindres, de 64 CV DIN, refroidi par air,
M 88 S: Moteur DEUTZ Diesel à 4 cylindres, de 72 CV DIN, refroidi par air.

Éclairage électrique
Avant: phares et clignotants
Arrière: feux arrière, stops et clignotants.

Dimensions
avec trémie (en position de transport sur route)

	M 88	M 88 S
Largeur (pour largeur de coupe 2,70 m)	3,00 m	3,00 m
(pour largeur de coupe 3,00 m)	3,30 m	3,30 m
(pour largeur de coupe 3,60 m)	3,93 m	3,93 m
Longueur	6,70 m	7,00 m
Hauteur	2,90 m	3,05 m
Voie: avant	2,08 m	2,08 m
Voie: arrière	1,33 m	1,33 m
Empattement	2,71 m	2,71 m
Poids (sans presse)	env. 4150 kg	4250 kg
Poids (avec presse)	env. 4600 kg	4600 kg

Boîte de vitesses
3 vitesses, avec embrayage sec monodisque:

M 88:	
1ère vitesse	1,4 à 3,3 km/h
2ème vitesse	2,7 à 6,6 km/h
3ème vitesse	7,8 à 19,0 km/h
marche arrière	2,3 à 5,6 km/h
M 88 S:	
1ère vitesse	1,4 à 3,4 km/h
2ème vitesse	2,8 à 6,7 km/h
3ème vitesse	7,9 à 19,2 km/h
marche arrière	2,3 à 5,6 km/h

Un variateur hydraulique complète cette boîte de vitesses.

Pneus

M 88:	Avant	Arrière
sans presse	13—26 AS	8,50—12 AM
avec presse	13—26 AS	10 —15 AM
M 88 S:	Avant	Arrière
sans presse	14—26 AS	8,50—12 AM
avec presse	14—26 AS	10 —15 AM

Freins
a) Frein à pédales mécanique (2 freins à disques indépendants et utilisables séparément pour le freinage individuel de chaque roue)
b) Frein à main mécanique (frein d'arrêt indépendant de a), agissant sur la transmission.

Equipements spéciaux
Fond double de plateforme. Presse portée à 2 noueurs. Dispositif d'ensachage à 2 sorties sur la trémie avec plateforme d'ensachage. Pick-up, largeur 196 cm. Direction assistée. Tôle de recouvrement de la trémie. Compteur d'heures de travail. Grilles spéciales pour trèfle, colza, haricots, etc... Dispositifs de battage du maïs (cueilleurs à 2 ou 3 rangs ou ameneur à 2 rangs). Hache-paille et parasol (fournis directement par le fabricant).
Pneus pour M 88: 14—26 AS.

Illustrations, dimensions et poids sans engagement de notre part

Imprimé en Allemagne occidentale 50577/01
Augsburger Druckhaus

FAHR Moissonneuse-Batteuse tractée M 66 T

Grâce à l'emploi de puissants tracteurs avec vitesses bien echelonnées et prise de force "moteur", la moissonneuse-batteuse tractée est de nouveau favorisée dans les exploitations de l'agriculture. La moissonneuse-batteuse FAHR M 66 T offre des avantages intéressants et importants:

1. Système de battage longitudinal: 100 000 fois apprécié! Mécanisme de coupe, batteur avec contre-batteur, secoueurs et grilles organiquement disposés dans la machine – comme dans une automotrice.
2. La plateforme d'alimentation ne comporte pas de toile. L'amenage de la récolte est assuré par une vis sans fin à doigts éclipsables. L'élévateur de récolte est du type à chaînes.
3. Les rabatteurs à cinq battes comportent des doigts orientables (type-pick-up) qui sont particulièrement appréciés dans les récoltes versées. La vitesse de rotation des rabatteurs est réglable par variateur continu.
4. Mécanisme de battage: Batteur très grand, secoueurs à 4 compartiments, excellent nettoyage.
5. Manoeuvre facile: Grand confort de travail par commande hydraulique de la plateforme et des rabatteurs, embrayage et débrayage séparés du mécanisme de coupe et du mécanisme de battage, décharge de la trémie à grain depuis le siège du tracteur.
6. Tous les leviers de commande sont situés à proximité du conducteur du tracteur.
7. Le passage de la position de transport en position de travail, de même que l'opération inverse, s'effectuent d'une façon simple et rapide, par déplacement du timon de traction. Aucun démontage à effectuer sur les rabatteurs.
8. Equipements: Trémie à grain, plateforme d'ensachage plus de 2 mètres carrés de surface, avec une garde au sol de 1 mètre de haut, rendent très aisé le chargement des sacs sur les remorques; presse à paille, hache-paille porté. Pour la récolte du maïs: Dispositif de moissonnage du maïs à deux rangs.

Moissonneuse-batteuse tractée M 66 T

FAHR M 66 T avec plateforme d'ensachage. Grâce aux trous de contrôle les organes de la machine sont très rapidement accessibles.

Dispositif de moissonnage de maïs à deux rangs, avec chaines d'alimentation.

03891/649 Franz. - Imprimé en Allemagne

Caractéristiques techniques:

Mécanisme de coupe: Largeur de travail 2,25 m. Hauteur de coupe hydrauliquement réglable de 5 à 80 cm.
Embrayage et débrayage séparés des organes de coupe et d'alimentation et du mécanisme de battage.
Lame de réserve sur supports sur la plateforme.
Diviseurs en 3 parties, réglables. Tube de relevage du blé et 6 releveurs d'épis. Vis de plateforme réglable en hauteur, avec doigts éclipsables.

Rabatteurs: Rabatteurs type pick-up, à cinq battes, relevage commandé hydrauliquement. Réglage de la vitesse des rabatteurs de 12,5 à 32 T/M, sans graduations.

Batteur: 460 mm ∅; 850 mm largeur; 6 battes striées; Vitesse de rotation de 450 à 1590 T/M; Roulements à billes prélubrifiés.

Contre-batteur: 10 barrettes, 4 barrettes à ébarbage et bac de séparation des pierres.

Secoueurs: En 4 parties, montés sur deux vilebrequins, surface de secouage 0,85 x 2,75 m.

Nettoyage: Premier nettoyage: Par ventilateur à air forcé à réglage continu, avec grille à menue-paille et 4 grilles à haut rendement interchangeables 7, 9, 11, 13 ∅ / 1150 x 815 mm.
Deuxième nettoyage: Par trieur cilindrique avec grilles à haut rendement interchangeables 2,5 x 20 et 6 x 25.
Cylindre ébarbeur.
Classement du grain en trois catégories.

Plateforme d'ensachage: En acier ondulé, longueur 2,00 m
largeur 1,10 m

Pneus: 11.5 - 15 AM (sur demande 12 - 18 AM)

Dimensions:

	sans presse	avec presse
Longueur	7,25 m	8,10 m
Largeur	2,80 m	2,80 m
Hauteur avec plateforme d'ensachage	2,65 m	2,65 m
Hauteur avec trémie à grain	3,00 m	3,00 m
Largeur en position de transport	2,80 m	2,80 m
Voie 1,97 m		

Poids: avec trémie à grain env. 2450 kg — 2700 kg

Puissance nécessaire: Tracteur à partir de 35 CV, avec prise de force.

Equipements spéciaux: Presse portée, 2 noueurs, largeur du canal 80 cm.
Dispositif pick-up, pour le battage de l'andain
Trémie à grain 1500 litres = env. 1200 kg
Compensateur hydraulique de la plateforme d'alimentation
Pneus extra larges 12 - 18 AM
Dispositif de moissonnage du maïs, à 2 rangs
Grilles spéciales
Hache-paille
(livré directement par le fabricant).

Figures, dimensions et poids, sans engagement de notre part.

MASCHINENFABRIK FAHR AG
7702 Gottmadingen / Kreis Konstanz / Allemagne
Téléphone: Singen (Hohentwiel) 3571 - Téléscripteur: 793823
Télégrammes: — Telex 793823 — fahrwerke gottmadingen

Distribué par:

FAHR

Moissonneuse-batteuse M 900

Direction hydrostatique

Elévateur à projection avec garniture de frottement démontée

Moteur DEUTZ Diesel, 4 cylindres

Caractéristiques techniques

Plate-forme de coupe

Largeurs de travail: 2,85 m, 3,15 m, 3,75 m. Réglage hydraulique de la hauteur de coupe de −170 mm jusqu'à + 1240 mm. Embrayage et débrayage individuels du mécanisme de coupe et du mécanisme de battage. Compensateur hydro-pneumatique de la plate-forme de coupe. Lame de réserve sur la partie supérieure de la plate-forme. Diviseurs réglables, en 3 parties, droit et gauche, avec verrouillage rapide. 8 à 12 releveurs d'épis. Vis sans fin avec dents escamotables, réglable en hauteur.

Rabatteurs

Rabatteurs pick-up à 6 pales, avec dents à ressort, à réglage vertical par hydraulique, réglage horizontal mécanique. Régime réglable par variateur à partir du poste de conduite, de 14 à 42 t/m. (Sur demande réglage horizontal hydraulique).

Batteur

Ø 560 mm, largeur: 1030 mm, 8 battes striées, commande par chaîne Duplex pour 350 à 1300 t/m. Sur demande variateur mécanique.

Contre-batteur

12 contre-battes, grand angle d'enveloppement et 2 tôles d'ébarbage. Possibilité de réglage avant et arrière du contre-batteur indépendamment à partir du poste de conduite. Bac de récupération des pierres rabattable, accessible par en bas.

Secoueurs

en 4 parties, sur 2 vilebrequins avec rallonges de récupération des grains.
Dimensions: 1,03 x 3,47 m
Surface: 3,57 m²

Nettoyage

Ventilateur à haute pression à réglage continu par variateur, avec grille supérieure réglable (grille à lamelles type US) et 3 grilles inférieures interchangeables à grand rendement et de 7, 9 et 11 mm.
Surface totale des grilles: 2,40 m².

Trémie

Capacité environ 2300 litres. Tôle de recouvrement de la trémie.
Goulotte de vidange actionnée par un ressort.

Embrayages de sécurité

Embrayage à friction à ressort sur l'arbre supérieur du convoyeur à chaînes et sur la vis d'alimentation de la plate-forme de coupe contre les surcharges et casses du mécanisme de coupe (rabatteurs, vis d'alimentation, lame et convoyeur à chaînes).

Moteur

Moteur DEUTZ Diesel, 4 cylindres, de 71 CV DIN.
Capacité du réservoir à combustible: 180 litres.

Boîte de vitesses

à 3 vitesses, avec embrayage sec monodisque

1ère vitesse	de 1,02 à 3,31 km/h
2ème vitesse	de 2,04 à 6,55 km/h
3 ème vitesse	de 5,83 à 19 km/h
Marche arrière	de 1,70 à 5,42 km/h

Un variateur complète cette boîte de vitesses.

Pneumatiques

Avant:	18,4 / 15-26 AS, 8 PR
Arrière:	10,0 / 75-15 Impl., 6 PR

Direction

par hydrostatique.

Freins

a) Frein à pédales mécanique (2 freins à disques indépendants, utilisables également pour le freinage individuel de chaque roue)
b) Frein à main mécanique (frein d'arrêt indépendant de a), agissant sur la transmission).

Eclairage électrique

Avant: Phares et clignotants.
Arrière: Feux arrière, stops et clignotants.
Clignotants d'alarme.

Dimensions et poids

Machine avec trémie (en position de transport sur route) avec plate-forme de coupe: 2,85 m

Largeur:	3,00 m
Longeur:	7,80 m
Hauteur:	3,03 m
Voie avant:	2,19 m
Voie arrière:	1,37 m
Empattement:	2,82 m
Poids env.	4700 kg

Equipements spéciaux

Barre de coupe 3,15 au lieu de 2,85 m
Barre de coupe 3,75 au lieu de 2,85 m
Variateur au batteur · Réglage horizontal hydraulique des rabatteurs · Manchon en toile à fixer sur l'extrémité de la goulotte de vidange de la trémie · Grilles spéciales et pignons à chaîne pour le battage du trèfle, du colza, des haricots, etc. · Bec-cueilleur à maïs à 3 rangs, MP 382 · Dispositif Pick-up (muni de dents à ressort) · Auge d'andains avec Pick-up · Double fond de plate-forme · Chariot de transport pour la plate-forme de coupe · Parasol · Cabine pour conducteur · Phare de travail ·

Figures, dimensions et poids sans engagement de notre part.

FAHR **L. Bonnet & Fils** 9, Rue Danton – **94-Le Kremlin-Bicêtre**
Société Anonyme Capital 4.200.000 f. Tél.: 588 55-09 · Ad. Télégr. Lobonnetol-Paris · Telex 26071 F R. C. Seine 60 B 633

FAHR M 1300-1302
Le rapport prix - rentabilité...
... sans pareil
FAHR

M 1300/1302 en position de transport

Moteur DEUTZ-Diesel 6 cylindres, à refroidissement par air

Caractéristiques techniques

M 1300 / M 1302

Plateforme de coupe

Largeur de travail: 3,15 m, 3.75 m 4,35 m, 4,95 m. Réglage hydraulique de la hauteur de couple de −120 à +1350 mm. Compensateur hydro-pneumatique. Embrayage et débrayage individuels du mécanisme de coupe et du mécanisme de battage. Lame de réserve supportée sous la tôle d'entrée derrière la barre de coupe. Diviseurs réglables, en 3 parties, droit et gauche, avec verrouillages rapides. Vis sans fin d'alimentation avec dents escamotables, réglable en hauteur. Releveurs d'épis: 9, 11, 13 ou 15 pièces, selon la largeur de travail.

Rabatteurs

Rabatteurs pick-up à 6 pales avec dents à ressort, à réglage vertical hydraulique, à réglage horizontal mécanique avec cinématique spéciale pour les récoltes couchées. Régime réglable par variateur de 14 à 42 t/m à partir du poste de conduite.

Batteur

600 mm de diamètre, 1270 mm de large, 8 battes striées, régime réglable par échelons de 410 à 1190 T/M à partir du poste de conduite, commande par chaîne triplex.

Contre-batteur

14 contre-battes, angle d'enveloppement 119°. Surface de séparation de grains 0,81 m , bac de récupération des pierres rabattable, avec volets d'ébarbage, possibilité de réglage avant et arrière du contre-batteur, indépendamment à partir du poste de conduite.

Secoueurs

à 5 parties sur 2 vilebrequins, roulements prélubrifiés.
Dimensions: 1,27 x 4,12 m
Surface: 5,25 m

Nettoyage

2 ventilateurs axiaux, à réglage à partir du poste de conduite. Grilles supérieures: à lamelles, avec rallonge. Grilles inférieures: à trous ronds de 7, 9, 11 mm ou 9, 11, 13 mm.
Surface totale des grilles: 3,89 m^2.
Fond cascadé à mouvement opposé par rapport aux grilles.

Trémie

Capacité 3600 litres

Dispositifs de sécurité

Embrayages de sécurité:
sur l'arbre supérieur du convoyeur à chaînes,
sur la vis sans fin d'alimentation,
sur les rabatteurs.
Signaux acoustiques et optiques:
à l'élévateur à ôtons,
au compartiment de paille
pour le moteur: température du moteur, refroidissement, pression d'huile et dynamo (M 1302 en plus: température d'huile)

Boîte de vitesses

à 3 vitesses, avec embrayage sec monodisque:
1ère vitesse: 1,3– 3,8 km/h
2ème vitesse: 2,9– 8,7 km/h
3ème vitesse: 6,7–20,0 km/h
Marche arrière: 2,2– 6,7 km/h
Chaque vitesse est réglable par variateur hydraulique.

Pneumatiques

Avant: 18,4/15–30 AS, 8 PR
Arrière: 11,5/80–15 Implement, 6 PR

Direction

hydrostatique

Freins

Frein mécanique à pédale, ainsi que frein agissant individuellement sur chaque roue et frein d'arrêt.

Eclairage

Avant: Phares et clignotants
Arrière: Feux arrière, stops et clignotants.
Avant et arrière: Clignotants d'alarme.

Dimensions et poids:

pour transport sur route (plateforme de coupe démontée):
Largeur: 2,95 m
Longueur: en position de travail, avec diviseurs: 9,40 m
Hauteur: 3,32 m
Voie avant: 2,44 m
Voie arrière: 2,05 m
Empattement: 3,61 m
Poids: 7100 kgs.

Moteur M 1300

DEUTZ-Diesel à 6 cylindres, 121 CV DIN (89 kW), à refroidissement par air. Capacité du réservoir à carburant: 210 litres.

Moteur M 1302 à 6 cylindres, 140 CV DIN (103 kW), à refroidissement par air. Capacité du réservoir à carburant: 210 litres.

Equipements spéciaux

Réglage horizontal des rabatteurs par hydraulique; mise en position de travail ou de transport de la goulotte de décharge de la trémie par hydraulique; variateur de la vitesse du batteur; chariots pour le transport de la plate-forme de coupe et des becs cueilleurs à maïs; dispositif pick-up (dents à ressorts); auge pour andains avec pick-up; hache-paille; becs cueilleurs à maïs avec broyeurs inférieurs; pignons pour céréales spéciales; grilles plates; grilles à lamelles Z 23; fond double pour plate-forme de coupe; phare de travail; pneumatiques: 18,4/15–30 AS, 10 PR
23,1/18–26 AS, 12 PR
cabine conducteur avec ventilateur.

Illustrations, dimensions et poids sans engagement de notre part.

Imprimé en Allemagne occidentale 5169 b/761 fr., Eller Schwenningen

FAHR **L. Bonnet & Fils**
Société Anonyme Capital 4.200.000 f.

9, Rue Danton – **F-94270-Le Kremlin-Bicêtre**
Tél.: 588 55-09 Ad. Télégr. Lobonnetol-Paris Telex 260071 F R. C. Seine 60 B 633

MOISSONNEUSE-BATTEUSE
AUTOMOTRICE
JUPITER

FSM 180
FSM 180 D

Fella

Une moissonneuse-batteuse universelle pour toutes grandeurs d'exploitations.

Particularités techniques

Moissonneuse-batteuse automotrice Fella-Jupiter FSM 180

Mécanisme de coupe
Largeur de coupe 1m90 entre les pointes de diviseur
Hauteur de coupe 5 à 55 cm

Releveurs d'épis
7 releveurs livrés avec l'équipement normal

Rabatteurs
Rabatteurs avec peignes orientables, règlables par levier à main et vitesse règlable sans outils

Batteur
Diamètre 460 m/m, largeur 780 m/m, 6 battes
Equipement normal 1060-1160 et 1280 tours par minute
Equipement spécial 610-760 et 900 tours par minute

Contre-batteur
9 contre-battes

Secoueurs
3 secoueurs

Nettoyages
Premier nettoyage: ventilation règlable avec grille de menue paille et quatre tamis à grain interchangeables comprenant l'équipement normal avec trous de 6-9-12 et 15 m/m
Secound nettoyage: trieur avec trois tamis cylindriques interchangeables aux dimensions de 2,5 x 25 m/m / 4,5 x 25 m/m
2,75x 20 m/m / 5,5 x 25 m/m
4,5 x 25 m/m / ∅ 15 m/m

Plate-forme d'ensachage
Hauteur 900 m/m environ, trois sorties de grains

Récupération de la paille
Presse à paille à deux lieurs d'une largeur de canal de 800 m/m

Moteur
Moteur industriel VW de 27 HP avec filtre d'air à bain d'huile et cloche de dépoussiérage

Boîte de vitesses
3 vitesses avant 1re 1,6 à 3,8 km
2me 2,7 à 6,4 km
3me 6,7 à 15,5 km
1 vitesse arrière 2,4 à 5,6 km
La vitesse entre ces différentes marches est règlable au moyen du variateur

Pneumatiques
avants 8-24 AM extra
arrières 4,50-16 AS Front

Largeur de voie
devant 1485 m/m
derrière 1000 m/m

Freins
frein au pied fonctionnant individuellement
frein à main pouvant être bloqué

Eclairage
répond aux prescriptions du code de la route en vigueur

Accessoires
1 lame, dispositifs de protection, tôle ébarbeuse, extincteur et outillage

Poids
Poids total avec la presse à paille à deux lieurs 2100 kg environ

Dimensions
Longueur avec la presse à paille en position de transport 7m60
Largeur en position de transport . 2m32
Hauteur 2m55

Moissonneuse-batteuse automotrice Fella-Jupiter FSM 180 D

Comprenant le même équipement comme décrit ci-haut mais avec moteur Diesel Mercédès-Benz OM 636 de 34 HP avec filtre d'air à bain d'huile, cloche de dépoussiérage, refroidissement par eau et presse à paille à deux lieurs de 800 m/m de largeur de canal.
Poids total avec la presse à paille 2350 kg environ.
Les dimensions sont les mêmes que celle équipée avec moteur industriel VW.

Equipements spéciaux

pneumatique avants	9-24 AM extra	dispositif de pick-up
en remplacement de	8-24 AM extra	feux clignotants pour freins et indicateur de direction
pneumatiques arrières	5,00-16 AS Front	horamètre
en remplacement de	4,50-16 AS Front	table d'alimentation pour le battage stationnaire
pneumatiques arrières	5,50-16 AS Front	renvoi de commande pour battage en grange
en remplacement de	4,50-16 AS Front	coupe-paille pour machine sans presse à paille
cric avec pied		coupe-paille pour machine avec presse à paille

Equipement pour récoltes spéciales

	Espèce de récolte	Perforation	Numéro de commande
Tamis pour trieur	Fèves / pois	3,25x25 m/m / ∅ 12 m/m	281 097 G
	Pavot / colza	1,8 ∅ / ∅ 4 m/m	281 098 G
	Trèfle / luzerne	1,8 ∅ / ∅ 2,5 m/m	283 635 G
Tamis à grains	Fèves / pois	∅ 20 m/m	281 851 G
	Trèfle / luzerne	∅ 3 m/m	283 637 G

Roues dentées avec rallonge de chaine pour varier le nombre de tours du batteur

Betteraves	610 tours	281 821 mK
Pavot / colza	710	282 822 mK
Fèves / pois	900	280 607 mK

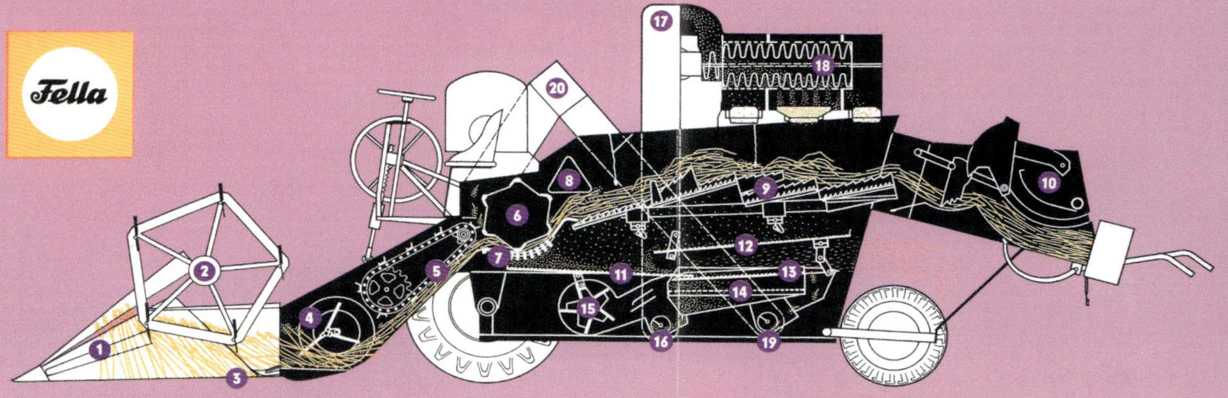

1 diviseur
2 rabatteur à excentrique
3 barre coupeuse
4 vis sans fin d'alimentation
5 chaîne élévatrice
6 batteur
7 contre-batteur
8 tire-paille
9 secoueurs
10 presse à paille
11 plan à gradins
12 plan de retour
13 grille à menue paille
14 tamis à grains
15 ventilateur
16 vis sans fin à grains
17 élévateur à grains
18 trieur
19 vis sans fin à ôtons
20 élévateur à ôtons

E516
FORTSCHRITT

Caractéristiques techniques

	barre de coupe de 22 ft	barre de coupe de 25 ft
Position de travail		
Longueur	9850 mm	9850 mm
Largeur	7200 mm 4000 mm avec la cabine et le feux omnidirectionnel	8130 mm
Largeur de travail	6700 mm	7600 mm
Position de transport		
Longueur	16 800 mm	17 680 mm
Largeur	3000 mm	3000 mm
Poids		
Machine de base	9470 kg	
Barre de coupe de 22 ft	1790 kg	
Barre de coupe de 25 ft	1860 kg	
Moteur		
Type		8 VD 14,5/12,5 – 1 SVW
Puissance du moteur		228 ch
Vitesse de rotation nominale		2200 tr/mn
Commande hydrostatique avec traction indépendante		
Pneus de l'essieu moteur		18,4/15–34
Pneus de l'essieu directeur		12,5–20
Largeur du canal de battage		1625 mm
Diamètre du batteur		800 mm
Vitesse de rotation du batteur		270 à 950 tr/mn (avec transmission de batteur)
Secoueur		
Nombre des battes		5
Surface de secouage		7,68 m^2

Equipements supplémentaires

Barre de coupe de 760 cm, ramasseur d'andains, cueilleur de maïs sur 6 ou 8 lignes, hacheuse entre essieux pour cueilleur de maïs sur six lignes, barre de coupe pour tournesol de 670 ou 760 cm, voiture de transport avec frein à glissement, dispositif d'attelage, direction automatique, appareil de mesure des pertes, hache-paille, tissus de frottage pour le trèfle, un jeu de cribles spéciaux, un diviseur-releveur, des pointes de diviseur, des étriers de diviseur, un releveur d'épis, un rateau à épis, des déblayeuses de passage, une tôle de guidage des andains, une installation d'éclairage de travail, des feux omnidirectionnels, des pneus de l'essieu moteur 23,1/18–26, un dispositif pour maïs en grain, un dispositif de retour de la barre de coupe, une transmission de batteur, une installation de climatisation, un compteur d'hectares. Nous nous efforçons d'améliorer constamment nos produits. C'est pourquoi la construction et les caractéristiques techniques peuvent être modifiées. Elles ne sont obligatoires qu'après la confirmation écrite du constructeur.

MOISSONNEUSE-BATTEUSE
AUTOMOTRICE
DIÉSEL
G220
Garnier
Garnier
REDON
Tél. 5 - 200 - 251

CARACTÉRISTIQUES

TABLIER DE COUPE

Type : vis sans fin à doigts escamotables.
Largeur de coupe .... 2,20 m
Hauteur de coupe .... 5 m à 45 cm
Réglage de hauteur : Commande hydraulique.
Rabatteurs à griffes : réglage par commande hydraulique indépendante.
Commande de la lame : palier oscillant.
Doigts de coupe acier.
Limiteur d'efforts protégeant vis et lame.
Diviseurs longs et réglables.

BATTAGE

Engreneur rotatif à 4 pales.
Batteur type à battes striées :
Largeur .... 0,60 m
Diamètre .... 700 m/m
Nombre de battes 8
Contre-batteur à écartement réglable à 2 commandes indépendantes pour entrée et sortie.

NETTOYAGE

Plan secoueur.
Longueur .... 1,85 m
Largeur .... 0,90 m
Grille supérieure perforée.
Grille inférieure interchangeable.
Ventilateur réglable en débit d'air et en direction.

Le constructeur se réserve le droit d'apporter toute modification qu'il jugerait utile

DIMENSIONS - POIDS

Longueur sans presse .... 5,50 m
Longueur avec presse .... 5.70 m
Largeur .... 2,50 m
Hauteur .... 2,10 m
Voie avant .... 2,00 m
Voie arrière .... 1,22 m
Empattement .... 2,75 m
Poids sans presse .... 2.955 kgs
Poids avec presse .... 3.320 kgs

EQUIPEMENT

Presse 0,85 (facultative) récupérable pour Pick-up.
Trieur rotatif à 3 ensacheurs à brosse de nettoyage et cribles interchangeables.
Longueur Trieur .... 0,90 m
Freins hydrauliques.
Pneumatiques.
Roues Motrices .... 9-24 8 plis
Roues Directrices 5.50/5.75-16
Moteur PERKINS 4-99, 4 cylindres, Puissance 40 cv

PRODUCTION

Garnier
REDON
ILLE-ET-VILAINE
R. C. 57 B 1
12, Quai JEAN-BART
Tél. 5 - 200 & 251

Imp. St-Jh Vannes

AUTOMOTRICE
GT 1200
100 chevaux
108 Qtx, 4 en 59 m.
1 Ha, 74 en 1 heure
Sous contrôle officiel Antony
la plus sûre
la plus puissante
la plus robuste
..du Marché Commun
Garnier
REDON
R. C. 57 B 1
Coupe de 3 m - 3 m,60 - 4 m,20
A un prix compétitif

GT 1200
à trémie vue coté droit.

CARACTÉRISTIQUES PRINCIPALES GT 1200

Trappes de régularisation du débit.
Trémie couverte, tuyau de vidange repliable le long de la batteuse.
Temps de vidange 1' 15" selon humidité.
Passage facile d'un camion-benne sous le tuyau. Vis très longue 3,200 m

SYSTÈME HYDRAULIQUE

1 pompe commandée par le moteur débit 28 litres/minute.
3 distributeurs (très accessibles). Réservoir capacité 12 litres (très accessible).

TRANSMISSIONS

Avancement par variateur à double courroie. Commandé hydrauliquement par un vérin double effet. Batteuse par courroie trapézoïdale (pas une seule courroie croisée).

BOITE A VITESSES

4 vitesses : 1 AR, 1re de 1,5 à 3,2
2e de 2,53 à 6,03
3e de 5,061 à 11,8
4e de 9,09 à 22,5

Freins puissants indépendants précédent la démultiplication finale. Frein de parking indépendant. Embrayage à disque. Boîte de vitesses à crabots. Réducteurs de roue largement dimensionnés à double démultiplication (4 pignons par réducteur).

ACCESSIBILITÉ GÉNÉRALE

Par de nombreuses trappes. Capots et portes de visite.

ÉQUILIBRE GÉNÉRAL

Parfait, roues motrices chargées de la même quantité machine à vide ou en charge.

DIRECTION

Douce, très souple et **TRÈS PRÉCISE**, boîtier Gemmer, braquage sans frein dans un cercle intérieur de 3 m de ⌀ sur l'axe du pneu avec frein.

PNEUS

Avant 14 x 30 de série, 15 x 30 sur demande.
Arrière 6,50 x 20 ou 800 x 19.

EMPATTEMENT

3,400 m sans presse, 3,950 m avec presse (porte essieu spécial).

VOIES

Avant 2,306 m arrière 1,180 m.

DIMENSIONS

Longueur 8,785 m hors tout, sans presse
Longueur 9,550 m hors tout, avec presse
Hauteur 3,260 m hors tout, en trémie
Hauteur 3,825 m hors tout, à trieur et sacs
Largeur 3,480 m hors tout, en coupe de 3,000 m
Largeur 4,080 m hors tout, en coupe de 3,600 m
Largeur 4,680 m hors tout, en coupe de 4,200 m
(diviseur droit enlevé moins large de 0,170 m).

POIDS

En coupe de 3,600 m, trémie, sans presse : 6 450 kg.

RENDEMENT

De 1 ha 1/4 à 2 ha 1/4 à l'heure.

COUPE ÉLÉVATEUR

LARGEUR de 3 m, 3,600 m ou 4,200 m.
HAUTEUR de coupe de 0 à 1,080 m par 2 vérins.
COMMANDE de lame par tête oscillante surdimensionnée.
TABLIER DE COUPE symétrique à l'alimentation.
VIS DE GROS DIAMÈTRE, grande distance entre doigts et vis de coupe 0,725 m.

BATTEUSE

BATTEUR ⌀ 550, 8 battes, longueur 1,200 m, commandé par variateur ou par chaîne.
CONTREBATTEUR Réglable en marche, 12 lames de travail.
EBARBAGE par 3 volets indépendants commandés de l'extérieur de la batteuse.
EPIERREUR devant le batteur à l'attaque de la première lame.
ENGRENEUR 4 pales, ⌀ 175, longueur 1,200 m.
TIRE-PAILLE 5 pales, ⌀ 430, longueur 1,200 m.
PEIGNE DE SORTIE CONTREBATTEUR réglable en hauteur.
Accessibilité totale batteur par capot ouvrant.
4 SECOUEURS à fonds ouverts, surface secouage 4,105 m2, surface séparation grains paille 4,347 m2.
Table de retour des secoueurs au nettoyage.

NETTOYAGE - VENTILATION

Du type à double effet et tôle de retour.
1 grille épaillatrice réglable, 1 grille à trous interchangeable.
Surface totale des grilles 2,009 m2.
Entièrement monté sur silentblocs caoutchouc.
Commandé par 1 arbre à excentriques; régularité des mouvements et grande souplesse.
VENTILATEUR à gros débit, basse pression, double corps ⌀ 600 mm, 5 pales. Bec supérieur réglable; volet de direction d'air commandé de l'arrière batteuse; débit d'air par volet d'aspiration et variateur.

ÉLÉVATEURS

De grosse section, commandés par le haut.
Sécurité à dents sur chaque élévateur.
Elévateur otons à 2 circuits de répartition au batteur ou sous le contrebatteur.

POSTE DE CONDUITE

Très haut, situé à gauche, visibilité totale dans tous les sens, chauffeur assis voit parfaitement la vis de coupe, et la pointe de diviseur gauche; conduite facile, confortable, absence de bruit et de chaleur dégagée par le moteur. Toutes les commandes indépendantes et groupées. Compte-tour. Tableau de bord complet. Accessibilité par une échelle côté gauche escamotable.

MOTEUR

6 cylindres diesel Ford 590 E, régulation mécanique alésage 100, course 105 mm. Cylindre 5 416 cm3. Ventilateur type tropical. Régime moteur 2 035 tr/mn. Filtres et préfiltres très efficaces et très accessibles. Echappement canalisé à l'arrière batteuse avec pot de détente des gaz. Moteur situé derrière la trémie, bonne répartition des poids sur les roues motrices.

TRÉMIE

Capacité 21 hectolitres, double transmission pour vidange.

GT 1200
à trémie vue arrière gauche.

D. T. 61 MOISSONNEUSE-BATTEUSE AUTOMOTRICE
LICENCE
DHOTEL
à tracteur
S. O. M. 40
S. O. M. 40 H
S. O. M. 40 B
S. O. M. 55
IMP. JOBARD · DIJON
CACHET DE L'AGENT
PRODUCTION
Garnier
12, QUAI JEAN-BART REDON (ILLE-ET-VILAINE)
Téléphone 5 - 200 et 251
Photos CHAMBON à

D. T. 60 **coupe 3 mètres**

D. T. 60 **ramasse bien** - tablier de coupe profond, vis grand diamètre bonne alimentation.

D. T. 60 **bat bien** - diamètre batteur important.

D. T. 60 **secoue et nettoie bien** - grande surface de secouage - nettoyage à grand débit.

D. T. 60 **adaptée à toutes les récoltes**

D. T. 60 **amortissable rapidement** - tracteur S.O.M. 40 incorporé.

D. T. 60 **la moins chère** - votre S.O.M. 40 s'incorpore en 1 journée.

COUPE	*BATTEUSE*	*DIMENSIONS*	*ÉQUIPEMENTS SUPPLÉMENTAIRES*
LARGEUR : 3 mètres RÉGLABLE en hauteur par commande hydraulique RABATTEURS à griffes à commande hydraulique VIS gros diamètre CONVOYEUR flottant	Engreneur à 4 pales Batteur ⌀ 55 à 8 battes Régime : 500 à 1250 tours Nombre de secoueurs : 3 Longueur : 3,30 m. Largeur du secouage : 1 mètre Débit : **45/50 quintaux/h.**	Longueur : 7,20 m. Largeur : 3,40 m. Hauteur : 3,45 m. Poids : 4.300 kgs	**Presse à paille** 2 noueurs, canal 1 mètre Eparpilleur de paille Broyeur de paille Ramasseur d'andains Plate-forme d'ensachage des otons

TRACTEURS FORDSON

MOISSONNEUSE-BATTEUSE-AUTOMOTRICE

D.T. 61 LICENCE DHOTEL

APPROUVÉE PAR FORD S.A.F. POUR UTILISATION AVEC

FORDSON
SUPER MAJOR

Amortissement rapide

son **FORDSON**

étant utilisable

toute l'année

PRODUCTION *Garnier*

12, Quai JEAN-BART

Téléphone 5 - 200 et 251 **REDON** (ILLE-ET-VILAINE)

MOISSONNEUSE - BATTEUSE D. T. 61

Les qualités incontestables de travail de la D.T. 61, de fabrication robuste et soignée, sa **conception particulière,** placent cette machine **en tête du progrès.**

Sa particularité permet à deux hommes d'effectuer montage ou démontage du tracteur en une journée de travail (soit l'équivalent du travail nécessaire à assurer l'**hivernage rationnel** d'une automotrice courante) et d'assurer le plein emploi d'un **FORDSON super MAJOR** strictement de série.

Grâce à ce **dispositif original** qui permet le **plus rapide amortissement**, c'est la **moins chère** des automotrices de **grande capacité.**

CARACTÉRISTIQUES

COUPE

Type à vis **grand** diamètre, élimine les enroulements, **augmente** et régularise le débit.

Grande distance entre la vis et la barre de coupe. **Evite** la perte de grain, **augmente** le débit.

Rampe amovible entre barre de coupe et vis, indispensable dans les récoltes courtes ou versées, **régularise** l'alimentation.

Rabatteurs à griffes réglables hydrauliquement, **livrés de série.**

Relevage de coupe **hydraulique.**

Eclairage électrique complet **sans supplément.**

BATTEUSE

ENGRENEUR. — Régularise l'alimentation du batteur, **augmente** le débit et **favorise** la séparation du grain de la paille.

BATTEUR. — Diamètre 550 mm, 8 battes.

CONTRE-BATTEUR. — Très ajouré, équipé d'une **tôle d'ébarbage coulissante.** Epierreur.

SECOUEURS. — Au nombre de trois, largeur un mètre, montés sur deux vilebrequins **sur roulements.** Longueur 3,30 m.

NETTOYAGE. — Commandé par **arbre indépendant** monté sur roulements.
Grille supérieure **réglable en marche** par levier.
Grille interchangeable **travaillant sur toute sa surface,** grâce à une tôle de retour placée sous la grille réglable, d'où **amélioration du débit** et **diminution des « otons ».**

ÉLÉVATEURS. — Commandés par **le haut.** Palettes caoutchouc. Chaînes à rouleaux.

TRÉMIE. — Contenance quinze quintaux, trappe d'ouverture sur la vis commandée par levier. Longue vis de vidange à **grand débit.** Couvercle sur trémie.

PLATE-FORME. — Spacieuse. Trieur à grilles interchangeables.

Il est à noter que, sur cette machine, **aucune courroie n'est croisée.**

COUPE	BATTEUSE	ENCOMBREMENT	ÉQUIPEMENTS SUPPLÉMENT
Largeur : 3 mètres Réglable en hauteur par commande hydraulique Rabatteurs à griffes à commande hydraulique Vis gros diamètre Convoyeur flottant	Engreneur à 4 pales Batteur ⌀ 55 à 8 battes Régime : 500 à 1.250 tours Nombre de secoueurs : 3 Longueur : 3,30 m Largeur du secouage : 1 mètre Débit : **40 à 50 quintaux/h,** suivant récolte	Longueur : 7,20 m Largeur : 3,40 m Hauteur : 3,45 m Poids : 4.900 kg	Presse à paille 2 noueurs canal 1 mètre Eparpilleur de paille Equipement maïs Broyeur de paille

Le constructeur se réserve le droit de modifier, en tout temps et sans préavis, les caractéristiques et l'équipement du matériel qu'il fabrique, toute modification en ce sens étant toujours entreprise dans l'intérêt de l'utilisateur.

Remerciements
Victor Chauvet
Eric De Vos
Marc Galler
Robert Lesage
Marie-Laure Dechâtre
Alexandra Lepinay
Patricia et Xavier de la Tullaye (XP Photos)

Achevé d'imprimer par DZS Grafik en mars 2024
Dépôt légal : mars 2024